Kristina Kreppenhofer

Modular Biomicrofluidics

Mikrofluidikchips im Baukastensystem
für Anwendungen aus der Zellbiologie

Schriften des Instituts für Mikrostrukturtechnik
am Karlsruher Institut für Technologie (KIT)
Band 18

Hrsg. Institut für Mikrostrukturtechnik

Modular Biomicrofluidics

Mikrofluidikchips im Baukastensystem
für Anwendungen aus der Zellbiologie

von
Kristina Kreppenhofer

Dissertation, Karlsruher Institut für Technologie (KIT)
Fakultät für Maschinenbau

Tag der mündlichen Prüfung: 14. Dezember 2012
Hauptreferent: Prof. Dr. Andreas E. Guber
Korreferenten: Prof. Dr. Doris Wedlich, Prof. Dr. Volker Saile

Impressum

Karlsruher Institut für Technologie (KIT)
KIT Scientific Publishing
Straße am Forum 2
D-76131 Karlsruhe
www.ksp.kit.edu

KIT – Universität des Landes Baden-Württemberg und
nationales Forschungszentrum in der Helmholtz-Gemeinschaft

KIT Scientific Publishing 2013
Print on Demand

ISSN 1869-5183
ISBN 978-3-7315-0036-0

Modular Biomicrofluidics –

Mikrofluidikchips im Baukastensystem für Anwendungen aus der Zellbiologie

Zur Erlangung des akademischen Grades Doktor der Ingenieurwissenschaften

der Fakultät für Maschinenbau Karlsruher Institut für Technologie

genehmigte Dissertation

von

Dipl.-Wi.-Ing. Kristina Kreppenhofer

Tag der mündlichen Prüfung: 14. Dezember 2012

Hauptreferent: Prof. Dr. Andreas E. Guber

1. Korreferent: Prof. Dr. Doris Wedlich

2. Korreferent: Prof. Dr. Volker Saile

Zusammenfassung

In der vorliegenden Arbeit werden die Entwicklung, die Optimierung und die Anwendung verschiedener Mikrofluidikchips hergestellt aus zwei elementaren, verschieden kombinierbaren Grundstrukturen gezeigt. Die entwickelten Mikrofluidikchips dienen (1) zur Untersuchung der Stammzelldifferenzierung, (2) zur Gewinnung wertvoller Substanzen durch Metabolic Engineering von Pflanzenstammzellen und (3) zur Herstellung von Polymerfilmen mit einem Gradienten über die Porenmorphologie für nachgelagerte Zelluntersuchungen. Alle verwendeten mikrofluidischen Netzwerke werden aus den zwei Grundstrukturen: einem Zickzackkaskadenmischer und einer Kammer zusammengesetzt. Der Mikromischer weist zwei Einlässe, sechs Kaskaden, eine Kanalbreite von 400 µm in den Zickzackkanälen und acht angeschlossene geradlinige Kanäle auf. Die Kammerstruktur ist sechseckig und hat eine Fläche von 322 mm², bei einer Kanalhöhe von 500 µm beziehungsweise 680 µm. Die Außenabmaße aller mikrostrukturierten Bauteile betragen 26×76 mm² und sind damit auf das gängige Glasobjektträgerformat genormt, um eine Kompatibilität mit verfügbaren Mikroskopen und die Austauschbarkeit einzelner mikrostrukturierter Bauteile zu erreichen.

Der Mikrofluidikchip zur Stammzelldifferenzierung und der Mikrofluidikchip für das Metabolic Engineering werden in einem massenfertigungstauglichen und biokompatiblen Prozess aus Polycarbonat hergestellt. Beide bestehen aus jeweils zwei mikrostrukturierten Bauteilen mit einer dazwischen liegenden nanoperforierten Membran. Die Poren in der Membran, ermöglichen den Stoffaustausch zwischen den beiden mikrostrukturierten Bauteilen. In dem Mikrofluidikchip zur Stammzelldifferenzierung werden Stammzellen mit einem Morphogengradienten in Kontakt gebracht. Entsprechend ist auf dem einen mikrostrukturierten Bauteil eine Zellkammer, zur Kultivierung der Stammzellen vorhanden, auf dem anderen ein Mikromischer mit anschließenden Kanälen, zur Etablierung des Gradienten. In dem Mikrofluidikchip für das Metabolic Engineering werden zwei mikrostrukturierte Bauteile mit Kammern eingesetzt. Eine dient wiederum zur Kultivierung der Zellen. Da Pflanzenstammzellen sich in etwa wie Sand verhalten, kann die Zellkammer nicht dauerhaft ohne Kanalverschluss durchspült werden. Dementsprechend wird die andere Kammer, zur Versorgung der Zellen und zur Ableitung der von den Zellen hergestellten Produkte eingesetzt. Die mikrostrukturierten Bauteile werden in einem Heißprägeprozess hergestellt und mit Hilfe eines Thermobondprozesses flüssigkeitsdicht über die perforierte Membran verbunden. Anschließend wird der Kontakt der Mikrofluidikchips mit der Außenwelt sichergestellt. Ein Schwerpunkt dieser Arbeit liegt auf der Herstellung transparenter Mikrofluidikchips. Diese ermöglichen die Beobachtbarkeit der Zellen im Mikrofluidikchip während des biologischen Experimentes. Ein zweiter Schwerpunkt ist die Sicherstellung einer ausreichenden Stabilität der Mikrofluidikchips für die biologische Anwendung.

Der Mikrofluidikchip zur Herstellung der Porengradientenfilme besteht nur aus einem mikrostrukturierten Bauteil, welches einen Mikromischer mit anschließender Kammerstruktur aufweist. Dieser Mikrofluidikchip wird in einem massenfertigungstauglichen Prozess in PDMS hergestellt. Ein Schwerpunkt bei der Herstellung dieses Mikrofluidikchips, ist die Entwicklung eines Bondprozesses der stabile aber reversible Verbindungen ermöglicht, ohne den Goldstandard Plasmatechnik einzusetzen.

Um die Funktionsfähigkeit der Mikrofluidikchips in der jeweiligen Anwendung sicherzustellen, wird der integrierte Mikromischer hydrodynamisch charakterisiert und der Stofftransport durch die perforierte Membran in den beiden Stapelaufbauten im Rahmen biologischer Experimente untersucht.

Abstract

The present work shows the development, optimization and application of biomicrofluidic chips. The developed microfluidic chips are used to (1) analyze the stem cell differentiation; (2) produce valuable substances via metabolic engineering and (3) the fabrication of polymeric films possessing a gradient of morphology. To build up the different microfluidic chips two elementary structures are used; namely, a cascade micromixer with subsequent straight channels as well as a hexagonal chamber. The micromixer has zigzag channels, two inlets and six cascades with a channel width of 400 µm. The chamber has an area of 322 µm² and a channel height of either 500 µm or 680 µm. The size of all microstructured parts is normalized to the size of a microscope glass slide (26 × 76 mm²), allowing the use of conventional microscope equipment and ensuring the exchangeability of the microstructured parts.

The microfluidic chip for stem cell differentiation and the microfluidic chip for metabolic engineering are fabricated using a biocompatible production process in polycarbonate. Polycarbonate is suitable for industrial mass production. Both chips are 3-stacked devices with two microstructured parts and a nanoperforated membrane in-between. The pores allow for mass transfer from one microstructured part to the other one. To analyze the stem cell differentiation cells should be contacted with a morphogen gradient. Therefore a cell chamber for cultivating the cells and a micromixer for generating the gradient are integrated in this microfluidic chip. The microfluidic chip for metabolic engineering also has a chamber for cultivating the cells in. As plant cells behave like sand, this chamber cannot be perfused after loading the cells without risking channel clogging. Therefore a second chamber, separated from the cells by the membrane, is used for perfusion with culture media and the extraction of the products of the cells. The microstructured parts are produced by hot embossing. A thermal bonding process is applied for liquid-tight sealing of the microfluidic chips. This work focuses on a production process enabling the fabrication of transparent microfluidic chips. The transparency allows for continuous observation of the cells in the microfluidic chip. Furthermore the stability of the microfluidic chips is optimized, enabling a proper use in biological applications.

The microfluidic chip for fabricating polymer films with a gradient of morphology consists of only one microstructured part and is fabricated applying a PDMS process. The microstructured part consists of a micromixer, generating the gradient and a subsequent reaction chamber for supplying the gradient. The used production process is mass production enabling by using a coating technique with curing agent instead of the standard plasma bonding technique. Forming stable but reversible seals is the main aim throughout this work for the production of these microfluidic chips.

To ensure the functionality of the different microfluidic chips the hydrodynamics of the integrated micromixer is characterized. Furthermore the mass transport through the membrane is analyzed in biological experiments.

Danksagung

Lieber Herr Prof. Guber ich danke Ihnen für Ihr Vertrauen in mich und meine Arbeitsweise, für Ihre offene und ehrliche Art und für Ihre wundervolle Unterstützung.

Herrn Prof. Saile danke ich für das Interesse an meiner Arbeit und seine Überarbeitungsvorschläge.

Herrn Dipl.-Ing. Marc Schneider danke ich für seine fachliche Unterstützung während meiner Zeit am IMT und dafür, dass ich in ihm für (fast) alle Fragen einen Ansprechpartner hatte.

Herrn Dipl.-Ing. Markus Heilig danke ich ganz herzlich für seine moralische Unterstützung.

Frau Ida Humbert möchte ich ganz herzlich für Ihre Unterstützung beim Zusammenbau der Bauteile und die durchwegs angenehme Zusammenarbeit danken.

Herrn PD Dr.-Ing. Timo Mappes danke ich für seine fachliche Mithilfe bei Fragen rund um die Optik, die Unterstützung beim Aufbau dieser Arbeit und zahllose fachliche Diskussionen.

Frau Nina Giraud und Herrn Jürgen Benz danke ich ganz herzlich dafür, dass ich mich am IMT immer sicher fühlen durfte.

Herrn Dr. Klaus Feit danke ich für die Mithilfe bei Härte- und DSC-Messungen und Auswertungen und Ihm sowie Herrn Dipl.-Ing. Dinglreiter für die Durchführung und Unterstützung bei der Auswertung zahlreicher Zugprüfungen.

Zudem möchte ich mich bei meinen Studenten Rebecca Schuster, Ludmilla Popp, Patricia Beuter, Fabian Jirasek und Elias Schipperges und allen Mitarbeiter des IMT für die angenehme Zusammenarbeit bedanken.

Mein ganz besonderer Dank gilt meinen Kooperationspartnern am KIT und an der Universität der Bundeswehr, München, meinen Ärzten Herrn Prof. Schilling,

Fr. Dr. Kissinger sowie Fr. Breithaupt und natürlich meiner Familie. Meiner Mutter und meiner Schwester möchte ich außerdem für die vielen Korrekturrunden danken, die bis zur Fertigstellung dieser Arbeit notwendig waren.

Inhaltsverzeichnis

Abkürzungsverzeichnis

µLIF	microscopic-Laser-Induced-Fluorescent
BI	Botanisches Institut
BIO	6-bromoindirubin-39-oxime
BMA	Butylmcthacrylat
BSA	Bovine Serum Albumin
BSA-FITC	Bovine Serum Albumin (BSA) mit angekoppeltem Fluoresceinisothiocyanat (FITC)
COC	Cycloolefin Copolymer
DMSO	Dimethylsulfoxid
DSC Messung	Dynamische Differenzkalorimetriemessung
EDX	Energiedispersiven Röntgenspektroskopie
EGDMA	Ethylenglycoldimethacrylat
FITC	Fluoresceinisothiocyanat
GB	Vereinigtes Königreich Großbritannien und Nordirland
HYIG	Helmholtz Young Investigator Group
IBG 2	Institut für Biologische Grenzflächen 2
IMT	Institut für Mikrostrukturtechnik
IMVT	Institut für Mikroverfahrenstechnik
ITG	Institut für Toxikologie und Genetik
KIT	Karlsruher Institut für Technologie
LIF	Leukemia Inhibitory Factor
LIGA	Lithografie-Galvanik-Abformung
Lösung 1	30% EGDMA, 20%BMA, 50% Cyclohexanol
Lösung 2	30% EGDMA, 20%BMA, 50% 1-Decanol

Mikrofluidikchips zur Zellkultivierung	Mikrofluidikchips zur Stammzelldifferenzierung und Mikrofluidikchips für das Metabolic Engineering
NMR	Nuclear Magnetic Resonance
PA	Polyamid
PBS	Phosphate Buffered Saline
PC	Polycarbonat
PCTFE	Polychlortrifluorethylen
PDMS	Polydimethylsiloxan
PET	Polyethylenterephthalat
PI	Polyimid
PMMA	Polymethylmethacrylat
PSU	Polysulfon
PTFE	Polytetrafluorethylen
PVDF	Polyvinylidenfluorid
Re	Reynoldszahl
REM	Rasterelektronenmikroskop
SABIC	Saudi Basic Industries Corporation
UV	Ultraviolett
Wickert	Wickert WMP1000
WUM	Warmumformmaschine
WUM 02	Jenoptik WUM (Warmumformmaschine) 02
WUM 03	Jenoptik WUM (Warmumformmaschine) 03
ZI II	Zoologischen Institut, Abteilung Zell- und Entwicklungsbiologie

1 Einleitung

Mikrofluidik beschreibt die Wissenschaft und Technologie von Systemen, die kleine Flüssigkeitsmengen, in Kanälen mit Dimensionen von zehn Mikrometern bis zu einigen hundert Mikrometern, prozessieren oder manipulieren [1]. In ihren Anfängen wird die Mikrofluidik primär zu Analysezwecken genutzt [1-3]. Hierbei können einige offensichtliche Vorzüge von Mikrofluidiksystemen genutzt werden. Vorteile sind beispielsweise: der sehr geringe Reagenzienverbrauch, die hohe Auflösung und Sensitivität bei der Detektion, die geringen Kosten und die kurzen Analysezeiten [1]. Das erste im Jahr 1979 realisierte Mikrosystem ist entsprechend ein miniaturisierter Gaschromatograph. Dieser wird auf einen Siliziumwafer integriert [1-3]. In den frühen 1990er Jahren erlebt die Mikrofluidik eine Renaissance mit der Idee Micro Total Analysis Systeme (µTAS), auch Lab-on-a-Chip Systeme genannt, zu entwickeln. Auch in dieser Phase finden sich Anwendungen für Mikrofluidik eher in der angewandten Chemie und der Physik. Es werden nur einige wenige Anwendungen aus der Biologie und noch weniger aus der Zellbiologie gezeigt [2]. Eines der sehr wenigen am Markt erfolgreichen Mikrofluidiksysteme sind Teststreifen. In diesen werden mittels Kapillarkraft Flüssigkeiten in Vliesstoffen transportiert und analysiert. Diese Teststreifen werden ebenfalls in den frühen 1990er Jahren erfunden. Bis heute sind sie als Schwangerschafts- oder Glukoseteststreifen nahezu das einzige Mikrofluidiksystem, von dem mehrere Milliarden Stück pro Jahr verkauft werden [3]. Zum größten Entwicklungssprung in der Mikrofluidik tragen zwei Erfindungen entscheidend bei: die Bell Labs adaptieren 1974 die Soft Lithographie auf Polymere [4]; die Arbeitsgruppe um George M. Whitesides entwickelt ein Rapid Prototyping Verfahren für die Mikrofluidik auf Basis von Polydimethylsiloxan (PDMS) [5]. Besonders die Einfachheit und die kurzen Produktionszyklen der Rapid Prototyping Technik, ohne die Notwendigkeit für teures technisches Equipement, führen zu einer Explosion der Anzahl der Veröffentlichungen im Bereich der Mikrofluidik [2]. Speziell in der Zellbiologie, ist die Möglichkeit für schnelle und kostengünstige Designiterationen oft entscheidend, da die Komplexität von Zellen und zellulären Systemen zu Beginn zahlreiche Optimierungszyklen der Testsysteme verlangt [2]. Aus den Jahren 2000 bis 2011 gibt mehr als 16.500 Veröffentlichungen [6] im Bereich Mikrofluidik, davon 5.388 aus der Zellbiologie [7]. In der Zellbiologie haben Mikrosysteme im Vergleich zu konventionellen Methoden Vorteile durch niedrige Volumina, reduzierten Medienverbrauch und dem Potential zu höheren Durchsatzraten mittels Miniaturisierung [2]. Daneben bieten Mikrosysteme die einmalige Möglichkeit, Zellen in einer räumlich und zeitlich begrenzten Mikroumgebung [8, 9] zu untersuchen. Dadurch entstehen ganz neue Methoden um Zellen zu erforschen und sie, sowie ihre Eigenschaften, zu verstehen. Mikrosysteme tragen entsprechend dazu bei, neue und tiefer gehende Einblicke in das Verhalten und die Funktionsweise von Zellen zu gewinnen [2]. Obwohl die Mikrofluidik als Technologie nach Whitesides (2006) *„almost too good to be true"* erscheint, ist sie nach wie vor mehr ein Spielzeug für Akademiker [3]. Berthier et al. (2012) merken an, dass speziell die PDMS Technologie limitierend bei der Kommerzialisierung von mikrofluidischen Systemen wirkt und die Integration in die Biologie erschwert. Auch Plattformlösungen und die Integration von einzelnen Komponenten in einfach zu bedienende Systeme könnten der Mikrofluidik in der Zukunft zur Marktreife verhelfen [1, 3].

Die in dieser Arbeit entwickelten Mikrofluidikchips werden entweder für biologische Versuche mit Stammzellen genutzt oder als Werkzeuge, um Substrate für nachgelagerte biologische Zellversuche herzustellen. Die verwendeten mikrofluidischen Netzwerke setzen sich aus verschieden kombinierbaren, elementaren Grundstrukturen zusammen. Eine Kammer und ein Mikromischer mit anschließenden geradlinigen Kanälen bilden die Grundstrukturen. Die Außenabmessungen aller Bauteile sind auf die Größe von Glasobjektträgern genormt, um die

Kompatibilität mit verfügbaren Mikroskopen zu erleichtern. Als Mikromischer wird ein Kaskadenmischer mit sechs Kaskaden und Zickzackkanälen eingesetzt. Aus verschiedenen Kombinationen der Grundstrukturen werden Mikrofluidikchips zur Untersuchung der Stammzelldifferenzierung, Mikrofluidikchips zur Gewinnung wertvoller Substanzen durch Metabolic Engineering von Pflanzenstammzellen und Mikrofluidikchips zur Herstellung von Polymerfilmen mit einem Porengradienten gewonnen.

Im Folgenden ist eine Auswahl an Literatur zusammengestellt. Zu Beginn wird auf den integrierten Kaskadenmischer eingegangen. Anschließend wird Literatur zu den drei Anwendungen: Untersuchung der Stammzelldifferenzierung, Metabolic Engineering von Pflanzenstammzellen und Herstellung von Porengradientenfilmen, in der genannten Reihenfolge betrachtet. Im Anschluss werden anwendungsübergreifende Anforderungen und Potentiale zusammengefasst und die Anwendungen der im Rahmen dieser Arbeit entwickelten Mikrofluidikchips dargestellt. Die Einleitung schließt mit der Darstellung des Aufbaus der vorliegenden Arbeit.

Die Leistungsfähigkeit von Kaskadenmischern auf Basis von hydrodynamischen Betrachtungen wird bereits um 2000 von der Arbeitsgruppe um George M. Whitesides gezeigt [10, 11]. Die Vermischung in einem Kaskadenmischer wird durch wiederholtes Aufteilen, Vermischen und Rekombinieren von Einzelströmen erreicht. Durch eine Gegenüberstellung mit elektronischen Netzwerken [10] werden die Aufteilungs- und Rekombinationsschritte eines Kaskadenmischers aufgezeigt. Hierbei wird angenommen, dass in jeder Kaskade in den Serpentinen oder Zickzackkanälen homogene Lösungen durch Diffusion erzeugt werden. Die Serpentinen und Zacken dienen der Verlängerung der Diffusionszeit. Verwendet wird ein Kaskadenmischer mit drei Einflüssen, realisiert in PDMS, mit sechs Kaskaden und Serpentinenkanälen mit 50 µm Breite und 100 µm Höhe [10]. Die Flexibilität des Kaskadenmischers wird durch Gradienten in vielfältigen Ausprägungsformen gezeigt. Symmetrische, asymmetrische, glatte und Stufengradienten, sowie Gradienten mit mehreren Peaks, wie auch statische und dynamische Gradienten werden mit Hilfe des Kaskadenmischers erzeugt. Der Gradient wird jeweils in einem anschließenden breiteren Kanal zur Verfügung gestellt. Durch das Zusammenschalten mehrerer Kaskadenmischer ist es möglich Gradienten von komplexer Gestalt zu erzeugen [11]. Hierbei kommen Kaskadenmischer mit Zickzackkanälen zum Einsatz. Der komplexe Gradient wird wiederum in einem breiten anschließenden Kanal zur Verfügung gestellt. In den genannten Veröffentlichungen kann die hohe Flexibilität und Variabilität von Kaskadenmischern eindrucksvoll aufgezeigt werden.

Die beschriebenen Kaskadenmischer werden in den folgenden Jahren für Zellstudien eingesetzt [12-16]. Säugerzellen werden hierbei in den, an den Mischer anschließenden breiten Kanal injiziert und dort mit dem Gradienten in Kontakt gebracht. Chemotaxis bezeichnet die Fortbewegung oder Migration von Zellen, ausgelöst durch einen Stoffgradienten. Diese wird mit Hilfe der Kaskadenmischer für unterschiedliche Zelltypen und Stoffgradienten untersucht. Die Zellbewegung wird mit Hilfe eines Mikroskops erfasst. In diesem Aufbau werden die Zellen allerdings dem Durchfluss durch den Kaskadenmischer ausgesetzt. Je nach Flussrate, werden sie entsprechend mit erheblichen Scherkräften belastet. Des Weiteren können die Zellen den erzeugten Gradienten empfindlich stören. Um die Zellen ohne Scherkräfte kultivieren zu können, werden Stapelaufbauten entwickelt. Ein Stapelaufbau zur Untersuchung von Zellen mit Hilfe eines Gradienten ist in Kim et al. (2009) [17] aufgezeigt. Hier wird ein mikrofluidisches Bauteil aus PDMS gezeigt, das aus drei Komponenten: einem Mischerteil und einem Zellteil, getrennt durch eine Polyestermembran besteht. Die Zellen werden in den Zellteil injiziert und adhärieren in einer Kammer auf der Membran. Sie werden vor dem eigentlichen Versuch über den Mischerteil mit Nährlösung versorgt. Der Mischerteil besteht aus einer Kammer mit zwei jeweils gegenüberliegend angeordneten Zuflüssen und Abflüssen. Durch die Injektion von zwei Lösungen durch die gegenüberliegenden Zuflüsse, entsteht ein Gradient in der Kammer des Mischers. Über dieser Kammer befinden sich die Zellen, welche durch den Gradienten beeinflusst werden. Nachteilig an diesem Design ist die Eignung lediglich für kleine Moleküle [17]. Zudem steht der Gradient lediglich in einem schmalen Grenzbereich zur Verfügung. Ein weiterer Stapelaufbau ist in VanDersarl et al. (2011) [18] gezeigt. Hier wird ein Zickzackkaskadenmischer mit zwei Einflüssen und anschließendem breiten Kanal zur Bereitstellung des Gradienten gezeigt. Über dem Kanal ist eine Zellkammer angeordnet, wobei sich der breite Kanal mittig unter der deutlich größeren Zellkammer befindet. Zellkammer und Mikromischer sind in PDMS realisiert. Die beiden strukturierten Teile werden über eine ionengespurte, perforierte Membran aus Polycarbonat verbunden. Die nach oben offene Zellkammer wird mit einem Deckglas abgedeckt, um Verunreinigungen des Nährmediums zu vermeiden. Die Erzeugung verschiedenartiger Gradienten wird durch die Verwendung des Kaskadenmischers sichergestellt. Durch die Abtrennung der Zellkammer werden die Zellen keinen Scherkräften ausgesetzt. Allerdings fehlen Vorschläge zur kontinuierlichen Versorgung von sensitiven Stammzellen.

Mikrofluidische Systeme zur Kultivierung von Pflanzenstammzellen sind nur sehr wenige bekannt [19]. 2006 gelingt erstmals die Kultivierung von so genannten Protoplasten, dem kleinsten lebensfähigem Teil einer Pflanzenzelle, in einem aus PDMS hergestellten Mikrofluidiksystem [20]. Hierbei wird die Tabakzelle *Nicotiana tabacum*, Virginischer Tabak, über zehn Tage kultiviert. Wu et al. (2010) [21] zeigen die Fusion von Protoplasten, wiederum in einem PDMS Mikrofluidikchip, bis hin zu einer sichtbaren Zellmasse. Die Nutzung von Produkten der im Mikrofluidikchip kultivierten Pflanzenstammzellen wird nicht beschrieben.

Mikrofluidikchips, welche als Werkzeuge verwendet werden [22, 23], integrieren die bekannten Kaskadenmischer [10, 11]. Ein erstes Verfahren wird zur Herstellung von Hydrogelen durch Photopolymerisation aus Monomerlösungen mit einem Gradienten über die Elastizität genutzt [24]. In Burdick et al. (2004) [23] wird ein Verfahren ebenfalls zur Herstellung von Hydrogelen beschrieben, auf welchen ein Gradient von Molekülen immobilisiert wird. Zur Herstellung von Porengradienten gibt es nur wenige Beispiele. Porengradienten, realisiert in einem Silikonfilm, mit Porengrößen von < 10 nm bis > 500 nm werden durch elektrochemisches Ätzen mit Fluorwasserstoff hergestellt [25]. Ein anderes Verfahren beschreibt die Herstellung eines porösen Polymergerüsts durch 3D Faserabscheidung mit Poren von 200 bis 1650 µm Durchmesser [26]. Beide Verfahren sind allerdings kompliziert und erlauben lediglich die Herstellung von Nano- oder Mikroporen. Bei der Herstellung der Silikonfilme kann die Porengröße durch den Aufbau variiert werden [25]. Ein einfaches Verfahren zur Herstellung von Porengradientenfilmen wird in Oh et al. (2007) [27] beschrieben. Die Autoren nutzen die Zentrifugalkraft zur Verteilung von faserartigen Bestandteilen um Polymere mit einem Porengradienten herzustellen. Allerdings lassen sich damit keine komplexeren Gradienten, beispielsweise mit mehreren Peaks, erzeugen. Erst kürzlich konnte gezeigt werden, dass Polymerfilme mit verschiedenen Porengrößen aus Methacrylaten durch den Zusatz von Porenbildnern, in diesem Fall verschiedenen Alkoholen, erzeugt werden können [28]. Mit diesem Verfahren können Nano- und Mikroporen hergestellt werden. Kombiniert man dieses Verfahren zur Herstellung poröser Polymerfilme mit den vorteilhaften Eigenschaften von Kaskadenmischer, sollten sich Polymerfilme mit einem Gradienten über die Porengröße herstellen lassen.

Allen genannten Mikrofluidikchips zur Zellkultivierung ist gemein, dass sie in PDMS gefertigt werden. Trotz guter Luftdurchlässigkeit, welche zur Kultivierung von Zellen hilfreich ist [2, 29], überwiegen die Bedenken gegenüber

PDMS. Berthier et al (2012) [2] zeigen in ihrer Veröffentlichung die Nachteile von PDMS auf: PDMS beeinträchtigt die Zellkultivierung. Ungebundene PDMS Oligomere lösen sich im Nährmedium und können von dort in die Zellmembran wandern [2]. Bereits nach 24 h Kultivierung in PDMS können Oligomere in der Zellmembran nachgewiesen werden [30]. Gerade für Langzeitversuche scheint PDMS aus diesem Grund ungeeignet. Des Weiteren können kleine Moleküle in PDMS absorbiert werden und stehen somit nicht mehr für die biologischen Versuche zur Verfügung [2, 30]. Für biologische Versuche werden in dieser Arbeit tierische und pflanzliche Stammzellen eingesetzt. Bei der Kultivierung von Zellen *in vitro* gilt insbesondere die Kultivierung von Stammzellen als Herausforderung [31, 32]. Hieraus ergibt sich die Anforderung, dass die im Rahmen dieser Arbeit entwickelten Bauteile zur Stammzellkultivierung möglichst vollständig aus biokompatiblem Material gefertigt werden sollen. Ein PDMS-Prozess ist gut geeignet, wenn schnell, verschiedene Designs getestet werden sollen, eignet sich aber aufgrund von ungünstigem Skalierungsverhalten der Herstellungskosten weniger zur industriellen Massenfertigung [2]. Die hier verwendeten Herstellungsprozesse sollen im Gegensatz dazu massenfertigungstauglich sein.

Bei der Herstellung von Mikrofluidikchips für biologische Anwendungen gibt es neben der Biokompatibilität drei große Herausforderungen: die Hydrodynamik, die Optik und die Stabilität der Bauteile. Wie auch aus der betrachteten Literatur ersichtlich, muss die Hydrodynamik in einem mikrofluidischen Bauteil ausreichend bekannt sein, um kontrollierbare biologische Experimente zu ermöglichen. Die optischen Eigenschaften des mikrofluidischen Bauteils, speziell die optische Transparenz, muss ausreichend für Zellbeobachtungen möglichst im Bauteil sein. Gerade bei diesem Punkt sind PDMS-Bauteile vorteilhaft, da in der Regel ein strukturiertes Bauteil auf einen zur Mikroskopie optimierten Glasobjektträger gebondet wird. Die Optik wird also erst dann zu einer Herausforderung, wenn andere Materialien und Technologien im Rahmen der Herstellung eingesetzt werden. Die dritte Herausforderung, die ausreichende Stabilität der Verbindungen im mikrofluidischen Bauteil, wird in anwendungsorientierten Veröffentlichungen in der Regel vernachlässigt. Berthier et al. (2012) [2] bezeichnen die Bondverbindung bei der Herstellung von Mikrofluidikchips aus Thermoplasten, als einen der Hauptengpässe im Produktionsablauf. Besondere Herausforderungen an die Verbindungstechnik ergeben sich bei biologischen Langzeitversuchen. Hierbei werden nach mehreren Reinigungs- und Waschschritten mit verschiedenen Chemikalien, wahlweise auch Bestrahlungen mit Ultraviolettem (UV) Licht, die Bauteile länger als sieben Tage dauerhaft mit Lösungen durchspült. Aber auch spezielle Anforderungen an die Verbindung, wie beispielsweise flüssigkeitsdichte, aber reversible Verbindungen, stellen eine Herausforderung dar.

Im Rahmen dieser Arbeit werden Mikrofluidikchips in Kleinserien gefertigt. Für junge und neue Anwendungen aus dem Forschungsbereich sind Kleinserien in der Regel ausreichend. Insgesamt werden 504 funktionsfähige Mikrofluidikchips in vier verschiedenen Designs, mit abweichenden Produktionstechnologien, für drei biologische Anwendungen in Zusammenarbeit mit sieben Kooperationspartnern hergestellt. Hierfür werden insgesamt 995 Arbeitsvorgänge an Abformanlagen durchgeführt, mehr als 92% davon mit einer Zeitdauer zwischen 40 und 80 Minuten.

Zwei der vorliegenden Designs sind für die Untersuchung der Stammzelldifferenzierung geeignet und werden gemeinsam mit dem Zoologischen Institut, Abteilung für Zell- und Entwicklungsbiologie (ZI II) vom Karlsruher Institut für Technologie (KIT) entwickelt. Die Zusammenarbeit besteht bereits seit einigen Jahren. Die Weiterentwicklung von unspezifischen Stammzellen zu spezifischen Zellen, wie Herz-, Nerven-, oder Hautzellen heißt Differenzierung und wird von Signalproteinen, so genannten Morphogenen, beeinflusst [33]. Stammzelltherapien besitzen das Potential heute noch unheilbaren Krankheiten zu heilen. Allerdings können Stammzellen nur in den menschlichen Körper eingesetzt werden, wenn die Differenzierung zu schädlichen Zelltypen, wie beispielsweise Krebszellen, verhindert werden kann. Anders ausgedrückt: die Differenzierung zu gewünschten Zelltypen kontrolliert werden kann. Da Stammzelldifferenzierung ein langwieriger Prozess ist, ist eine dauerhafte Versorgung der Stammzellen mit Nährlösung während der Untersuchung eine Voraussetzung. In den Mikrofluidikchips werden in einem Mikromischer Lösungen mit verschiedenen Morphogenkonzentrationen hergestellt. Als Mikromischer wird ein Zickzackkaskadenmischer mit zwei Einlässen, sechs Kaskaden und Zickzackkanälen von 400 µm Breite und 500 beziehungsweise 680 µm Höhe verwendet. In einer darüber liegenden Zellkammer werden Stammzellen kultiviert. Die Versorgung der Zellen mit Nährlösung in der Zellkammer ist dauerhaft und unabhängig vom Mikromischer möglich. Durch eine perforierte Membran treten die Zellen mit den Morphogenlösungen in Kontakt und reagieren auf diese. Die Reaktion der Zellen kann mit Hilfe eines Mikroskops beobachtet werden. Der beschriebene Aufbau ist vollständig in Polycarbonat realisiert.

Ein zweites Design ist zur Gewinnung wertvoller Substanzen durch Metabolic Engineering von Pflanzenzellen geeignet. Dieses Design wird in Kooperation mit dem Botanischen Institut (BI) und dem Institut für Biologische Grenzflächen 2 (IBG 2) entwickelt. Beide Institute sind Teil des KIT. Als Metabolic Engineering bezeichnet man die gezielte Veränderung von Enzymen, um die Eigenschaften einer Pflanze zu variieren [34]. Metabolismus bezeichnet hierbei den Stoffwechsel. Bei Pflanzenzellen tritt neben dem üblichen Energiestoffwechsel, aufbauendem und abbauendem Stoffwechsel, ein so genannter sekundärer Metabolismus auf. Hierbei werden in der Pflanzenzelle Stoffe produziert, welche für die Pflanze selbst nicht lebensnotwendig sind. Beispiele hierfür sind Nikotin, Koffein oder auch Steroide. Dieser sekundäre Metabolismus ist bei Pflanzenzellen äußerst unterschiedlich und besonders reichhaltig. Metabolic Engineering greift nun in diesen sekundären Metabolismus ein und verändert die von der Pflanze produzierten Stoffe. Dies geschieht durch die Zugabe eines Auslösers. Durch Metabolic Engineering ist es beispielsweise möglich, resistente Nutzpflanzen zu generieren oder Pflanzen zur Produktion seltener und wertvoller Substanzen anzuregen [34]. Letzteres soll in dem entwickelten Mikrofluidikchip möglich sein, indem mehrere Zellarten, ihre natürliche Umgebung nachahmend, hintereinander angeordnet werden. Die Produkte jedes Zelltyps werden dem nächsten Zelltyp als Edukte zur Weiterentwicklung zur Verfügung gestellt. Am Ende der Prozesskette erhält man die gewünschte Substanz. Die Pflanzenzellen, welche sich in Nährlösung in etwa wie feiner Sand verhalten, werden hierzu in eine Zellkammer injiziert. Da Pflanzenzellen zur Verstopfung von Mikrokanälen neigen, werden über einen zweiten Kreislauf die Nährlösung und ein Auslöser zugesetzt und die Produkte der Zellen abgeleitet. Eine perforierte Membran verbindet die beiden Kammern und ermöglicht einen Stoffaustausch über die Poren. Auch dieser Aufbau wird in Polycarbonat realisiert.

Das dritte Design ermöglicht die Herstellung von Polymerfilmen[1] für Zelluntersuchungen welche einen Gradienten über die Porengröße (Porengradientenfilme) aufweisen. Dieser Mikrofluidikchip wird in Kooperation mit dem Institut für Toxikologie und Genetik (ITG) vom KIT und dort mit der Helmholtz Young Investigator Group (HYIG) von Dr. Pavel Levkin entwickelt. Die Struktur der Oberfläche auf welcher eine Zelle kultiviert wird, beeinflusst deren Entwicklung [35]. Technische Gradientenoberflächen können sowohl für Screeningtests wie auch zur Simulation von biologischem Gewebe verwendet werden [26, 36]. Zur Erstellung der Filme wird ein strukturiertes Mikrofluidikbauteil als Werkzeug verwendet. In einem Mikromischer wird ein Gradient über zwei injizierte Poly-

---

[1] Üblicherweise spricht man von der Erzeugung von Oberflächen (englisch: surfaces), da die im Mikrofluidikchip erzeugten Oberflächen jedoch eine Stärke von 480 µm aufweisen werden sie in der vorliegenden Arbeit als Film bezeichnet.

merisationslösungen mit verschiedenen Porenbildnern erzeugt und in einer Reaktionskammer zur Verfügung gestellt. Die Monomerlösungen in der Reaktionskammer werden polymerisiert und das strukturierte Bauteil entfernt. Der Polymerfilm steht dann auf einem Glasobjektträger für biologische Untersuchungen zur Verfügung.

Für anwendungsübergreifende Fragestellungen aus dem Bereich der Hydrodynamik wird mit dem Institut für Strömungsmechanik und Aerodynamik von der Universität der Bundeswehr, München und dem Institut für Mikroverfahrenstechnik (IMVT) vom KIT zusammengearbeitet. Seit jüngster Vergangenheit besteht zudem eine weitere unabhängige Kooperation mit dem IBG 2, welche in dieser Arbeit nicht näher betrachtet wird. Im Rahmen dieser Kooperation wird die Anwendung eines vergleichbaren Mikrofluidikchips für das Antibiotikascreening geprüft. Die verschiedenen Kooperationen sind in Tabelle 1 zusammengefasst. Die Ergebnisse auf Seiten der Kooperationspartner werden am ZI II und am ITG als Teil der Promotionsarbeiten von M. Sc. Chorong Kim (KIT, 2012)[2] beziehungsweise M. Eng. Junsheng Li[3] erarbeitet.

---

[2] Die Promotionsarbeit von M. Sc. Chorong Kim „Morphogen gradient creation and bio-modified surfaces for rebuilding a stem cell microenvironment", Karlsruhe, KIT 2012 wurde zeitgleich mit dieser Arbeit erstellt.

[3] Die Promotionsarbeit von M. Eng. Junsheng Li wird zu einem späteren Zeitpunkt erstellt werden.

Tabelle 1: Übersicht über die Kooperationspartner im Rahmen dieser Arbeit. Wenn nicht anderes erwähnt, gehören die Institute dem KIT an.

Institut	Fachbereich	Personen
Zoologischen Institut, Abteilung für Zell- und Entwicklungsbiologie (ZI II)	Zellbiologie	M. Sc. C. Kim Dr. J. Kashef PD Dr. D. Gradl Prof. Dr. D. Wedlich
Botanisches Institut (BI)	Zellbiologie	Dr. J. Maisch Dr. M. Riemann Prof. Dr. P. Nick
Institut für Biologische Grenzflächen 2 (IBG 2)	NMR-Analyse	Dr. P. Tzvetkova Dipl.-Biol. S. Büchler Dipl.-Chem. C. Merle Prof. Dr. B. Luy
Institut für Toxikologie und Genetik (ITG) - Helmholtz Young Investigator Group (HYIG) von Dr. Pavel Levkin	Chemische Erzeugung biologischer Oberflächen	M. Eng. J. Li Dr. P. Levkin
Institut für Strömungsmechanik und Aerodynamik von der Universität der Bundeswehr, München	Strömungslehre	Dr. M. Rossi M. Sc. R. Segura Prof. Dr. C. Kähler

Institut für Mikroverfahrenstechnik (IMVT)	Strömungslehre, Druckmessung	C. Grehl PD Dr. J. Brandner
Institut für Biologische Grenzflächen 2 (IBG 2)	Antibiotika-screening	Dipl.-Chem. P. Sanyal Dr. P. Wadhwani Prof. Dr. A. Ulrich

Die vorliegende Arbeit gliedert sich wie folgt. In Kapitel 2 werden die Grundlagen der Arbeit zusammengefasst. Hierbei wird zu Beginn der grundlegende Herstellungsprozess eines Mikrofluidikchips dargestellt. Anschließend werden die verwendeten Materialien und verschiedene Herstellungstechnologien vorgestellt. Bei den Herstellungstechnologien wird in Replikationsprozesse und Fügeprozesse unterschieden. Das Kapitel schließt mit Grundlagen zur Hydrodynamik. Kapitel 3 gibt eine Übersicht über die vorliegenden vier Mikrofluidikchips. Die Herstellung der Mikrofluidikchips wird in Kapitel 4 anhand des Ablaufs des Produktionsprozesses dargestellt. Hierbei werden innerhalb der drei übergeordneten Prozessschritte: Replikation, Bonden und Endbearbeitung, die vier Mikrofluidikchips vorzugsweise getrennt abgehandelt. Die sich ergebende Matrixstruktur von Kapitel 4 ist in Tabelle 2 gezeigt. Übergreifende Unterkapitel werden ergänzend bei den jeweiligen Prozessschritten eingefügt.

Tabelle 2: Das Kapitel Herstellung der Mikrofluidikchips wird anhand des Herstellungsprozesses in Replikation, Bonden und Endbearbeitung untergliedert. Die verschiedenen Bauteile werden sukzessive abgehandelt. Die Tabelle zeigt die sich ergebende Matrixstruktur.

	Kapitel 4.1 Replikation	Kapitel 4.2 Bonden	Kapitel 4.3 Endbearbeitung
Mikrofluidikchip zur Stammzelldifferenzierung Version 1	Kapitel 4.1.1	Kapitel 4.2.1	Kapitel 4.3.1
Mikrofluidikchip zur Stammzelldifferenzierung Version 2	Kapitel 4.1.2	Kapitel 4.2.2	Kapitel 4.3.2
Mikrofluidikchip für das Metabolic Engineering	Kapitel 4.1.3	Kapitel 4.2.3	Kapitel 4.3.3
Mikrofluidikchip zur Herstellung von Gradientenfilmen	Kapitel 4.1.4	Kapitel 4.2.4	Kapitel 4.3.4

Kapitel 5 beschreibt die Anwendung der Mikrofluidikchips. Der verwendete Mikromischer ist ein wiederkehrendes und elementares Strukturelement in drei von vier Designs. Die Ergebnisse der hydrodynamischen Charakterisierung des Mikromischers werden in Kapitel 5.1 gezeigt. Anschließend wird auf die Anwendung des Mikrofluidikchips zur Stammzelldifferenzierung in Version Eins und Zwei, in Kapitel 5.2 beziehungsweise 5.3 eingegangen. Kapitel 5.4 fasst die Anwendung des Mikrofluidichips zur Herstellung von Gradientenfilmen zusammen. Die Anwendung des Mikrofluidikchips für das Metabolic Engineering wird in Kapitel 5.5 vorgestellt. In Kapitel 6 werden die Ergebnisse einer Marktanalyse über den Mikrofluidikchip zur Stammzelldifferenzierung gezeigt. Die Arbeit schließt mit einer Zusammenfassung und dem Ausblick auf mögliche weitere Entwicklungsschritte in Kapitel 7.

2 Grundlagen

Im Folgenden wird der grundlegende Herstellungsprozess von Mikrofluidikchips erläutert. Anschließend wird auf die verwendeten Materialien und mögliche Herstellungstechnologien eingegangen. Das Kapitel schließt mit den zum
Verständnis der Arbeit beitragenden Grundlagen zur Hydrodynamik. Die
Grundlagen werden jeweils nur insoweit betrachtet wie es zum Verständnis der
folgenden Arbeit notwendig erscheint. Weiterführende Informationen findet der
geneigte Leser in der angegebenen Literatur.

2.1 Der Herstellungsprozess eines Mikrofluidikchips für biologische Anwendungen

Dem eigentlichen Herstellungsprozess der Mikrofluidikchips vorgelagert, ist die
Erstellung eines Formeinsatzes oder auch einer so genannten Masterstruktur zur
Replikation. Zur Herstellung von Mikrofluidikchips für biologische Anwendun-
gen sind drei übergeordnete Verfahrensschritte notwendig:

1. Replikation von strukturierten Bauteilen

2. Bondverbindung der Komponenten

3. Endbearbeitung des Mikrofluidikchips

Abbildung 2.1 zeigt schematisch die Entstehung eines Mikrofluidikchips in diesen drei Verfahrensschritten. Beispielhaft ist ein dreischichtiger Stapelaufbau
mit Adaptoren und Schlauchanschlüssen als Kontakt mit der Außenwelt gezeigt.
Bei der Replikation werden Bauteile mit mikrofluidischen Strukturen, im Folgenden auch mikrostrukturierte Bauteile genannt, aus der Masterstruktur ver-

vielfältigt. Beim zweiten Schritt werden die Elemente des mikrofluidischen Bauteils flüssigkeitsdicht miteinander verbunden. Für biologische Anwendungen ist besonders wichtig, dass auch dieser Schritt mit einem möglichst biokompatiblen Verfahren durchgeführt wird. Die Bondverbindung ist eine der größten Herausforderungen bei der Herstellung von Mikrofluidikchips aus Thermoplasten [2]. Bei der Endbearbeitung wird der Kontakt des Mikrofluidikchips mit der Außenwelt hergestellt. So werden beispielsweise Adaptoren und Schläuche oder auch lediglich Schläuche an den Mikrofluidikchip angeschlossen. In der Regel werden hierfür in der Mikrosystemtechnik etablierte Klebeverbindungen [37] genutzt. Des Weiteren kann es notwendig sein, den Mikrofluidikchip zu polieren, um die Beobachtung von Zellen mit dem Mikroskop zu ermöglichen. Die einzelnen Prozessschritte zur Fertigung eines Mikrofluidikchips sind stark miteinander verknüpft. So wird beispielsweise die Transparenz des Bauteils von der Prozessgestaltung in der Replikation determiniert. Die Anforderungen an die Transparenz kommen in der Regel aus der Anwendung. Ist die Transparenz nicht ausreichend, muss das Bauteil im Rahmen der Endbearbeitung aufwendig nachpoliert werden. Als weiteres Beispiel bieten sich die Bondverbindungen an. Diese werden umso besser, je planparalleler die replizierten Bauteile sind [38]. Bei Optimierungen im Produktionsprozess sollten die Auswirkungen auf folgende Prozessschritte stets bedacht und wenn möglich getestet werden. Anders ausgedrückt: eine Optimierung einzelner Prozessschritte ermöglicht zwar lokale Minima, führt in der Regel aber nicht zu einem globalen Minimum [39].

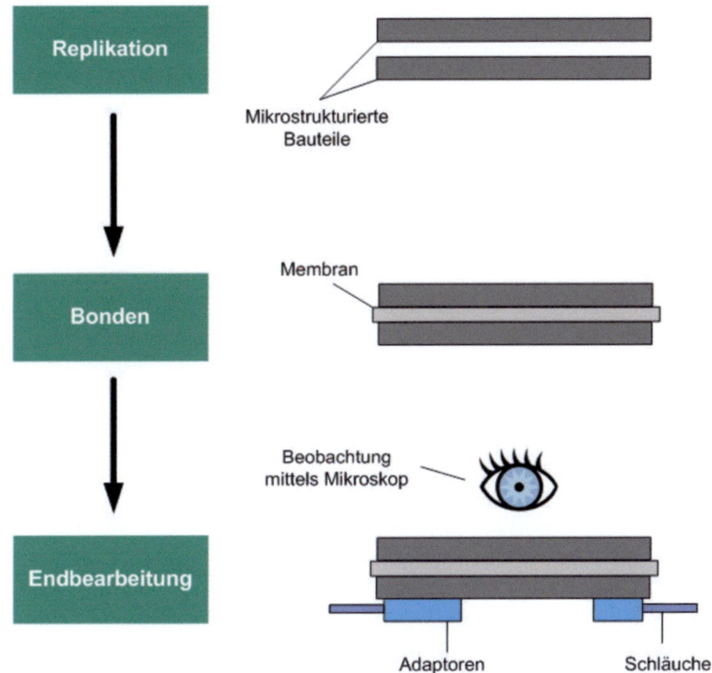

Abbildung 2.1: Schema des Herstellungsprozesses eines Mikrofluidikchips für biologische Anwendungen am Beispiel eines dreischichtigen Stapelaufbaus mit perforierter Membran. Zur Herstellung sind drei Verfahrensschritte notwendig. Die Replikation von mikrostrukturierten Bauteilen, das Bonden oder Verbinden der Komponenten und die Endbearbeitung. Der entstehende Mikrofluidikchip kann an die Außenwelt angeschlossen und das Innenleben mit einem Mikroskop beobachtet werden.

2.2 Materialien

Berthier et al. (2012) [2] schreiben zur Materialwahl bei Mikrosystemen für die Zellbiologie, dass diese *„far from trivial"* ist. Teach & Kiessling (1960) [40] finden noch deutlichere Worte zur Materialauswahl:

"Unfortunately the selection of a suitable material and elimination of unsuitable ones is not so easy. If the designer or fabricator does not consider carefully the properties of the material in terms of what is required of the finished article, he [or she] may make a poor choice."

Für die Mikrofluidikchips zur Stammzellkultivierung und die Mikrofluidikchips zum Metabolic Engineering wird Polycarbonat als Material für die mikrostrukturierten Bauteile und die Membranen eingesetzt. Polycarbonat wird in Kapitel 2.2.1 näher betrachtet. Die Mikrofluidikchips zur Herstellung von Porengradientenfilmen werden aus PDMS gefertigt und mit einem Glasobjektträger gebondet. Polydimethylsiloxan wird in Kapitel 2.2.2 näher betrachtet. Als Schlauchmaterial werden im Rahmen dieser Arbeit Polyamid (PA), Polysulfon (PSU) und Polytetrafluorethylen (PTFE) verwendet. Neben Schläuchen werden auch Kapillarstahlrohre verwendet. Da für die Auswahl der Schläuche und Kapillarstahlrohre, mit Ausnahme der PTFE Schläuche, primär die verfügbaren Schlauchdurchmesser entscheidend sind, wird an dieser Stelle von einer näheren Betrachtung abgesehen. Die hier relevanten Besonderheiten von Fluorkunststoffen werden in Kapitel 2.2.3 erläutert. Auf die Hintergründe zur Materialauswahl für die verschiedenen Mikrofluidikchips wird in Kapitel 3 eingegangen. Polymethylmethacrylat (PMMA) wird im Rahmen dieser Arbeit als Formeinsatzmaterial für die Replikation von PDMS-Bauteilen und als Material für die Adaptoren genutzt. PMMA wird vorwiegend wegen der guten Ver- und Bearbeitbarkeit [41, 42] und der Verfügbarkeit am Institut für Mikrostrukturtechnik (IMT) genutzt. Eine detaillierte Betrachtung findet sich in der Literatur [41, 43, 44]. Neben PMMA wird

Messing und Aluminium als Formeinsatzmaterial eingesetzt. In Anhang C werden diese Formeinsatzmaterialien beim Einsatz in Heißprägeverfahren verglichen. Eine weiterführende Betrachtung wird nicht gegeben.

2.2.1 Polycarbonat

Polycarbonat wird erstmals 1898 synthetisiert und seit 1958 großtechnisch durch die Bayer AG hergestellt [41]. Daneben wird PC lediglich noch von der Saudi Basic Industries Corporation (SABIC) hergestellt und vertrieben. PC ist ein amorpher Thermoplast [44]. Heute verwendetes Polycarbonat wird großteils auf Basis von Bisphenol A hergestellt. Bisphenol A besteht aus Phenol und Aceton. Zur Herstellung von Polycarbonat wird Bisphenol A mit Phosgen umgesetzt [43]. Neben PC auf Basis von Bisphenol A gibt es noch Copolycarbonate, welche durch Beimengung von speziellen Co-monomeren für Nischenanwendungen hergestellt

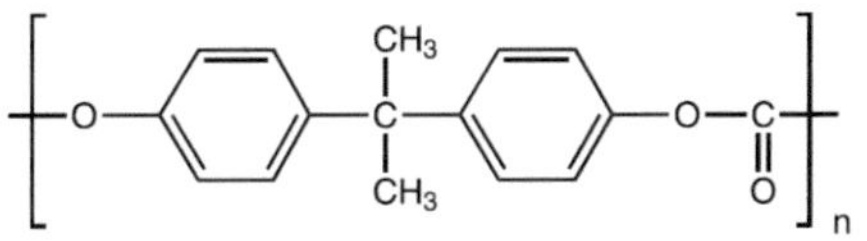

Abbildung 2.2: Strukturformel von Polycarbonat[4]

werden. Die Strukturformel von Polycarbonat ist in Abbildung 2.2 gezeigt. Polycarbonate weisen eine glasklare Transparenz und einen hohen Oberflächenglanz auf. Sie haben eine sehr gute biologische Verträglichkeit [45] und sind beständig gegen Wasser und Alkohol, mit Ausnahme von Methanol [41]. Polycarbonate sind nicht beständig gegen Lösemittel und eine Dauereinwirkung von heißem Wasser [41]. Aufgrund ihrer Transparenz und geringen Wasseraufnahme eignen sich Polycarbonate besonders für Behälter und Gehäuseteile [46]. Po-

---

[4] Entnommen aus Wintermantel & Ha (2009) S. 235

lycarbonate haben eine relativ hohe Durchlässigkeit für Sauerstoff und Kohlendioxid [41, 43]. Die Glasübergangstemperatur von PC auf Basis Bisphenol A liegt bei 150°C. Die Verarbeitung von Polycarbonaten erfordert nach Elsner et al. (2008) [41] *„erhöhte Aufmerksamkeit"*. PC lässt sich jedoch gut poliert und hervorragend verkleben.

Die mikrostrukturierten Bauteile werden entweder aus Makrofol® DE 1-1 Polycarbonatfolie mit einer Stärke von 1 mm oder aus Makrolon® GP clear 099 Plattenmaterial mit einer Stärke von $2 \pm 0{,}2$ mm hergestellt. Beide Halbzeuge werden von der Bayer MaterialScience AG bezogen. Der Glasübergangsbereich der Makrofol® DE 1-1 Folie wird mit 150-160°C [47] angegeben. Für die Makrolon® GP clear 099 Platten ist eine Glasübergangstemperatur von 145°C [48] angegeben. Im Rahmen dieser Arbeit wurde eine dynamische Differenzkalorimetriemessung (DSC Messung, Englisch: Differential Scanning Calorimetry, vgl. Kapitel 2.2.4) am IMT durchgeführt. Dabei ergibt sich eine Glasübergangstemperatur von 150°C für die Makrofol® DE 1-1 Folie, der Glasbereich liegt zwischen 148 und 153°C und ist damit vergleichsweise schmal. Für die Makrolon® GP clear 099 Platten werden zwei DSC Messungen durchgeführt. Es ergibt sich eine Glasübergangstemperatur von 150°C und ein Glasbereich von 147-153°C. Im Rahmen einer am IBG 2 durchgeführten Kernspinresonanzspektroskopie (NMR-Spektroskopie, Englisch: Nuclear Magnetic Resonance, vgl. hierzu Kapitel 2.2.4) wird gezeigt, dass in Makrolon® GP clear 099 weniger als zwei Massenprozent Weichmacher auf Basis von Therephtalaten enthalten sind. Damit ist das Material uneingeschränkt für biologische Langzeitexperimente geeignet [49].

Insgesamt werden fünf verschiedene perforierte Polycarbonatmembranen verwendet. Die Membranen werden mit Hilfe von Ionenspurtechnologie perforiert. Hierbei werden die Membranen zunächst mit Ionen bestrahlt, wodurch lineare Spuren modifizierter Bereiche auf der Membran entstehen. Anschließend werden die Spuren mit einem passenden Ätzmedium selektiv geätzt [50]. Tabelle 3 zeigt eine Übersicht der verwendeten Membranen mit deren Porengröße, nominaler Dicke, dem Hersteller beziehungsweise Lieferanten und der im Folgenden genutzten Bezeichnung. Die DSC Messung der Millipore Membranen ergibt eine Glasübergangstemperatur von 150°C und einen Glasbereich von 147-153°C. Für die 1 µm-Membranen werden eine Glasübergangstemperatur von 164°C und ein Glasbereich von 159-168°C gemessen. Diese sehr hohe Glasübergangstemperatur legt nahe, dass die verwendeten Membranen nicht aus reinem Polycarbonat bestehen, sie könnten auf Basis eines Copolymers hergestellt sein [51]. Der Hersteller stellt keine Daten diesbezüglich zur Verfügung. Die teilperforierte Membran wird speziell für diese Arbeit bei it4ip s.a. hergestellt und weist lediglich in einem Bereich von 12 mm Poren auf. Für diese Membran ergeben sich eine Glasübergangstemperatur von 150°C und ein Glasbereich von 148-152°C im Rahmen der DSC Messungen.

*Tabelle 3: Übersicht über die verschiedenen verwendeten ionengespurten Polycarbonatmembranen zum Einsatz in Stapelaufbauten in Mikrofluidikchips. * Messwerte, sonstige Angaben vom Hersteller.*

	Porengröße [µm]	Nominale Dicke [µm]	Hersteller / Lieferant	Bezeichnung
Isopore™ Membranfilter	0,4	7-22	Millipore Corporation	Millipore Membran
1 µm-Membranen von der Pieper Filter GmbH	1	9-11*	Pieper Filter GmbH	1 µm-Membran
2 µm-Membranen von der Pieper Filter GmbH	2	7-9*	Pieper Filter GmbH	2 µm-Membran
ipPORE™ Track Etched Membrane	0,4-0,08	23-25	it4ip s.a.	It4ip Membran weiß
Teilperforierte Membran von it4ip s.a.	0,4-0,08	50	it4ip s.a.	Teilperforierte Membran

2.2.2 Polydimethylsiloxan

Frederic Kipping begründet 1899 durch seine Arbeit die Silikon-Chemie. 44 Jahre später wird die Dow Corning Corporation gegründet um kommerziell Silikon-Chemie herzustellen [2]. Die Dow Corning Corporation ist auch heute noch der weltweit führende Lieferant für Silikon [52]. Polydimethylsiloxan gehört zu den Polysiloxanen oder Silikon-Elastomeren und ist ein siliziumhaltiges, teilorganisches, additionsvernetzendes Polymer [53]. PDMS wird aus zwei Komponenten hergestellt, die als Grundmasse und Härter bezeichnet werden. Die Grundmasse enthält Monomere und einen Platinkatalysator. Der Härter einen Vernetzer und Monomere. Im Ausgangszustand liegen die Komponenten bei Raumtemperatur im flüssigen Zustand vor. Durch das Vermischen der Komponenten wird die Vulkanisation eingeleitet, welche mit der Aushärtung des PDMS endet [54]. Bei Raumtemperatur wird erst nach 24 h eine vollständige Aushärtung erreicht. Die PDMS Mischung sollte innerhalb von 2 h verarbeitet werden [55]. Die Vulkanisationsgeschwindigkeit steigt mit steigender Temperatur. Tabelle 4 zeigt den Zusammenhang zwischen Temperatur und Vulkanisationszeit. Nach der angegebenen Vulkanisationszeit ist das Material ausreichend gehärtet zur Weiterverarbeitung. Die endgültigen mechanischen und elektrischen Eigenschaften bilden sich allerdings erst nach Ablauf von sieben Tagen aus [55]. Störungen bei der Vulkanisation, beispielsweise durch Kontakt mit zinnhaltigen Verbindungen, äußern sich in Form von nicht vernetzten, klebrigen Oberflächen [56]. PDMS zeichnet sich durch seine Transparenz und Elastizität aus [57-60]. Es ist stark hydrophob und chemisch inert [58-60]. Wie bereits in Kapitel 1 diskutiert, kann PDMS zumindest für Kurzzeitanwendungen als biokompatibel bezeichnet werden [2, 57]. Der Herstellungsprozess für Mikrofluidikchips ist im Vergleich zur Herstellung aus Thermoplasten wesentlich einfacher [1, 2]. Ausgehärtetes PDMS löst sich lediglich in konzentrierter Schwefelsäure und alkoholischen Laugen [59]. Im Rahmen dieser Arbeit wird das Sylgard® 184 Silicone Elastomer Kit von der Dow Corning Corporation verwendet.

Tabelle 4: Zusammenhand zwischen Temperatur und Vulkanisationszeit von Polydi-methylsiloxan nach Herstellerangaben [55]. Mit steigender Temperatur sinkt die Vul-kanisationszeit signifikant.

Temperatur [°C]	23	65	100	150
Vulkanisationszeit [h]	24	4	1	0,25

2.2.3 Fluorkunststoffe

Zu den Fluorkunststoffen zählen neben dem wichtigsten Vertreter Polytetrafluorethylen [43], besonders unter seinem Handelsnamen Teflon® bekannt, unter anderem auch Polychlortrifluorethylen (PCTFE) und Polyvinylidenfluorid (PVDF). Die herausragende Eigenschaft der Fluorkunststoffe ist deren überragende Beständigkeit gegen Chemikalien [41, 61]. 1934 gelingt Forschern der Höchst AG überraschenderweise die Polymerisation des ersten Fluorkunststoffs PCTFE [41]. Die technische Herstellung folgt 1950 in einem der Nachfolgewerke der Höchst AG [41]. 1941 wird bei DuPont die Bildung von PTFE durch Lagerung der Monomere unter Druck beobachtet [41]. Schon während des zweiten Weltkriegs kommt PTFE in der Waffenindustrie zum Einsatz, es wird beispielsweise als Dichtungsmaterial im Manhattan-Projekt verwendet. Nach dem Krieg wird PTFE zu einem beliebten Werkstoff im Apparate- und Maschinenbau [41]. PVDF wird 1961 von der Pennwald Corp. Auf den Markt gebracht. PVDF eignet sich auch für Spritzguss oder Extrusionsverfahren [41]. Da Fluorkunststoffe sich schlecht verarbeiten lassen, werden für Spritzguss- oder Extrusionsverfahren häufig Copolymere verwendet [41]. Wegen ihrer guten Chemikalienbeständigkeit sind Fluorkunststoffe als Material für Schläuche im Rahmen dieser Arbeit von Interesse.

2.2.4 Werkstoffanalyse

Werkstoffe werden im Rahmen dieser Arbeit mit vier Verfahren analysiert. Analysemethoden wie DSC Messung, NMR-Spektroskopie und Energiedispersiven Röntgenspektroskopie (EDX Englisch: energy dispersive X-ray spectroscopy) werden im Folgenden kurz erläutert. Daneben werden im Rahmen der Arbeit Zellen als biologische Analysemethode eingesetzt [62-65]. Die Ergebnisse der biologischen Analyse werden in Kapitel 5, soweit verfügbar, bei den jeweiligen Anwendungen dargestellt.

Durch eine DSC Messung können sowohl die Glasübergangstemperatur wie auch der Glasbereich graphisch ermittelt werden. Der Glasbereich erstreckt sich üblicherweise über 10-30°C und verschiebt sich mit der gewählten Heizrate. Hierbei entspricht eine höhere Heizgeschwindigkeit einer höheren Temperatur des Glasübergangs [66]. DSC Messungen werden im Rahmen dieser Arbeit am IMT durchgeführt um die Glasbereiche verschiedener Polycarbonatwerkstoffe zu analysieren[5]. Der Glasübergang wird gemäß DIN 53765 mit einer Heizrate von 20 K/s gemessen. Die Ergebnisse sind in Kapitel 2.2.1 dargestellt. Weiterführende Beschreibungen der Messmethode finden sich an anderer Stelle [66-68].

Die NMR-Spektroskopie kann zur Stoffanalyse und zur Ermittlung von Diffusionskoeffizienten eingesetzt werden. Feste Werkstoffe werden hierbei in der Regel vor der Analyse gelöst. Wie bei anderen Spektroskopieverfahren, werden aus dem sich ergebenden Spektrum mittels Materialdatenbanken, Rückschlüsse auf die Einzelbestandteile der Werkstoffe gezogen. Zur Messung von Diffusionskoeffizienten werden so genannte DOSY Experimente eingesetzt [69, 70]. Im Rahmen dieser Arbeit wird NMR-Spektroskopie zur Stoffanalyse von verwen-

---

[5] Die DSC Messungen werden im Rahmen dieser Arbeit von Dr. Klaus Feit durchgeführt und die Ergebnisse gemeinsam mit diesem diskutiert.

deten Werkstoffen und zur Ermittlung von Diffusionskoeffizienten eingesetzt. Die NMR-Analysen werden am IBG 2 mit einer Avance 600 MHz Anlage der Firma Bruker Corporation durchgeführt. In der Literatur [71-74] finden sich detaillierte Informationen.

Mit Hilfe der Energiedispersiven Röntgenspektroskopie können Elementverteilungen einer Probe bis in mehrere Mikrometer Tiefe gewonnen werden [75]. Hierbei werden die bei der Elektronenstrahlmikroskopie freigesetzten Röntgenstrahlen detektiert und analysiert. Es ist möglich, qualitative und quantitative Ergebnisse für die Elemente des Periodensystems ab Bor zu erhalten [75]. Im Rahmen dieser Arbeit wird eine EDX-Analyse eines Messingformeinsatzes am IMT mit Hilfe des Rasterelektronenmikroskops Zeiss Supra60VP und einem XFlash®5010 Detektor der Firma Bruker Corporation mit Hilfe einer Quantax 200 Software durchgeführt. Die Ergebnisse sind in Kapitel 4.1.1.3 zusammengefasst. Detaillierte Beschreibungen der Messmethode finden sich an anderer Stelle[76-78].

2.3 Herstellungstechnologien

Im Folgenden sind die Herstellungstechnologien unterteilt nach Replikations-prozessen und Fügeprozessen dargestellt.

2.3.1 Replikation

Replikationsverfahren ermöglichen die Herstellung tausender, identischer Bau-teile aus einem einzigen Formeinsatz oder einer Masterstruktur. Die Herstellung von CDs, aber auch der Buchdruck nach Guttenberg sind Beispiele für Replika-tionsprozesse [79]. Das wohl bekannteste unter den Replikationsverfahren ist der Spritzguss. Das Spritzgussverfahren eignet sich zur Herstellung von Mikro-strukturen in industrieller Massenfertigung [80]. Die Fixkosten sind vergleichs-weise hoch und die benötigten Werkzeugstrukturen komplex [79]. Polycarbona-te aber auch PDMS [56, 60] können mittels Spritzguss repliziert werden. Heiß-prägen ist ein weniger kostenintensives und flexibles Verfahren zur Replikation von Kunststoffen. Es ist besonders geeignet für die Produktion im Labormaß-stab. Heißprägen hat im Vergleich zum Spritzgussverfahren niedrigere Fixkos-ten aber höhere variable Kosten, bedingt durch längere Laufzeiten [2, 79]. Inno-vative Verfahren wie das Mikro-Blister Verfahren [81, 82] erweitern die Palette der Replikationsverfahren für Thermoplaste. Dieses Verfahren basiert auf der Herstellung von Blisterverpackungen beispielsweise für Tabletten. Beim Mikro-Blister Verfahren werden Bauteile mit erhabenen Mikrostrukturen durch Ther-moformen [83-86] dünner Folien hergestellt und anschließend mit selbstadhäsi-ver Folie gedeckelt. Das Mikro-Blister Verfahren ist kostengünstig und wie aus der Makrowelt ausreichend bekannt massenfertigungstauglich. Für Stapelauf-bauten ist das Verfahren jedoch weniger geeignet, da aufgrund der erhabenen Strukturen konventionelle, direkte Verbindungstechniken nicht ohne größere

Anpassungen angewendet werden können. Indirekte Verbindungstechniken mit adhäsiven Zwischenschichten sollten bei biologischen Langzeitanwendungen vermieden werden. Zur Herstellung von mikrostrukturierten PDMS-Bauteilen, kommt auch ein einfacher Gießprozess, welcher in normaler Laborumgebung ausgeführt werden kann, in Frage [57]. Im Rahmen dieser Arbeit wird eine Kleinserienfertigung für Laboranwendungen durchgeführt, welche allerdings in massenfertigungstaugliche Produktionsverfahren überführbar sein soll. Zur Herstellung der Polycarbonatbauteile wird das flexible Heißprägeverfahren gewählt, welches bei einer Produktionsmenge von weniger als 1000 Stück geringere Stückkosten als der Spritzguss aufweist [87]. Aufgrund der geringen Spannungen im Bauteil beim Heißprägeprozess [88] ist es für den folgenden Bondprozess zudem besonders geeignet [89]. Auf das Heißprägeverfahren wird in Kapitel 2.3.1.1 eingegangen. Zur Replikation von PDMS wird ein etabliertes und einfaches Gießverfahren gewählt, auf das in Kapitel 2.3.1.2 eingegangen wird.

2.3.1.1 Heißprägen

Formeinsätze für das Heißprägen können durch das LIGA-Verfahren, Ultrapräzisionsfräsen oder Mikroerodieren hergestellt werden [37]. LIGA Formeinssätze zeichnen sich durch eine hervorragende Oberflächenqualität mit Rauheitswerten von R_a <30 nm aus [90]. Allerdings sind sie in der Herstellung kosten- und zeitintensiv. Zudem ist die hier zu strukturierende Fläche im Standard-LIGA-Verfahren nicht vorgesehen. Mikroerodieren ist ein abbildendes Fertigungsverfahren bei dem eine Masterstruktur durch Funkenerosion in den Formeinsatz übertragen wird [37]. Es eignet sich besonders für mechanisch nicht oder nur mit Schwierigkeiten zu bearbeitende Materialien [37]. Durch die benötigte Masterstruktur sind die Kosten dieses Verfahrens vergleichsweise hoch. Da des Weiteren keine Materialeinschränkungen vorliegen ist ein Mikroerodierverfahren hier nicht adequat. Ultrapräzisionsfräsen ist ein äußerst flexibles Fertigungsverfahren. Es hat keine hier relevanten Beschränkungen bezüglich der strukturierbaren Fläche. Zudem können mehrere Strukturebenen gefertigt werden. Die Kosten sind im Vergleich zum LIGA-Verfahren niedrig. Die Oberflächenqualität ist mit Rauheitswerten von 10 nm bei Verwendung neuester Anlagentechnik [91], zwischenzeitlich ebenfalls hervorragend. Da Ultrapräzisionsfräsen flexibel und kostengünstig ist und eine hervorragende Oberflächenqualität liefern kann, werden lediglich ultrapräzisionsgefräste Formeinsätze verwendet. Diese werden am IMT üblicherweise in Messing hergestellt.

Der Heißprägeprozess findet in der Regel in Vakuumatmosphäre statt und wird in folgende vier Phasen eingeteilt [79, 92]:

1) Aufwärmphase

2) Umformphase

3) Abkühlphase

4) Entformphase

Der schematische Ablauf des Heißprägevorgangs ist in Abbildung 2.3 gezeigt. Der Heißprägeprozess wird in der Regel über ein Makro gesteuert. Vor dem eigentlichen Heißprägeprozess wird das Halbzeug, eine Polymerfolie, positioniert, die Vakuumkammer wird geschlossen und evakuiert. Die Presse wird zugefahren bis eine definierte Kraft, die so genannte Antastkraft oder Touch Force, anliegt. In der Aufwärmphase werden Anlage und Polymerfolie gleichmäßig auf Umformtemperatur erwärmt [79]. Die Umformung selbst besteht aus zwei Schritten. Im ersten Schritt wird die Presse auf eine voreingestellte Prägekraft zugefahren. Im zweiten Schritt wird die Prägekraft konstant gehalten und die Presse bei Bedarf nachjustiert. Während dieser so genannten Haltezeit, wird neben der Prägekraft die Temperatur konstant gehalten. Der zweite Schritt ermöglicht die vollständige Formfüllung der Kavitäten und determiniert die Restschichtdicke (vgl. Abbildung 2.3) [79]. Variationen der Restschichtdicke über das Bauteil von bis zu 100 µm sind üblich [93]. Die Abkühlung findet unter Beibehaltung der Prägekraft statt, um der Materialschwindung entgegenzuwirken [92]. Materialschwindung kommt durch die Kompressibilität und Wärmedehnung des Kunststoffes zustande [94]. Um dieser Entgegenzuwirken werden bei der Konstruktion von Formeinsätzen in der Regel Abformschrägen und Ränder um die eigentliche Struktur vorgesehen. Sobald die Temperatur unter der Glasübergangstemperatur der Polymerfolie liegt, wird das Bauteil durch Öffnen des Werkzeuges senkrecht entformt [79]. Die Entformung wird als erfolgreich bezeichnet, wenn das abgeformte Teil an der Substratplatte haftet. Als Substratplatten werden in der Regel 12 mm starke Stahlplatten mit aufgerauter Oberfläche verwendet. Die aufgeraute Oberfläche ermöglicht beim Entformen die Haftung des abgeformten Bauteils auf der Substratplatte. Durch die Oberflächenrauhigkeit der Substratplatte wird die Transparenz des späteren Mikrofluidikchips definiert. Die Entformphase ist der kritischste Prozessschritt beim Heißprägen [79]. Entformkräfte können von wenigen Newton bis zu mehreren Kilonewton variieren [88]. Im Extremfall ist das Entformen nicht mehr möglich und die Strukturen werden zerstört. Nach dem Entformen kann das Bauteil weiter abgekühlt werden bevor die Kammer belüftet und geöffnet wird [79]. Die wichtigsten Prozessparameter beim Abformen sind Prägetemperatur, Prägekraft, Haltezeit und Entformtemperatur. Daneben beeinflusst die verwendete Substratplatte und Stärke, sowie Eigenschaften des Halbzeugs das Abformergebnis.

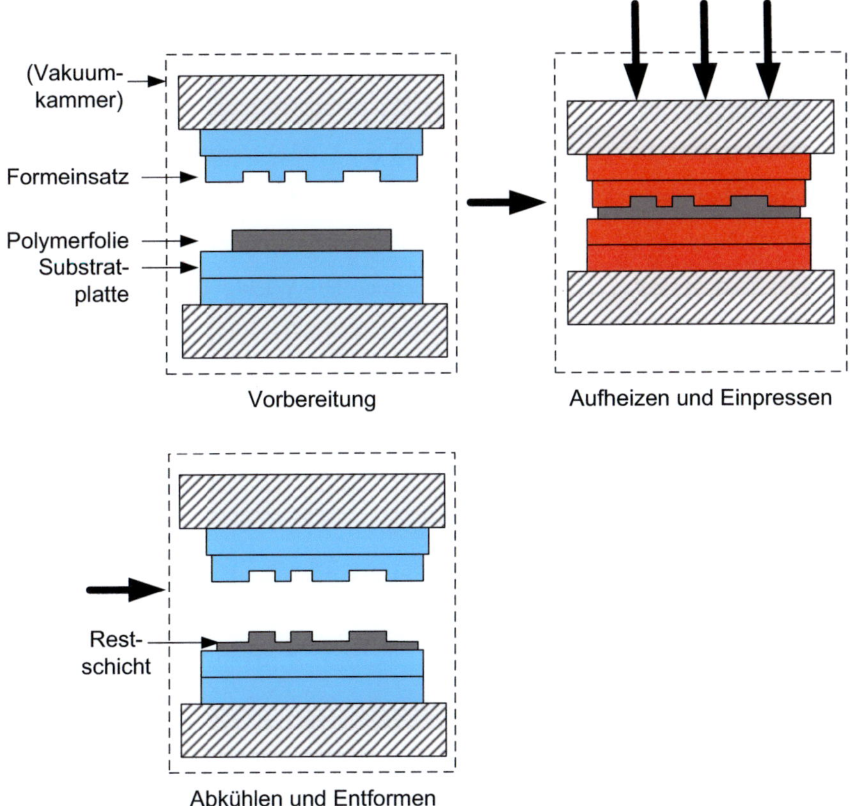

Abbildung 2.3: Schematischer Ablauf des Heißprägeverfahrens. In der Vorbereitungs-phase wird das Halbzeug, die Polymerfolie, eingelegt und die Vakuumkammer evaku-iert. Die Anlage wird auf eine Temperatur oberhalb des Glasbereichs geheizt und die eigentliche Umformung findet statt. Anschließend werden Bauteil und Anlage abgekühlt und das Bauteil entformt.

Im Rahmen dieser Arbeit wird mit verschiedenen Heißprägeanlagen gearbeitet. Die Schwesternmaschinen Jenoptik WUM (Warmumformmaschine) 02 und 03, im Folgenden WUM 02 beziehungsweise 03 genannt, zeichnen sich aufgrund der Beheizung mittels Öl, durch eine hohe Temperiergenauigkeit von $\pm 1°C$ aus

[88]. Damit verbundene lange Zykluszeiten werden durch elektrische Beheizung an der teilautomatisierten Wickert WMP1000, im Folgenden Wickert genannt, vermieden. Die WUM 03 arbeitet unter Umgebungsatmosphäre, ansonsten sind WUM 02 und 03 baugleich und teilen sich ein Kühlaggregat. Der Programmablauf wird über ein Makro, im Folgenden auch Steuerungsmakro genannt, gesteuert. Abbildung 2.4a) zeigt die WUM 02 und 03, die Vakuumkammer an der WUM 02 ist mit roten Pfeilen gekennzeichnet. Die Wickert-Heißprägeanlage ist in Abbildung 2.4b) dargestellt, Bei den WUM-Heißprägeanlagen wird der Formeinsatz, wie in Abbildung 2.3 skizziert, oben eingebaut, während das Halbzeug auf die untere Substratplatte platziert wird. In der Wickert-Heißprägeanlage wird der Formeinsatz dagegen unten, die Substratplatte oben in die Anlage eingebaut. Das Halbzeug wird auf dem Formeinsatz platziert.

Abbildung 2.4: Verwendete Heißprägeanlagen. a) WUM 02 (links) und 03 (rechts). Die roten Pfeile markieren die Vakuumkammer an der WUM 02. b) Wickert-Heißprägeanlage.

2.3.1.2 PDMS-gießen

Formeinsätze zum PDMS-gießen können entweder über UV-Lithographie [57] oder Mikropräzisionsfräsen hergestellt werden. Da das Mikropräzisionsverfahren flexibler ist wird es im Rahmen dieser Arbeit verwendet. Mikrostrukturen mit Minimalabmessungen von 10 nm können standardmäßig in PDMS repliziert werden [57]. Die hydrophobe Oberfläche sorgt für eine dehäsive Wirkung, welche die Entformung der Formteile erleichtert [56]. Zum Gießen des PDMS wird der vom Hersteller empfohlene Standardprozess angewendet [55]. Grundmasse und Härter werden im Verhältnis 10:1 gemischt, entlüftet und in den Formeinsatz gegossen. Das PDMS-Bauteil wird in einem Ofen ausgehärtet und anschließend aus dem Formeinsatz gelöst.

2.3.2 Fügen

Mit Hilfe von Fügeverfahren können aus mikrostrukturierten Bauteilen vollständige Mikrofluidiksysteme durch Deckelung und Anschluss an die Außenwelt entstehen. Verbindungen entstehen entweder durch Verschlaufung von Molekülen oder durch Ladungsinteraktionen [38]. Verschlaufungen können durch mechanische Verzahnungen bei Diffusion zwischen den zu verbindenden Oberflächen entstehen. Ladungsinteraktionen entstehen durch elektrostatische, kovalente Bindungen oder auch Van-der-Waals Verbindungen [95, 96]. Man unterscheidet beim Fügen direkte und indirekte Verfahren [38]. Indirekte Verfahren nutzen Zusatzmaterialien wie Klebstoffe oder Adhäsionsfilme. Zu den direkten Fügeverfahren gehören Thermobonden, Lösemittelbonden, lokale Verschweißung und Verbindungsverfahren welche Oberflächenbehandlung und –modifikationen vorsehen. Direkte Fügeverfahren ermöglichen Verschlaufungen von Molekülen, während klebeschichtunterstütze Verfahren Ladungsinteraktionen induzieren [38]. Im Folgenden wird zwischen Polycarbonat und PDMS unterschieden. In Kapitel 2.3.2.1 wird das Bonden von Polycarbonat dargestellt. Kapitel 2.3.2.2 beschäftigt sich mit dem Bonden von PDMS. Klebeverfahren werden im Rahmen dieser Arbeit vorzugsweise eingesetzt um den Kontakt der Mikrofluidikchips mit der Außenwelt im Rahmen der Endbearbeitung herzustellen. Da Klebeverfahren zu den etablierten Techniken der Mikrosystemtechnik gehören [37] wird auf eine detaillierte Betrachtung an dieser Stelle verzichtet.

2.3.2.1 Bonden von Polycarbonat

Das Verbinden oder Bonden von Thermoplasten wird in der Regel als besondere Herausforderung im Rahmen der Herstellung von Mikrofluidikchips aus Thermoplasten beschrieben [2, 38]. Klebeverfahren kommen als Fügeverfahren der mikrostrukturierten Bauteile in der Regel nicht in Frage, da Klebstoffe nur beschränkt wasserbeständig und biokompatibel sind. Indirekte Fügeverfahren mit zusätzlichen Adhäsionsfilmen sind für Stapelaufbauten ebenfalls nicht adequat. Um einen möglichst biokompatiblen und massenfertigungstauglichen Fügeprozess für Polycarbonate zu gewährleisten wird das Thermobondverfahren als Grundverfahren gewählt [2, 89]. Andere direkte Verbindungsverfahren können bei Bedarf mit dem Thermobondverfahren kombiniert werden. So beschreiben Tsao & DeVoe 2009 [38] beispielsweise ein lösemittelunterstütztes Thermobondverfahren. Auch hierbei bestehen leichte Bedenken bezüglich der Biokompatibilität [2], allerdings könnten Lösemittelreste nach dem Fügeprozess aus dem Bauteil entfernt werden [89]. Auch eine Kombination mit lokalen Schweißverbindungen hergestellt mittels Ultraschall- oder Laserschweißen wäre denkbar. Aufgrund des apparativen Aufwands [2], wird davon in dieser Arbeit abgesehen. Auf chemische Oberflächenbehandlungen wird ebenfalls verzichtet, da deren Biokompatibilität für Langzeitanwendungen angezweifelt wird [89]. Im Folgenden wird auf die Grundlagen des Thermobondverfahrens eingegangen.

Beim Thermobonden wird durch das Aufbringen von Druck und Temperatur ein Fließen des Polymers hervorgerufen, um einen innigen Kontakt der Oberflächen zu ermöglichen [38]. Durch Interdiffusion von Polymerketten entsteht eine solide Verbindung. Unter idealen Bedingungen kann die resultierende Verbindungsfestigkeit die Kohäsionsfestigkeit des Grundmaterials erreichen [38]. Abbildung 2.5 zeigt schematisch den Prozessablauf bei Verwendungen einer Heißprägeanlage [87]. Die Abbildung zeigt beispielhaft einen Mikrofluidikchip im Stapelaufbau. Die zu verbindenden Substrate werden in die Anlage eingelegt und mit einer Substratplatte abgedeckt. Anlage und Substrate werden auf Prozesstemperatur erwärmt. Über eine definierte Haltezeit wird die Bondkraft bei konstanter Prozesstemperatur auf die Substrate aufgebracht, um einen innigen Kontakt und somit Interdiffusion zwischen den Substratoberflächen zu ermöglichen. Höhere Temperaturen können hierbei die Beweglichkeit der Polymerketten und damit die Verschlaufung verbessern [38]. Nach Ablauf der Haltezeit werden Anlage und Substrate gekühlt und können anschließend aus der Anlage entnommen werden. Der Thermobondprozess wird bei Bedarf in Vakuumumgebung durchgeführt. Die entscheidenden Prozessparameter beim thermischen Bonden sind [38]:

- Temperatur

- Kraft[6] und

- Haltezeit.

Da das Prozessfenster in der Regel schmal ist, sollte die verwendete Anlagentechnik eine hinreichend genaue Kontrolle der Prozessparameter ermöglichen [87]. Ist einer oder mehrere Prozessparameter zu hoch gewählt, so können die Mikrostrukturen zerstört werden [38, 97, 98]. Wählt man zu niedrige Parameter,

---

[6] In der Regel wird der Druck als Einflussparameter angegeben. Da die verwendeten Heißprägeanlagen kraftgesteuert sind, wurde hier die Kraft als Prozessparameter gewählt.

ist die Bondfestigkeit zu gering oder es kann keine homogene Bondverbindung hergestellt werden [38, 98]. Die Prozessparameter müssen in der Regel für jede Anwendung separat optimiert werden [38]. Variieren Glasübergangstemperatur und Fließeigenschaften des verwendeten Thermoplastes, so können signifikante Anpassungen nötig werden. Die optimalen Prozessparameter variieren bisweilen sogar zwischen verschiedenen Chargen ein und desselben Polymers [38]. Die Überwachung und Anpassung der experimentellen Bedingungen ist entsprechend permanent notwendig. Um eine exakte Kraftsteuerung und eine sehr gute Temperiergenauigkeit zu erreichen wird im Rahmen dieser Arbeit mit den Heißprägeanlagen WUM 02 und 03 gebondet (vgl. Kapitel 2.3.1.1). Besonders günstig für das Thermobonden sind Substrate mit nur geringfügig abweichenden Glasübergangstemperaturen [87]. Substrate sollten weiterhin so planparallel, sauber und trocken wie möglich sein [38]. Beim Thermobonden unterscheidet man grundsätzlich zwischen den beiden folgenden Ansätzen [38]:

- Bonden bei hohen Temperaturen (bis zu 58°C über der Glasübergangstemperatur der Substrate [99]) bei geringem Druck (im Folgenden auch über Glasübergangstemperaturbonden genannt)

- Bonden bei hohem Druck (bis zu einigen Megapascal [100]) und Temperaturen deutlich unterhalb des Glasübergangsbereiches (im Folgenden auch unter Glasübergangstemperaturbonden genannt),

wobei die Bondfestigkeit beim zweiten Ansatz niedriger ist. Zusätzlich zu den Substratplatten kommen beim Thermobonden Hilfsmaterialien zum Einsatz. Diese werden üblicherweise in einem Schichtaufbau um die Substrate angeordnet. Silikonfolien werden beispielsweise verwendet um Unebenheiten auszugleichen [38]. Am IMT werden zudem Kaptonfolien eingesetzt. Die Kaptonfolien vermeidet eine Anhaftung an anderen Schichten und verhindert eine Verschlechterung der Oberflächenqualität während des Bondprozesses.

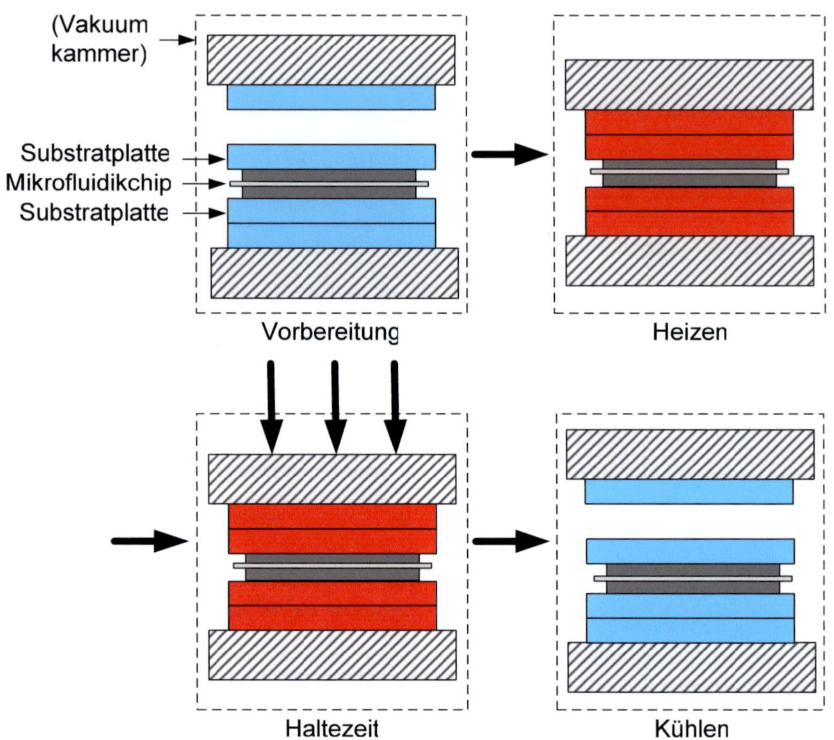

Abbildung 2.5: Schematische Ablauf des Thermobondprozesses für Thermoplaste. In der Vorbereitungsphase werden die Substrate, in diesem Fall ein Mikrofluidikchip im Stapelaufbau, auf eine Substratplatte gelegt und mit einer zweiten Substratplatte abgedeckt. Anlage und Mikrofluidikchip werden bei Bedarf unter Vakuumatmosphäre auf die Prozesstemperatur erwärmt. Die Prozesstemperatur und die Bondkraft wird über eine definierte Haltezeit aufgebracht, um innigen Kontakt zwischen den zu bondenden Oberflächen herzustellen. Anlage und Mikrofluidikchip werden gekühlt anschließend kann der Mikrofluidikchip entnommen werden.

2.3.2.2 Bonden von PDMS

PDMS zeichnet sich im Vergleich zu Thermoplasten besonders dadurch aus, dass es sich äußerst gut bonden lässt [1, 2]. PDMS bondet auch ohne Adhesive oder Vorbehandlung flüssigkeitsdicht mit sich selbst oder auf Glas [57]. Solche Verbindungen kommen durch Van-der-Waals-Kräfte zustande und sind ausreichend für den Stofftransport durch Elektrophorese oder Kapillareffekte [10, 57]. Sollen, wie im vorliegenden Fall, Spritzenpumpen verwendet werden, so ist ein so genannter irreversibler Bond nötig [57]. Für irreversible Bonds werden die Substrate auf verschiedene Arten vorbehandelt und anschließend thermisch gebondet. PDMS-Bauteile werden beim Thermobonden lediglich in einen Ofen oder auf eine Heizplatte platziert und bei Bedarf mit Gewichten beschwert. Dieses Verfahren ist nicht vergleichbar mit dem apparativ aufwendigen Thermobondverfahren für Thermoplaste. Die Substrate werden in der Regel durch Plasmabestrahlung seltener auch durch Corona-Entladung vorbehandelt [11-13, 16, 57, 101]. Aufgrund des apparativen Aufwands [102], sollen diese Verfahren im Rahmen der vorliegenden Arbeit umgangen werden. Alternative Bondverbindungen nutzen rein thermische Verfahren mit beschichteten Substraten. Eddings et al. (2008) [102] beschreiben die Verwendung von unvulkanisiertem PDMS als Beschichtung. Des Weiteren wird eine unvulkanisierte Lösung aus Grundmasse und Härter mit von den Herstellervorgaben abweichendem Mischverhältnis verwendet. Da es hierbei zu unvollständigen Reaktionen kommen kann [103], wird von letzterer Methode abgesehen. Andere Gruppen [18, 104] verwenden lediglich Härter zum Verbinden der Substrate. Des Weiteren können zwei noch nicht vollständig vulkanisierte PDMS-Bauteile gebondet und anschließend ausgehärtet werden [102]. Im Rahmen dieser Arbeit werden verschiedene der rein thermischen Beschichtungsverfahren eingesetzt.

2.3.2.3 Stabilitätsprüfung

Zur Charakterisierung der Güte der Bondverbindungen werden Zugversuche und Bersttests mit Flüssigkeiten durchgeführt [57, 102, 105, 106]. Zugversuche werden an der Zugprüfanlage Instron 4505 mit 6-12 mm Klammern durchgeführt. Dazu werden sechs Paare Zugstempel aus PVC mit einer Klebefläche von

26×76 mm², genormt auf die Außenabmaße der Mikrofluidikchips, verwendet. Wie in Abbildung 2.6 gezeigt werden die Proben mit Epoxidharzklebstoff zwischen die Zugstempel eingeklebt und normal zur Bondverbindung gezogen. Neben Mikrofluidikchips werden unstrukturierte Zugprüflinge, ebenfalls im Stapelaufbau mit Außenabmessungen von 13×38 mm² genutzt. Die Ergebnisse der Zugversuche werden in Kapitel 4.2.5 zusammengefasst[7].

Um den Betrieb der Mikrofluidikchips realitätsnäher abzubilden werden zusätzlich Bersttests durchgeführt. Hierbei werden die Mikrofluidikchips mit einer Spritzenpumpe befüllt bis die Bondverbindung nachgibt. Die anliegenden Drücke werden über Relativdrucksensoren ausgelesen. Abbildung 2.7 zeigt schematisch den Aufbau der Bersttests. Um die Ergebnisse nicht nur im Vergleich zur Literatur bewerten zu können, werden zudem Druckkennlinien für verschiedene Flussraten aufgezeichnet. Der Aufbau der Bersttests und die Ergebnisse werden in Kapitel 4.2.5 vorgestellt[8].

---

[7] Die Zugproben werden im Rahmen dieser Arbeit von Dr. Klaus Feit und Dipl.-Ing. Heinz Dinglreiter durchgeführt. Die Ergebnisse werden mit diesen diskutiert.

[8] Der Messaufbau für die Bersttests und die Durchführung einiger Versuche werden im Rahmen der von mir betreuten Bachelorarbeit von Hr. Elias Schipperges realisiert.

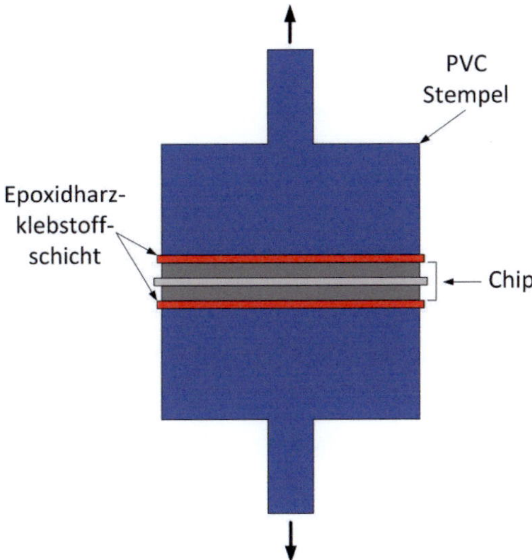

Abbildung 2.6: Schema Zugproben. Der Mikrofluidikchip wird mit Epoxidharzklebstoff zwischen die PVC Zugstempel eingeklebt. Die Zugrichtung, angedeutet durch die Pfeile ist normal zur Bondverbindung.

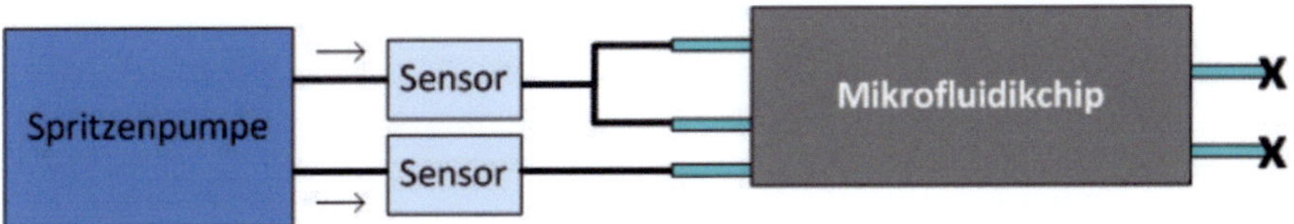

Abbildung 2.7: Schematischer Aufbau der Berstversuche. Der Mikrofluidikchip wird mit geschlossenen Ausflüssen über eine Spritzenpumpe bis zum Nachgeben der Bondverbindung befüllt. Drucksensoren erfassen den Berstdruck. Hier dargestellt ist ein Mikrofluidikchip im Stapelaufbau mit drei Einflüssen. Die beiden Einflüsse des Mikrokaskadenmischers werden über einen Drucksensor erfasst.

2.4 Hydrodynamik

Die Hydrodynamik zeichnet sich in der Mikrosystemtechnik besonders dadurch aus, dass die physikalischen Eigenschaften von Fluiden fundamental von der Makrowelt abweichen können [1, 107]. Vorherrschende Effekte der Makrowelt können in der Mikrowelt völlig unbedeutend sein. Hierbei werden physikalische Gesetze allerdings nicht aufgehoben, es kommt lediglich zu einer Verschiebung der Wirkungsweise [108]. Der wohl bedeutendste dieser Unterschiede tritt bei der Vermischung von Substanzen zu Tage: während in der Makrowelt Turbulenzen den Mischvorgang bestimmen, ist in der Mikrowelt gerade die Abwesenheit von Turbulenzen, die so genannte laminare Strömung vorherrschend [1]. Grundsätzlich geht man davon aus, dass in Mikrosystemen die Masse eine untergeordnete Rolle spielt [1]. Das Verhältnis der Trägheitskraft zur Reibungskraft wird in der dimensionslosen Reynoldszahl (Re) erfasst:

$$\mathrm{Re} = \rho \frac{QD_H}{\eta A} \tag{2.1}$$

mit

$$D_H = \frac{2bh}{b+h} \tag{2.2}$$

Re	Reynoldszahl	[ ]
ρ	Dichte	[kg/m^3]
Q	Flussrate	[m^3/s]
η	Dynamische Viskosität	[Pas]
A	Strömungsquerschnitt des Kanals	[m^2]
D_H	Hydrodynamischer Durchmesser	[m]
b	Kanalbreite	[m]
h	Kanalhöhe	[m]

Als kritische Reynoldszahl, welche den Wechsel von einem turbulenten in ein laminares Regime angibt, ist in der klassischen Lehre eine Reynoldszahl von 2300 anerkannt [109]. Turbulente Strömung zeichnet sich durch Verwirbelungen der Flüssigkeitsströme aus. In einer laminaren Strömung fließen zwei vereinigte Flüssigkeitsströme stets parallel nebeneinander ohne Verwirbelungen, Überschneidungen oder Turbulenzen [1]. Eine Vermischung kann hierbei lediglich durch Diffusion von Molekülen über die Phasengrenze der beiden Fluide zustande kommen [1]. Diffusion tritt als Ausgleich eines vorhandenen Konzentrationsgefälles auf [37]. Die Beweglichkeit von Teilchen wird durch den Diffusionskoeffizient beschrieben. Üblicherweise wird dieser über die Stokes-Einstein-Gleichung geschätzt [69]:

$$D = \frac{k_B T}{6\pi\eta R_0} \tag{2.3}$$

D	Diffusionskoeffizient	$[m^2/s]$
k_B	Boltzmann-Konstante	$[J/K]$
T	Temperatur	$[K]$
η	Dynamische Viskosität	$[Pas]$
R_0	Hydrodynamischer Radius	$[m]$

Für Substanzen mit Molekülen die groß sind, im Vergleich zu den Lösemittelmolekülen, liefert die Stokes-Einstein-Gleichung keine adequaten Ergebnisse [69]. Aus diesem Grund gibt es zahlreiche weiterer Schätzungen für Diffusionskoeffizienten. Für größere gelöste Moleküle wird häufig die Wilke-Chang-Korrelation eingesetzt [69]:

$$D = \frac{7,4 \cdot 10^{-8} (\phi M_2)^{1/2} \cdot T}{\eta V_1^{0,6}} \tag{2.4}$$

D	Diffusionskoeffizient	$[m^2/s]$
ϕ	Empirischer Parameter	[ ]
M_2	Molmasse	[Da]
T	Temperatur	[K]
η	Dynamische Viskosität	[mPas] = [cP]
V	Molares Volumen gelöste Substanz	$[cm^3/mol]$

Der empirische Parameter ist hierbei 1 für organische Lösemittel, 1,5 für Alkohole und 2,6 für Wasser [69].

Der mittlere statistische Diffusionsweg in einer Dimension, kann nach der gelegentlich als Einstein-Smoluchowski-Gleichung bezeichneten Gleichung, berechnet werden [57, 69, 98]:

$$d = \sqrt{2Dt} \tag{2.5}$$

d	Mittlerer Diffusionsweg	[m]
D	Diffusionskoeffizient	$[m^2/s]$
t	Diffusionszeit	[s]

Im Folgenden wird auf die grundlegenden Eigenschaften eines Mikrokaskadenmischers wie aus Jeon et al. (2000) [10] und Dertinger et al. (2001) [11] bekannt eingegangen. Durch wiederholte Aufteilung, Vermischung und Rekombination wird in mehreren Stufen, entsprechend der Anzahl von Kaskaden, der gewünschte Konzentrationsgradient erzeugt. Hierzu werden die Ströme in den horizontalen Kanälen aufgeteilt und in den anschließenden vertikalen Zickzack-

oder Serpentinenkaskaden vermischt. In den folgenden horizontalen Kanälen werden die Ströme rekombiniert um wiederum aufgeteilt zu werden. Abbildung 2.8 zeigt ein anschauliches Beispiel des Funktionsprinzips, anhand der Erstellung eines Farbverlaufs.

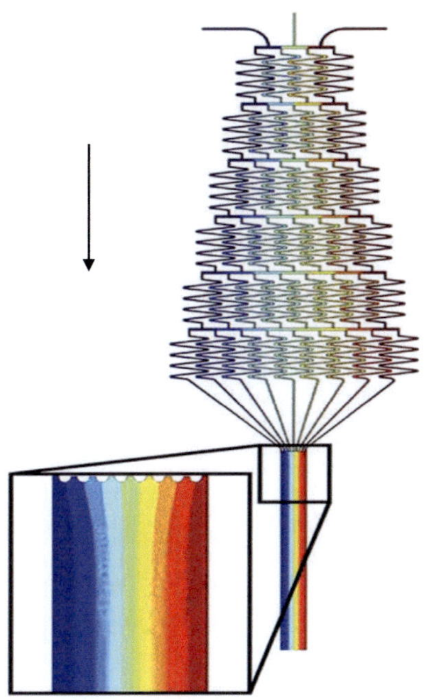

Abbildung 2.8: Erstellung eines Gradients mit verschiedenen Farben, entnommen aus Ricart et al. (2011) [110]. Der Pfeil deutet die Flussrichtung an.

Die Autoren [10, 11] definieren die Anzahl der Kanäle pro Kaskade als Ordnungsnummer B und nummerieren die vertikalen Zickzack- oder Serpentinenkanäle mit 0 beginnend. Die Nomenklatur ist in Abbildung 2.9a) gezeigt. Das Gesetz von Hagen-Poiseuille:

$$\Delta p = R_{hyd} Q \tag{2.6}$$

Δp	Druckabfall	[Pa]
R_{hyd}	Hydrodynamische Widerstand	[Pas/m³]
Q	Flussrate	[ml/min]

ist als Analogon zum Ohm'schen Gesetz $\Delta U = RI$ anzusehen [111]. Der Druck-abfall entspricht hierbei der abfallenden Spannung, der hydrodynamische Wi-derstand dem elektrischen Widerstand und die Flussrate der Stromstärke. Der hydrodynamische Widerstand eines rechteckigen Kanals kann nach Bruus (2011) [111] für h < b berechnet werden:

$$R_{hyd} = \frac{12\eta L}{1 - 0,63(h/b)} \frac{1}{h^3 b} \tag{2.7}$$

R_{hyd}	Hydrodynamische Widerstand	[Pas/m³]
η	Dynamische Viskosität	[Pas]
L	Kanallänge	[m]
h	Kanalhöhe	[m]
b	Kanalbreite h < b	[m]

Jeon et al. (2000) [10] nutzen dieses Analogon um den Kaskadenmischer mit einem elektronischen Netzwerk zu vergleichen, dargestellt in Abbildung 2.9b). Der Pfeil in der Abbildung verdeutlicht die Flussrichtung. Die vertikalen Zick-zack- beziehungsweise Serpentinenkanäle bilden eine Parallelschaltung. Der Widerstand der horizontalen Kanalabschnitte ist mit R_H bezeichnet. Da die hori-zontalen Kanäle viel kürzer sind als die vertikalen und der hydrodynamische Widerstand linear von der Kanallänge abhängt (siehe Gleichung 2.7) gilt

$R_H \ll R_V$. Der Widerstand der horizontalen Kanäle ist damit vernachlässigbar. Für Parallelschaltungen gilt, dass die abfallende Spannung an allen Zweigen identisch sein muss. Da die hier anliegenden Widerstände bei sich entsprechenden Kanalabmessungen identisch sind, folgt aus dem Ohm'schen Gesetz, dass auch die Stromstärke I und damit die Flussrate Q in allen parallelen Zweigen identisch sein muss. Durch alle parallelen vertikalen Zickzack- oder Serpentinenkanäle fließt das Medium also mit der gleichen Flussrate. Anders ausgedrückt: der abfallende Massenstrom an den parallelen Kanälen ist identisch. Abbildung 2.9c) zeigt die sich ergebenden Konzentrationen in den vertikalen Kanälen aufgrund der Aufteilung der Ströme nach Dertinger et al. (2001) [11]. Formel 2.8 erlaubt die Berechnung des linksbündigen Flusses, Formel 2.9 die des rechtsbündigen für jeden einmündenden Kanal:

$$\frac{B-V}{B} \tag{2.8}$$

und

$$\frac{V+1}{B} \tag{2.9}$$

B	Ordnungsnummer	[ ]
V	Nummer des vertikalen Kanals	[ ]

Die Berechnungsformeln sind normiert zur Erleichterung der Berechnung der Konzentrationen und zeigen nicht die Massenströme an. Anhand der Formeln kann für jeden Verzweigungspunkt die Konzentrationsverteilung berechnet werden und damit auch die Konzentrationsverteilung am Ausgang des Mikromischers. Abbildung 2.9d) zeigt die Verteilung der Massenströme und die sich ergebenden Konzentrationen an einem Verzweigungspunkt mit zwei Einflüssen und drei Ausflüssen.

Eine vollständige homogene Vermischung der Lösungen in den vertikalen Zick-zack- oder Serpentinenkanälen, ist Voraussetzung für die oben gezeigte Berechnung. Im Rahmen der genannten Veröffentlichungen [10, 11], wird diese mittels Diffusion sichergestellt. Da die Flussrate mit höherer Kaskadenordnung langsamer wird [11], ist es ausreichend die homogene Mischung per Diffusion für die erste Kaskade zu zeigen.

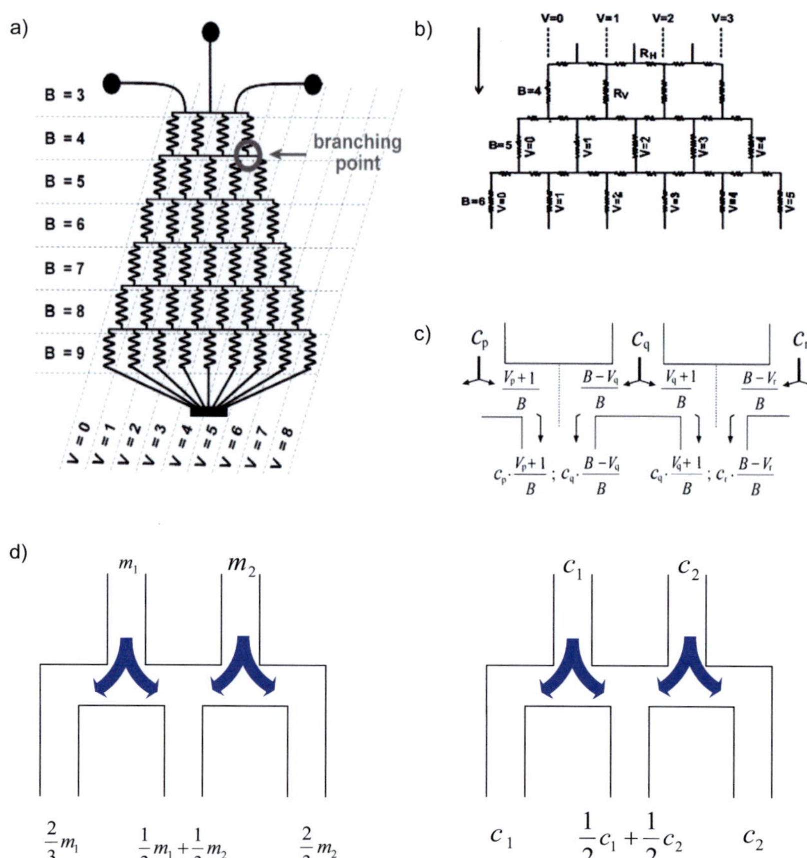

Abbildung 2.9: Funktionsprinzips eines Mikrokaskadenmischers. Flussrichtung ist von oben nach unten. a) Schema zur Erklärung der Nomenklatur, entnommen aus Dertinger et al. (2001) [11]. b) Mikrokaskadenmischer als äquivalentes elektronisches Netzwerk, entnommen aus Jeon et al. (2000) [10]. Der Pfeil verdeutlicht die Flussrichtung im Netzwerk c) Konzentrationsverteilung an einer beliebigen Verzweigung des Mikromischers, entnommen aus Dertinger et al. (2001) [11]. Die gepunkteten Linien stellen die Phasengrenze zwischen den kombinierten Strömen dar. d) Aufteilung des Massenstroms und Darstellung der sich ergebenden Konzentration an einer Verzweigung mit zwei Eingängen und drei Ausgängen. B = Ordnungsnummer, V = Nummer des vertikalen Kanals, R_V = Widerstand im vertikalen Kanal, R_H = Widerstand im horizontalen Kanal, c_x = Konzentration Kanal x, m_x = Massenstrom Kanal x

3 Übersicht Mikrofluidikchips

Kapitel 3.1 beschreibt die Materialauswahl für die verschiedenen Designs zusammengefasst nach Mikrofluidikchips zur Zellkultivierung und Mikrofluidikchips zur Herstellung von Gradientenfilmen. Anschließend werden in Kapitel 3.2 die vier verschiedenen Designs dargestellt.

3.1 Materialauswahl

Mikrofluidikchips zur Zellkultivierung sollten auf Grund der Bedenken gegenüber PDMS (vgl. hierzu Kapitel 1) in dieser Arbeit in Thermoplasten realisiert werden. Zur Replikation kommen neben Thermoplasten auch thermoplastische Elastomere in Frage [79] (vgl. hierzu Kapitel 2.3.1.1). Für das Thermobonden sollten möglichst identische Materialien verwendet werden [87] (vgl. hierzu Kapitel 2.3.2.1). Die für die Stapelaufbauten notwendigen perforierten Membranen, sind als ionengespurte Filtermembranen in Polycarbonat und Polyethylenterephthalat (PET) kommerziell erhältlich. Neuerdings sind auch vermehrt Membranen in Polyimid (PI) erhältlich. Polycarbonat hat eine geringe Autofluoreszenz [112] und hohe Transparenz. Da es zudem biokompatibel ist und ein bewährtes Material in der Mikrotechnik ist, bietet es sich als Material für die mikrostrukturierten Bauteile und Membranen an.

Bei dem Mikrofluidikchip zur Herstellung von Gradientenfilmen sollte die Membran auf einem Glasobjektträger zur Verfügung gestellt werden. Glas lässt sich allerdings nur mit erheblichem Aufwand auf Polymere bonden. Aufgrund der variierenden Restschichtdicken abgeformter Bauteile können diese auch nicht reversibel mit Glasobjektträgern verspannt werden. PDMS lässt sich im Vergleich dazu einfach mit Glas fügen. Da diese Mikrofluidikchips lediglich als

Werkzeuge dienen, in dem Bauteil selbst also keinerlei biologische Versuche stattfinden, wird für dieses Design PDMS als Material gewählt.

3.2 Übersicht über die verschiedenen Designs

Abbildung 3.1 zeigt die vier verschiedenen Designs der Mikrofluidikchips. Die gezeigten Abbildungen werden im Folgenden zu Beginn eines jeden Kapitels über das entsprechende Bauteil gezeigt um dem Leser die Orientierung zu erleichtern. Zudem wird für Graphiken ein Farbcode eingesetzt. Der Mikrofluidikchip zur Stammzelluntersuchung in Version Eins ist blau, in Version Zwei cyan dargestellt. Der Mikrofluidikchip zur Herstellung von Porengradientenfilmen ist in rot gezeichnet, der Mikrofluidikchip für das Metabolic Engineering in grün. Alle entwickelten Mikrofluidikchips werden aus den elementaren Grundelementen einer Kammer und eines Mikrokaskadenmischers mit anschließenden geradlinigen Kanälen zusammengesetzt. Der Mikrokaskadenmischer hat zwei Einlässe und sechs Kaskaden. Er weist also in der letzten Kaskade acht Kanäle [11] und eine entsprechende Anzahl an Mischungen auf. Die Außenabmaße aller Bauteile sind auf Objektträgerformat (26×76 mm²) genormt um den Einbau in Standardmikroskope in der biologischen Anwendung zu erleichtern.

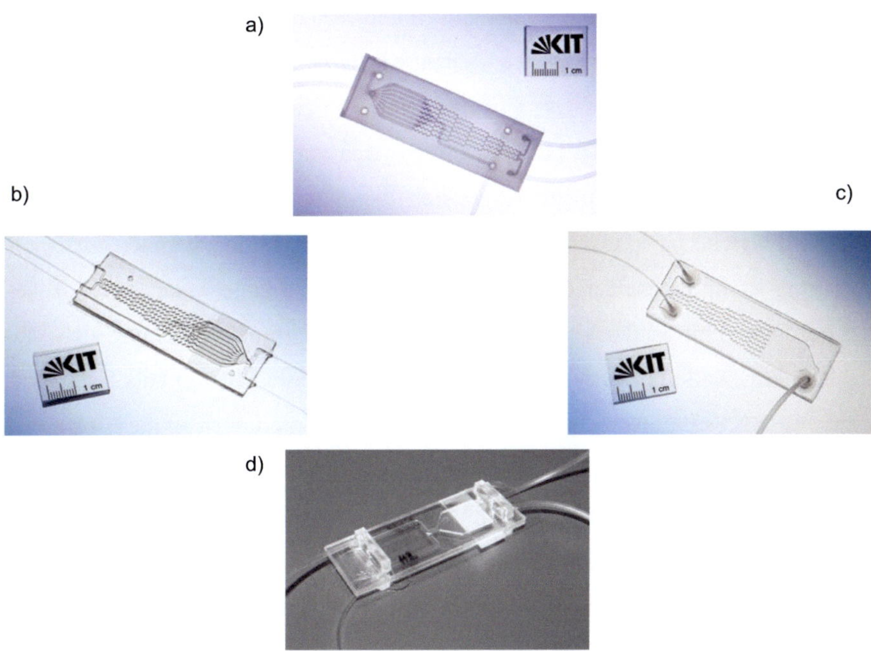

Abbildung 3.1: Übersicht über die vier Designs der Mikrofluidikchips. a) Das Ausgangsdesign dieser Arbeit, der Mikrofluidikchip zur Stammzelldifferenzierung in Version Eins. b) Mikrofluidikchip zur Stammzelldifferenzierung Version Zwei. c) Mikrofluidikchip zur Herstellung von Porengradientenfilmen. d) Mikrofluidikchip für das Metabolic Engineering.[9]

3.2.1 Mikrofluidikchip zur Stammzelldifferenzierung Version Eins

Das Ausgangsdesign dieser Arbeit, der Mikrofluidikchip zur Stammzelldifferenzierung in erster Version ist in Abbildung 3.1a) gezeigt. Stammzellen zeichnen sich dadurch aus, dass sie sich teilen oder differenzieren können. Stammzelldif-

---

[9] Abbildung a), b) und c) wurden von Hr. Markus Breig von der KIT Fotostelle zur Verfügung gestellt.

ferenzierung bezeichnet die Weiterentwicklung von unspezifischen Stammzellen zu dedizierten organspezifischen Zellen wie Herz-, Nerven- oder Hautzellen. Die Differenzierung wird von Signalproteinen, so genannten Morphogenen, beeinflusst [33]. Abbildung 3.2 zeigt ein Schema zur Stammzelldifferenzierung. Embryonale Stammzellen entwickeln sich über mehrere Schritte zu spezifischen Zellen, welche beispielsweise menschliche Organe bilden. Stammzelldifferenzierung ist ein langsamer Prozess und kann bis zu 60 Tage dauern [113]. Während dieser Zeit ist die Versorgung der Stammzellen mit Nährlösung sicherzustellen. Speziell die Kultivierung von sensitiven Stammzellen gilt als Herausforderung [31, 32]. Entsprechend leiten sich strenge Forderungen an die Biokompatibilität und Sauberkeit aller Arbeitsmittel, Materialien und Herstellungsprozesse ab. Das Grunddesign des Mikrofluidikchips wurde im Vorfeld dieser Arbeit von Dirk Herrmann erstellt. Darauf aufbauend hat Clement Jubert im Rahmen seiner Diplomarbeit [112] unter Supervision von Dirk Hermann den grundlegenden Herstellungsprozess der Bauteile entwickelt. Zudem wurden im Rahmen der Diplomarbeit [112], gemeinsam mit den Kooperationspartnern am ZI II, erste Prototypen eingesetzt. Im Rahmen meiner Diplomarbeit wurden der Herstellungsprozess und die Anwendung optimiert [114]. Die Optimierung führte zu einer Überarbeitung des vorhandenen Formwerkzeuges und der Konzeption des Designs für die zweite Version.

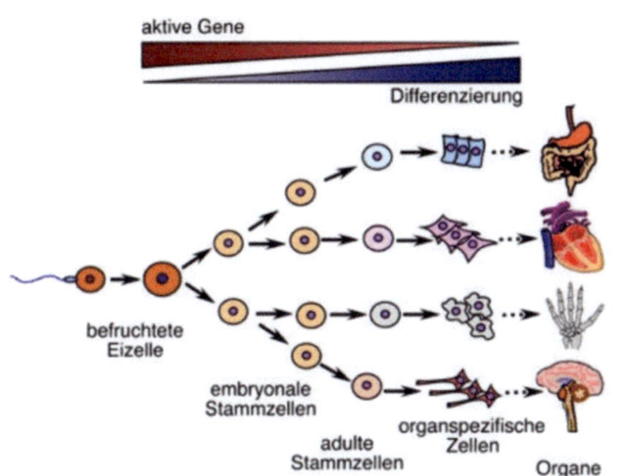

Abbildung 3.2: Stammzelldifferenzierung. Aus embryonalen Stammzellen bilden sich über Zwischenschritte spezifische Zellen aus, welche beispielsweise die menschlichen Organe ausbilden, entnommen aus [115].

Der Mikrofluidikchip zur Stammzelldifferenzierung in Version Eins ist ein Stapelaufbau. Er besteht aus (1) einem Kammerteil (2) einem Mischerteil und (3) einer dazwischen liegenden perforierten Membran [116]. Eine Explosionszeichnung ist in Abbildung 3.3a) dargestellt. Die Zu- und Abflüsse sind entsprechend ihrer Funktion gekennzeichnet. Der Kammerteil besteht aus einer Zellkammer mit einem Volumen von 161 mm³ und Zu- und Abfluss zur Versorgung der Zellen mit Nährlösung. Die Zellen adhärieren nach der Injektion auf der perforierten Membran. Der Mischerteil ist mit dem Grundelement eines Mikrokaskadenmischers mit zwei Einflüssen und sechs Kaskaden mit Zickzackkanälen und anschließenden geradlinigen Kanälen strukturiert. Im Mikromischer werden acht verschiedene Mischungen der injizierten Lösungen erzeugt, welche über die Membran mit den Zellen in Kontakt treten. Neben Morphogenen können beliebige andere lösliche Faktoren injiziert werden. Die geradlinigen Kanäle des Mischerteils befinden sich im Mikrofluidikchip unter der Zellkammer. Ein Schnitt durch die Kammer des Mikrofluidikchips mit adhärierten Zellen ist in Abbildung 3.3b) dargestellt. Alle Kanalstrukturen haben eine Höhe von 500 μm. Abgeformt wird in die Makrofol® DE 1-1 Polycarbonatfolie. Als ionengespurte perforierte Membran wird eine Millipore Membran eingesetzt. Die Mikrofluidikchips müssen in einem zweistufigen Prozess gebondet werden. Hierbei wird in einem ersten Schritt die Membran auf den Mischerteil gebondet. Anschließend wird das System mit dem Kammerteil gedeckelt. Anschlüsse werden über Adaptoren und PSU-Schläuche realisiert. Der Mikrofluidikchip wird mit Hilfe von Spritzenpumpen betrieben.

Die im Mikrofluidikchip eingesetzte Membran ist vollständig perforiert, wodurch es zu einer Verschiebung des Konzentrationsgradienten in der Zellkammer kommt, da am Einlass der Zellkammer ungewollte Diffusion auftritt [114]. Der betreffende Bereich ist in Abbildung 3.3c) rot markiert, in der zweiten Version wird dieser Fehler durch die Verwendung einer teilperforierten Membran behoben. Eine Durchbiegung des Mikrofluidikchips lockert die Bondverbindung. Um dies zu vermeiden, werden während der Anwendung Versteifungsquader reversibel zwischen den Adaptoren befestigt [114]. Das Schema des Mikrofluidikchips in Abbildung 3.3d) zeigt den Versteifungsquader in grau. Besonders wünschenswert bei diesem Mikrofluidikchip wäre die Möglichkeit, die kultivierten Zellen im Bauteil konventionell hochaufgelöst lichtmikroskopisch beobachten zu können. Hierzu ist es notwendig alle Grenzflächen auf dem optischen Weg möglichst transparent und mit geringer Rauhigkeit zu gestalten[10]. Diese Grenzflächen sind in Abbildung 3.3e) in rot dargestellt. Die Rauhigkeit - und damit die Transparenz der Oberfläche des Mikrofluidikchips - wird im Abformprozess durch die Substratplatte determiniert. Der Bondprozess hat ebenfalls Einfluss auf die Oberflächenrauheit. Die Beschaffenheit der Kanalböden, ist von der Oberflächenbeschaffenheit des Formwerkzeugs an der betreffenden Stelle abhängig. Für die Zellbeobachtung ist insbesondere die Transparenz des Bodens der Zellkammer relevant.

---

[10] Die optische Optimierung der Mikrofluidikchips wurde von PD Dr. Timo Mappes betreut.

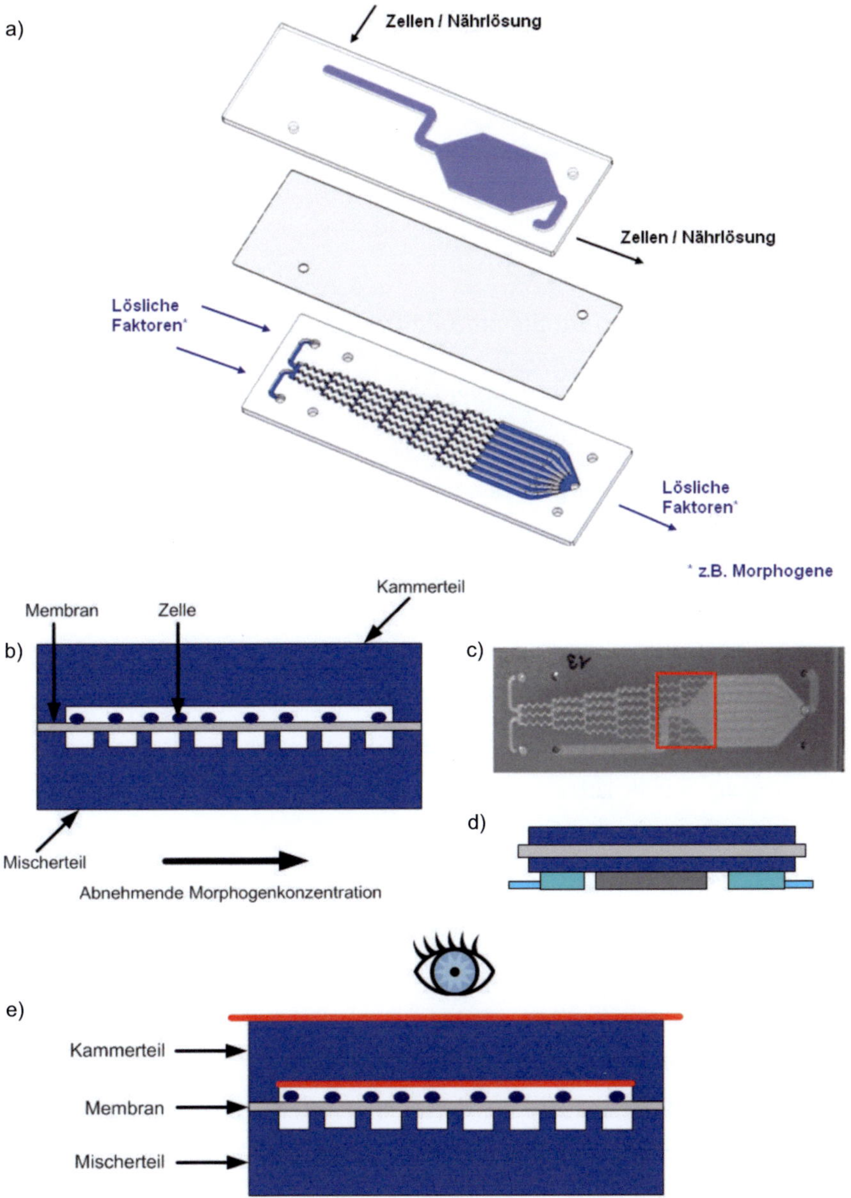
a)
Zellen / Nährlösung
Zellen / Nährlösung
Lösliche Faktoren*
Lösliche Faktoren*
* z.B. Morphogene
b)
Membran
Zelle
Kammerteil
Mischerteil
Abnehmende Morphogenkonzentration
c)
d)
e)
Kammerteil
Membran
Mischerteil

Abbildung 3.3: Details Mikrofluidikchips zur Stammzelldifferenzierung Version Eins. a) Explosionszeichnung des Mikrofluidikchips. b) Schnitt durch die Kammer des Mikrofluidikchips. c) Gebondeter Mikrofluidikchip, Bereich in dem ungewollt Diffusion auftritt ist rot markiert. d) Schema des Mikrofluidikchips mit Versteifungsquader zwischen den Adaptoren in grau. e) Darstellung der optischen Grenzflächen in rot.

3.2.2 Mikrofluidikchip zur Stammzelldifferenzierung Version Zwei

In der zweiten Version des Mikrofluidikchips zur Stammzelldifferenzierung, Abbildung 3.1b), werden fertigungstechnische und biologische Optimierungen umgesetzt. Die Grundgedanken des Mikrofluidikchips bleiben jedoch erhalten. Aus diesem Grund werden im Folgenden vorwiegend die Unterschiede zwischen Version Eins und Zwei beleuchtet.

Abbildung 3.4 zeigt die 3D-Modelle der beiden Formeinsätze für Version Eins und Zwei im Vergleich. In die Zellkammer werden Kanäle eingezogen, um die Zellen exakt einer Konzentration aus dem Mikromischer zuordnen zu können. Zellbewegung, sowie laterale Diffusion in der Zellkammer werden auf diese Weise ausgeschlossen. Zudem sollen die Kanäle das Bonden in einem Schritt ermöglichen. Um die Durchbiegung des Mikrofluidikchips in der Anwendung zu vermeiden und die Adaptoren einzusparen, werden die Anschlüsse seitlich am Mikrofluidikchip integriert. Hierfür ist es notwendig, die Kanalhöhe von 500 µm auf 680 µm zu erhöhen. Man nimmt an, dass variierende Restschichtdicken aus dem Abformprozess ballig ausgeformt sind. Die äußeren Bereiche des abgeformten Bauteils sind also dünner als die inneren. Bei dem Zusammenbau des Mikrofluidikchips werden in Version Eins die jeweils äußeren Seiten aufeinander gefügt, um dies zu vermeiden wird der Kammerteil um 180° gedreht. Die Pins werden ebenfall überarbeitet, Details hierzu finden sich in Kapitel 4.2.2. Abgeformt wird mit den Markolon® GP clear 099 Polycarbonatplatten.

Um die ungewünschte Diffusion (vgl. Kapitel 3.2.1) zu vermeiden wird eine teilperforierte Polycarbonatmembran der Firma it4ip verwendet. Eine Explosionszeichnung mit markierten Zu- und Abflüssen sowie ein Schnitt durch die Zellkammer werden in Abbildung 3.5a) beziehungsweise b) dargestellt. Abbildung 3.5c) zeigt eine teilperforierte Membran der Firma it4ip s.a. Die Membran weist lediglich in dem transluzenten Bereich Poren auf. Abbildung 3.5d) zeigt REM-Aufnahmen des Übergangs vom perforierten zum unperforierten Bereich in 1000- und 400-facher Vergrößerung. Dieses Design wird im Rahmen der vorliegenden Arbeit zum Patent angemeldet [117].

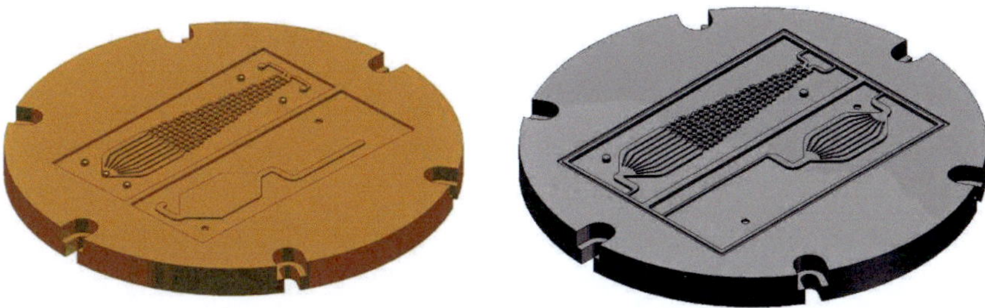

Abbildung 3.4: 3D Modelle der Formeinsätze zu Version Eins (links) und Zwei (recht) des Mikrofluidikchips zur Stammzelldifferenzierung.

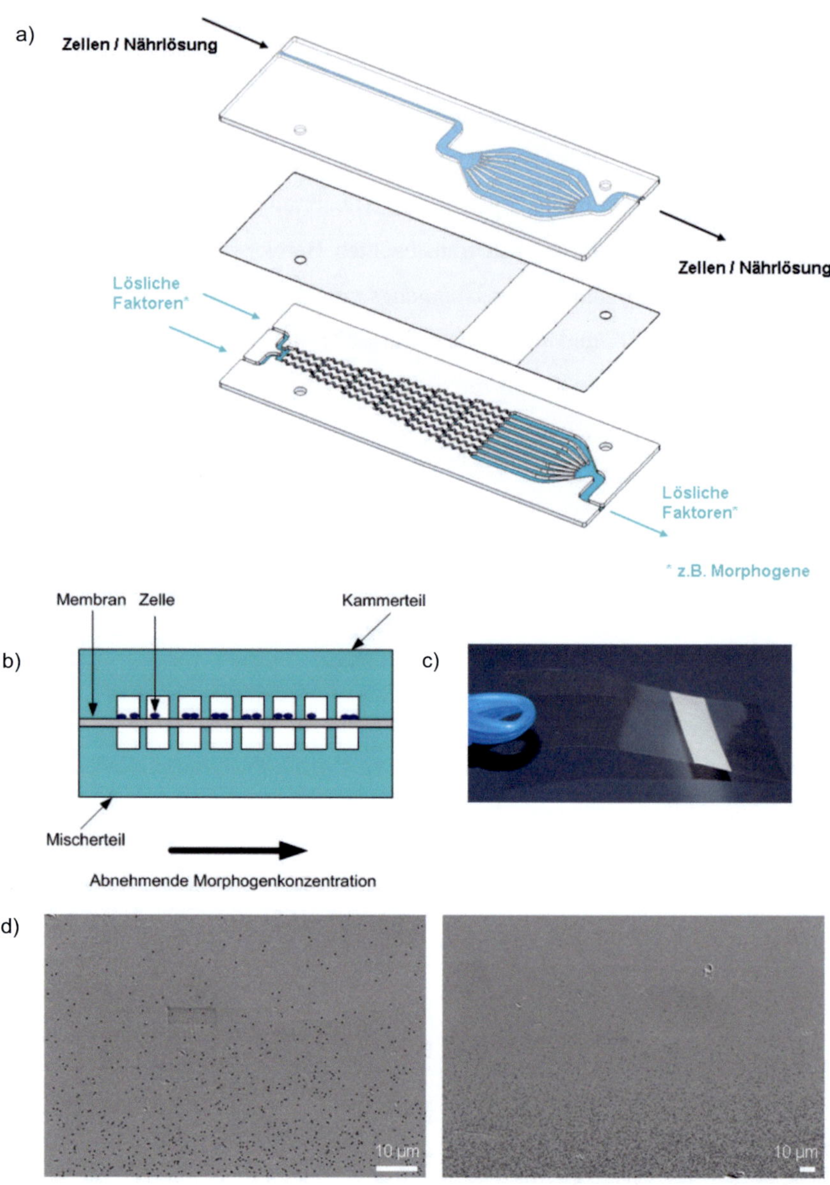
a)
Zellen / Nährlösung
Zellen / Nährlösung
Lösliche Faktoren*
Lösliche Faktoren*
* z.B. Morphogene
Membran
Zelle
Kammerteil
b)
c)
Mischerteil
Abnehmende Morphogenkonzentration
d)
10 µm
10 µm

Abbildung 3.5: Details Mikrofluidikchip zur Stammzelldifferenzierung Version Zwei. a) Explosionszeichnung. b) Schnitt durch die Kammer des Mikrofluidikchips. c) Foto der teilperforierten Membran von it4ip s.a., lediglich der transluzente Bereich weist Poren auf. d) REM-Aufnahmen der teilperforierten Membran am Übergang vom perforierten zum unperforierten Bereich in 1000- und 400-facher Vergrößerung.

3.2.3 Mikrofluidikchip zur Herstellung von Porengradientenfilmen

Der Mikrofluidikchip zur Herstellung von Porengradientenfilmen ist in Abbildung 3.1c) gezeigt. Die Oberflächenstruktur auf welcher eine Zelle kultiviert wird, beeinflusst deren Entwicklung [35]. Technische Gradientenoberflächen lassen sich sowohl für Screeningtests wie auch zur Simulation von biologischem Gewebe einsetzen [26, 36].

Dieser Mikrofluidikchip wird in PDMS repliziert und mit einem Glasobjektträger gedeckelt. Zu- und Abflüsse werden über Schläuche realisiert. Zu Beginn der Kooperation mit dem ITG wird ein Formeinsatz für die Stammzellmikrofluidikchips in Version Zwei genutzt. Das endgültige mikrostrukturierte Bauteil besteht aus einem Mikrokaskadenmischer, welcher mit einer anschließenden Kammerstruktur kombiniert wird. Abbildung 3.6 zeigt einen Schnitt durch die Kammer. Der Mikrokaskadenmischer hat zwei Einflüssen und sechs Kaskaden mit Zickzackkanälen. Alle Kanäle haben eine Strukturhöhe von 680 μm. Die Abmessungen dieses Mikrofluidikchips entsprechen denen der Stammzellmikrofluidikchips. Die Herstellung von Membranen mit einem Gradienten über die Porenmorphologie ist in Abbildung 3.7 schematisch dargestellt. Zwei Polymerisationslösungen werden mit Hilfe einer Spritzenpumpe in den Mikrofluidikchip injiziert, deren Inhaltsstoffe und Zusammensetzung in Kapitel 5.4 beschrieben sind. Im Kaskadenmischer entstehen acht verschiedene Gemische. In der anschließenden Reaktionskammer bildet sich ein linearer Konzentrations-gradient über die beiden Polymerisationslösungen aus. Die Polymerisationslö-sungen werden mittels lichtinduzierter Polymerisation im Mikrofluidikchip ver-netzt. Hierzu wird UV-Licht eingesetzt. Es entsteht eine Polymerfilm mit einem Gradienten über die Porenmorphologie. Das mikrostrukturierte PDMS-Bauteil wird entfernt um den Polymerfilm freizulegen. Der Glasobjektträger dient als Substrat für den Polymerfilm.

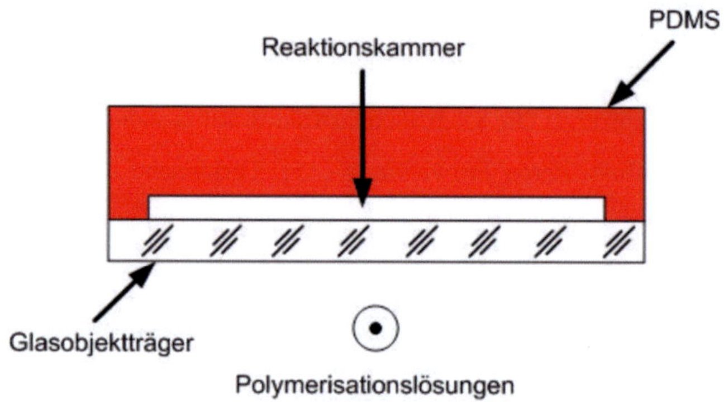

Abbildung 3.6: Schnitt durch die Reaktionskammer des Mikrofluidikchips. Die Flussrich-tung der Polymerisationslösungen, welche in der Reaktionskammer einen Gradienten bilden, ist aus der Bildebene heraus.

Die Bondverbindung zwischen PDMS und Glas muss für die Befüllung mittels Spritzenpumpe ausreichend stabil sein. Gleichzeitig sollte sie aber reversibel sein, um ein einfaches Lösen des PDMS-Bauteils zu gewährleisten.[11]

---

[11] In einer von mir betreuten Diplomarbeit von Fr. Ludmilla Popp wurde schwerpunktmäßig die Herstellung dieses Mikrofluidikchips optimiert.

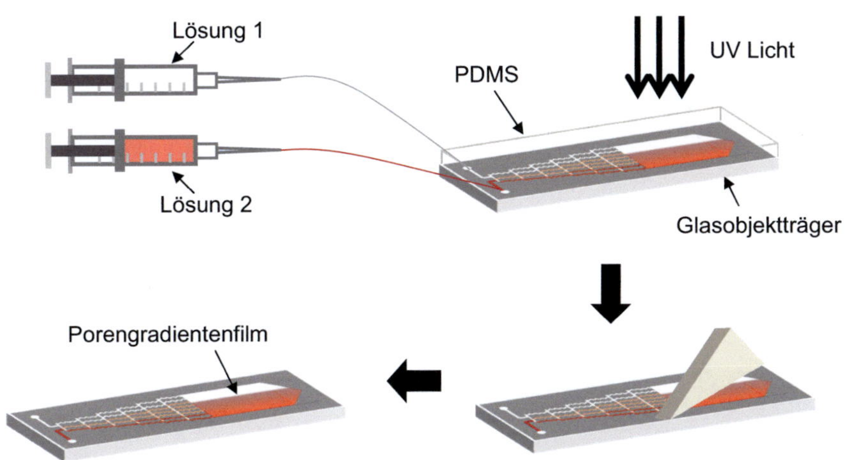

Abbildung 3.7: Herstellung eines Porengradientenfilms. Zwei Polymerisationslösungen werden mittels Spritzenpumpe in den Mikrofluidikchip injiziert. Die Lösungen werden mit UV-Licht ausgehärtet. Der Polymerfilm entsteht im Mikrofluidikchip. Das PDMS-Bauteil wird abgelöst. Anschließend steht der Porengradientenfilm auf dem Glasobjektträger zur Verfügung. [12]

---

[12] Graphik wurde von M. Eng. Junsheng Li vom ITG zur Verfügung gestellt.

3.2.4 Mikrofluidikchip für das Metabolic Engineering

Der Mikrofluidikchip für das Metabolic Engineering ist in Abbildung 3.1d) gezeigt. Metabolic Engineering beschreibt das gezielte Ändern von Enzymen in Pflanzen oder Pflanzenzellen, schematisch dargestellt in Abbildung 3.8. Metabolic Engineering erlaubt die Modifikation bestimmter Charakteristika von Pflanzen oder Pflanzenzellen [34]. Es kann eingesetzt werden um Mangelernährung durch Reengineering von verfügbaren Lebensmitteln zu vermeiden oder um resistente Nutzpflanzen zu schaffen. Des Weiteren können Pflanzen so verändert werden, dass sie bestimmte Stoffe aus dem Boden aufnehmen. Diese so genannte Phytoremediation kann eingesetzt werden, um Giftstoffe wie radioaktives Material aus dem Boden zu extrahieren oder auch, um Bodenschätze zu gewinnen [34]. In diesem Projekt werden Pflanzenzellen durch Metabolic Engineering zur Herstellung wertvoller Substanzen angeregt [119]. Als Machbarkeitsstudie sollen so genannte BY-2 Zellen der Tabakpflanze (*Nicotiana tabacum* L. cv Bright Yellow 2) zur

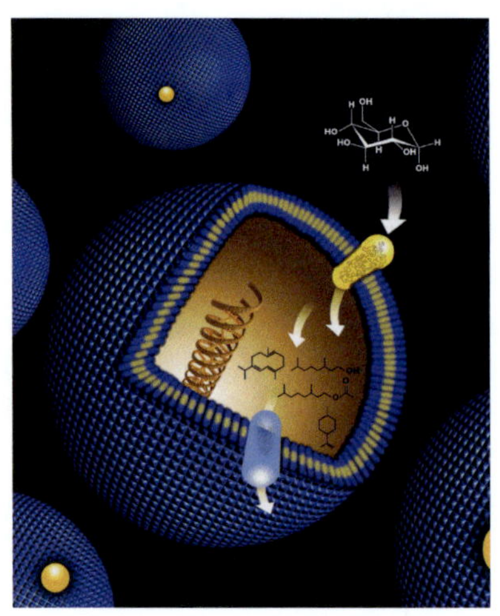

Abbildung 3.8: Schema Metabolic Engineering. Ein Enzym, in gelb dargestellt, wird in eine Zelle eingesetzt während ein anderes, in blau dargestellt, entfernt wird. Entnommen aus [118].

Produktion von Nornicotin angeregt werden. Nornicotin wird aktuell als Alzheimermedikament diskutiert. Da BY-2 Zellen in der Zellkultur stabil sind, eignen sie sich gut für eine Machbarkeitsstudie. BY-2 Zellen sind Pflanzenstammzellen die vornehmlich im fädigen Zellverbund auftreten. Ein solcher Zellverbund ist 40-50 μm hoch und hat eine Länge von 250 μm. In Lösung verhalten sich BY-2 Zellen in etwa wie Sandkörner [119] und neigen daher dazu Mikrokanäle zu verschließen.

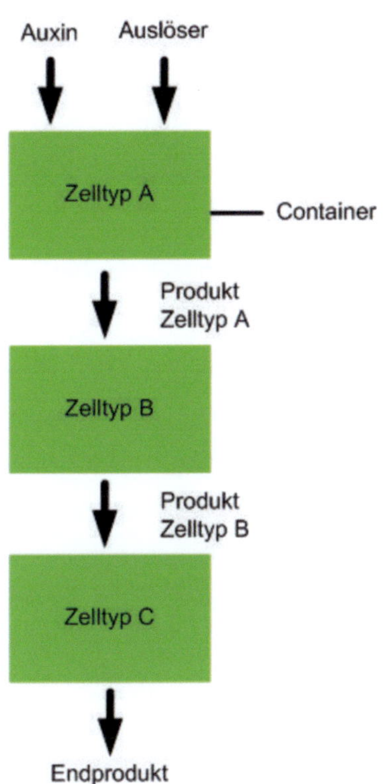

Abbildung 3.9: Schema eines Mikrofluidikchips für das Metabolic Engineering. Verschiedene Zelltypen werden in hintereinander geschalteten Zellcontainern miteinander verbunden. Dem ersten Zelltyp wird der Wachstumsregulator Auxin und ein Auslöser zugesetzt. Die Produkte jedes Zelltyps werden dem nächsten Zelltyp zur Verfügung gestellt. Der letzte Zelltyp produziert das gewünschte Produkt.

Abbildung 3.9 zeigt ein Schema für einen Mikrofluidikchip für das Metabolic Engineering. Der Aufbau aus mehreren Zellcontainern ist dem Gewebeverbund von Pflanzenzellen nachempfunden, in denen verschiedene Zelltypen in Kompartimenten nebeneinander existieren und miteinander kommunizieren. Die Abbildung zeigt beispielhaft drei Zellcontainer. Dem ersten Zellcontainer wird der Wachstumsregulator Auxin und ein Auslöser zugeführt. Die Produkte jedes Zelltyps werden dem nächsten Zelltyp als Edukte zur Verfügung gestellt. Die Zelltypen im letzten Container erzeugen aus den Produkten der vorgeschalteten Zelltypen das gewünschte Endprodukt, gelöst in Flüssigkeit. Die Versorgung der Zellen mit Nährlösung, muss während des vollständigen Experiments sichergestellt werden.

Es gibt kaum Erfahrungen bei der Kultivierung von Pflanzenzellen in Mikrofluidikchips (vgl. hierzu Kapitel 1). Der geplante Aufbau aus Abbildung 3.9 ist aus biologischer Sicht, durch das Verschalten der Zellkammern, vergleichsweise komplex. Aus diesen Gründen wird vorerst mit nur einem Zellcontainer gearbeitet. Abbildung 3.1d) zeigt einen solchen Zellcontainer realisiert als Mikrofluidikchip. Der Mikrofluidikchip besteht aus (1) einer Zellkammer zur Kultivierung der Pflanzenstammzellen, (2) einer weiteren Kammer zur Bereitstellung von Nährlösung, Auxin und Auslöser und (3) eine dazwischen liegenden perforierte Membran. Eine Explosionszeichnung ist in Abbildung 3.10a) dargestellt. Die Zu- und Abflüsse sind entsprechend ihrer Funktion gekennzeichnet. Die Zellkammer wird nach der Injektion der Zellen verschlossen. Im Rahmen des laufenden Experiments wird sie nicht mehr durchströmt, um ein Ausspülen der Pflanzenstammzellen sowie die Verstopfung der Kanäle zu verhindern. Versorgung und Kontaktierung der Zellen werden über den anderen Kammerkreislauf mittels Diffusion durch die perforierte Membran sichergestellt. Ein Schnitt durch den Mikrofluidikchip ist in Abbildung 3.10b) dargestellt. Beide Kammern haben ein Volumen von 161 mm³. Die Kanalhöhe aller Kanäle beträgt 500 µm. Die verwendeten Kammerteile sind aus dem Mikrofluidikchip zur Stammzelldifferenzierung Version Eins entliehen und entsprechen diesen in allen Abmaßen. Abgeformt wird in die Makrolon® GP clear 099 Polycarbonatplatte. Als ionengespurte perforierte Membran wird die teilperforierte Membran der Firma it4ip s.a. eingesetzt. Diese Membran wird nicht wegen der Teilperforierung, sondern aufgrund der nominalen Stärke gewählt. Anschlüsse werden über Adaptoren und Schläuche realisiert. Der Mikrofluidikchip wird mit Hilfe von Peristaltikpumpen betrieben.

Genau wie bei den Mikrofluidikchips zur Stammzelldifferenzierung, sollten alle Herstellungsprozesse, Arbeitsmittel und Materialien möglichst biokompatibel und sauber sein. Optische Transparenz der Mikrofluidikchips ist auch in dieser Anwendung wünschenswert, um hochauflösende mikroskopische Beobachtungen der Pflanzenstammzellen während der Experimente zu ermöglichen.

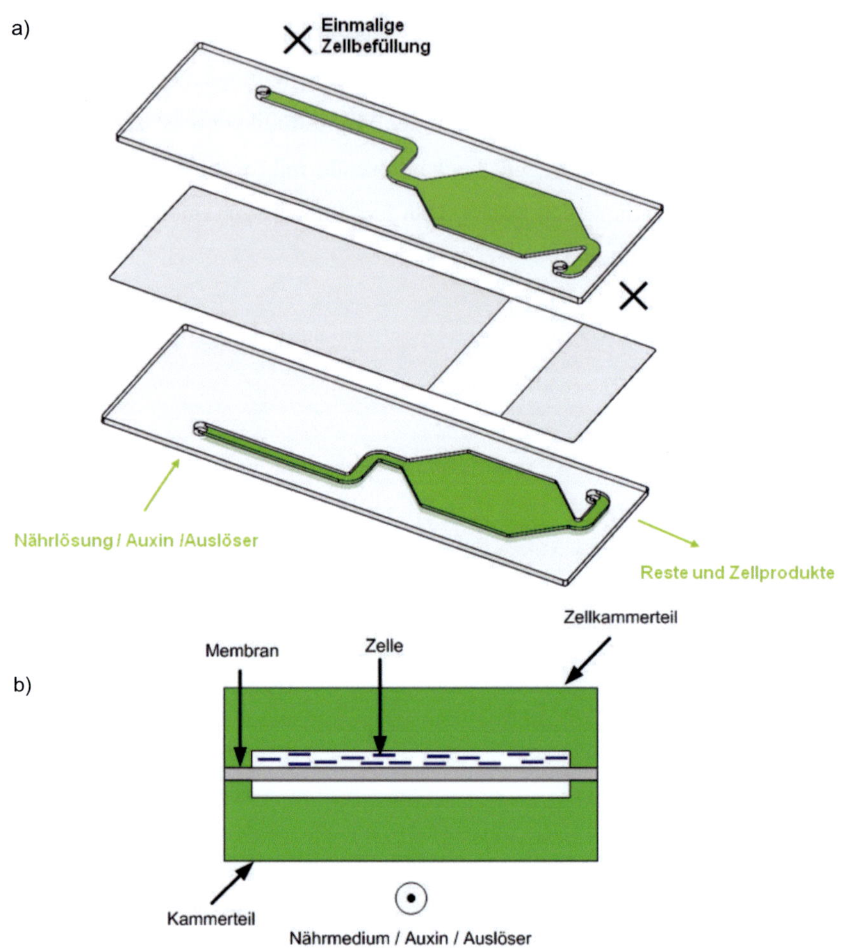

Abbildung 3.10: Details Mikrofluidikchip für das Metabolic Engineering. a) Explosionszeichnung des Mikrofluidikchips[13]. Nach einer einmaligen Zellbefüllung wird der Zellkreislauf verschlossen. In die untere Kammer werden Nährmedium, Auxin und Auslöser zugegeben, die Reste der injizierten Lösungen und die Zellprodukte werden abgeführt. b) Schnitt durch die Kammer des Mikrofluidikchips. Nährmedium, Auxin und Auslöser fließen in der unteren Kammer aus der Bildebene heraus.

---

[13] Abbildung zur Verfügung gestellt von Hr. Shukhrat Sobich.

4 Herstellung Mikrofluidikchips

Die Mikrofluidikchips werden in diesem Kapitel nach der Ähnlichkeit der Fertigungsverfahren angeordnet. Der Mikrofluidikchip zur Herstellung von Porengradientenfilmen ist, aufgrund der Herstellung aus PDMS, den übrigen Mikrofluidikchips nachgeordnet. Die Kapitel gliedern sich nach den drei Prozessschritten: Replikation, Bonden und Endbearbeitung. Während des gesamten Produktionsprozesses sollten so wenige Verunreinigungen wie möglich auf das Bauteil aufgebracht werden. Soweit möglich, wird mit Handschuhe gearbeitet und es werden regelmäßig Reinigungsprozesse integriert. Die Verbesserung der Herstellung der Mikrofluidikchips erfolgt iterativ und fortlaufend während funktionsfähige Mikrofluidikchips produziert werden. Zum Teil ist der Verbesserungsprozess bauteilübergreifend. Anforderungen und Erkenntnisse aus der in Kapitel 5 beschriebenen Anwendung, werden sukzessive in der Fertigung umgesetzt. Alle durchgeführten Optimierungen und Untersuchungen haben das Ziel die Biokompatibilität, das hydrodynamische Verhalten, die Optik oder die Stabilität der Bauteile zu verbessern oder einzuschätzen. Da Prozessoptimierungen in der Regel nur im Lichte des vollständigen Herstellungsprozesses teilweise inklusive der entsprechenden Anwendung bewertet werden können, wird im Folgenden vorwiegend eine beschreibende Darstellung gewählt.

4.1 Replikation

Im folgenden Kapitel wird zu Beginn auf die Abformung der Mikrofluidikchips zur Stammzelldifferenzierung in Version Eins und Zwei und der Mikrofluidikchips für das Metabolic Engineering eingegangen. Anschließend wird der Gießprozess in PDMS für die Mikrofluidikchips zur Herstellung von Porengradientenfilmen erläutert. Das Kapitel schließt mit einer Fehlerabschätzung. In Anhang

C werden die verwendeten Formeinsatzmaterialien Messing und Aluminium beim Heißprägen verglichen.

4.1.1 Abformung Mikrofluidikchip zur Stammzelldifferenzierung Version Eins

Zur Abformung wird der in Abbildung 4.1 links dargestellte Messingformeinsatz verwendet. Dieser wird im Vorfeld der Arbeit bei der i-sys Mikro- und Feinwerktechnik GmbH durch Ultrapräzisionsfräsen hergestellt. Die Kammeroberfläche wird manuell mit der Hilfe von Polierpaste poliert [112]. Zudem wird der Formeinsatz bei der i-sys Mikro- und Feinwerktechnik GmbH überarbeitet: von den Kanalwänden zwischen den geradlinigen Kanälen des Mischerteils werden 40 µm breite Stege entfernt [114]. Zum Abformen wird die Heißprägeanlage WUM 02 genutzt. Halbzeuge mit den Abmessungen 81 x 59 x 1 mm³ werden aus der Makrofol® DE 1-1 Polycarbonatfolie zugeschnitten. Für jedes Bauteil werden zwei Halbzeuge verwendet. Dadurch entsteht eine dickere Restschicht, die stabilisierend auf die Bauteile wirkt [114]. Die Schutzfolie wird erst kurz vor dem Heißprägeprozess entfernt. Die Halbzeuge werden beidseitig mit Isopropanol gereinigt und unter einem Stickstoffstrahl getrocknet. Beide Halbzeuge werden mittig auf der Substratplatte gestapelt. Bei einer Vorheiztemperatur des Öls von 190°C haben sich folgende Prägeparameter bewährt:

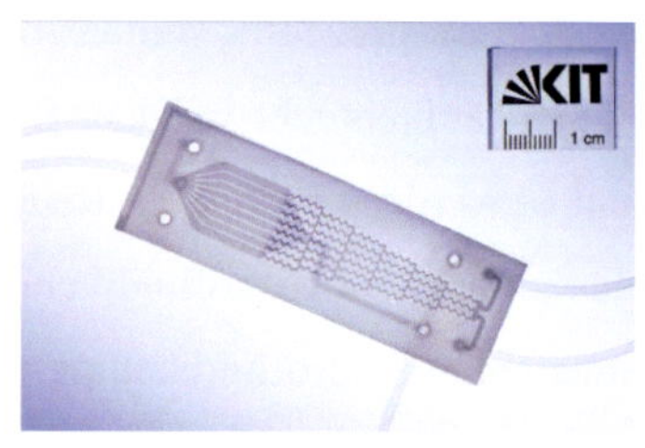

- Prägetemperatur: 173°C

- Prägekraft: 40 kN

- Haltezeit: 700 s.

Die Entformtemperatur wird auf 134°C eingestellt. Die Prozesslaufzeit beträgt 80 min. Abbildung 4.1 zeigt rechts ein abgeformtes Bauteil. Die abgeformten Bauteile werden mit einem Hebelschneider vereinzelt. Auf dem Mischerteil, sind sieben Vertiefungen für die fluidischen Anschlüsse und die Öffnungen für die Positionierpins integriert. Diese werden mit Hilfe eines Durchtreibers mit 2mm Durchmesser, eines Körners mit 2,2 mm Durchmesser, eines Drei-Backen-Futters und eines Senkers geöffnet und entgratet

Abbildung 4.1: Messingformeinsatz zur Abformung der Mikrofluidikchips zur Stammzelldifferenzierung Version Eins (links). Abgeformtes Bauteil aus dem Formeinsatz (rechts).

4.1.1.1 Optimierung der Transparenz

In der Regel werden als Gegenplatten beim Heißprägeprozess sandgestrahlte Substratplatten eingesetzt, um die Haftung der Bauteile beim Entformen zu erhöhen. Abgeformte Bauteile zeigen dementsprechend auf der Rückseite, der späteren Oberfläche des Mikrofluidikchips, eine Strukturierung und sind opak (vgl. Abbildung 4.1 rechts). Die Verwendung von PSU-beschichteten Platten, ermöglicht zwar die Herstellung transparenter Bauteile, diese sind allerdings nicht ausreichend planparallel für den folgenden Bondprozess [114]. Zur Verbesserung der Transparenz der Bauteile werden drei verschiedene Konzepte getestet:

- Unterlegen einer < 100 µm dünnen Folie

- Unterlegen eines 200 µm starken Stahlplättchens

- Verwendung einer teilpolierten Substratplatte.

Bei allen drei Konzepten wird lokal die Transparenz der Bauteile an der Zellkammer optimiert. Beim Unterlegen einer dünnen Folie wird diese auf die Größe der Zellkammer zugeschnitten und vor dem Abformprozess an der Position der Zellkammer unter das Halbzeug platziert. Analog wird mit dem Stahlplättchen verfahren. Zur Herstellung der teilpolierten Substratplatte wird zuerst eine Substratplatte mit Hilfe eines Handpoliergeräts an der Position der Zellkammer poliert. Dann wird ein Stahlplättchen, Außenabmaße $2{,}5 \times 2{,}8$ mm^2, mit doppelseitigem Klebeband auf der Position der Zellkammer befestigt. Anschließend wird die Substratplatte senkrecht von oben sandgestrahlt, das Stahlplättchen schützt dabei die polierte Fläche. Die entstehende teilpolierte Substratplatte zeigt Abbildung 4.2a). Die Ergebnisse mit den drei Konzepten sind anhand von gebondeten Bauteilen in Abbildung 4.2b) – d) gezeigt. Bei der Abformung mit dünnen Folien, zeichnet sich die Struktur der Substratplatte auf dem Mikrofluidikchip ab, Abbildung 4.2b). Es ergibt sich ein Höhenunterschied auf dem Bauteil, welcher der Stärke der Folien entspricht. Der Höhenunterschied ist für den anschließenden Bondprozess entscheidend (vgl. hierzu Kapitel 4.2.1). Die Bauteile können in 50% der Fälle entformt werden, die übrigen sind stark verbogen. Die Verwendung von Stahlplättchen führt zu einer glasklaren Oberfläche Abbildung 4.2c). Der Höhenunterschied auf dem abgeformten Bauteil zwischen dem transparenten und dem umgebenden opaken Bereich ist, entsprechend der Stärke der Stahlplättchen, 200 µm. Alle Bauteile lassen sich entformen, sind aber in 67% der Fälle stark verbogen. Die Verwendung der teilpolierten Substratplatte führt zu einer klaren Bauteiloberfläche, Abbildung 4.2d). Der Höhenunterschied beträgt lediglich 20-30 µm. Die ersten 33 Bauteile werden fehlerlos abgeformt. Anschließend lässt sich das Ergebnis nicht mehr reproduzieren.

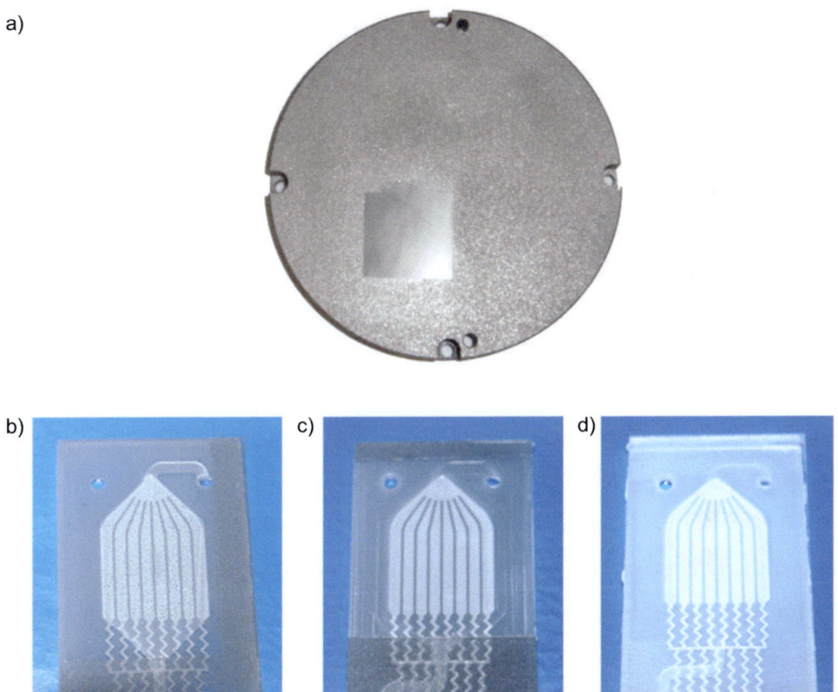

Abbildung 4.2: Abformung mit transparenter Zellkammer. a) Teilpolierte Substratplatte. b) Gebondeter Mikrofluidikchip abgeformt mit < 100 µm dünnen Folien unter der Zellkammer. c) Gebondeter Mikrofluidikchip abgeformt mit Stahlplättchen (Stärke 200 µm) unter der Zellkammer. d) Gebondeter Mikrofluidikchip abgeformt mit teilpolierter Substratplatte, die polierte Fläche befindet sich bei der Abformung unter der Zellkammer.

4.1.1.2 Vermessung der abgeformten Bauteile

Um die für den Thermobondprozess entscheidende Planparallelität der Bauteile (vgl. Kapitel 2.3.2.1) zu erfassen, werden die abgeformten Bauteile vermessen. Von 36 abgeformten Bauteilen wird die Restschicht mit Hilfe einer Bügelmessschraube vermessen. Die Messungenauigkeit der Bügelmessschraube liegt bei 1 µm. Pro Bauteil werden 12 Messungen vorgenommen. Die Messstellen sind in Anhang A.1 gezeigt. Die Abweichung der Restschichtdicke wird wie folgt berechnet:

$$\Delta_{Re\,stdicke} = Max_{Dicke} - Min_{Dicke} \qquad (4.1)$$

$\Delta_{Restdicke}$ Abweichung Restschichtdicke   [mm]

Max_{Dicke} Maximum der Messwerte   [mm]

Min_{Dicke} Minimum der Messwerte   [mm]

Für die Abweichung der Restschichtdicke nach Formel 4.1 ergeben sich Werte zwischen 29 µm und 127 µm. Der Mittelwert der Restschichtdickenabweichung liegt bei 68 µm. Dicke und dünne Gebiete der Restschicht liegen in definierten Bereichen. Dicke Gebiete liegen an der Längsseite des Kammerteils. Bei 77% der Bauteile liegen mindestens zwei der drei größten Messwerte in diesem Bereich. Dünne Bereiche liegen an den beiden Ecken des Mischerteils. Bei 89% der Bauteile, liegen mindestens zwei der drei kleinsten Messwerte in diesem Bereich. Abbildung 4.3 stellt dicke und dünne Bereiche auf einem abgeformten Bauteil graphisch dar. Dicke Bereiche sind mit roten, dünne mit blauen Pfeilen markiert.

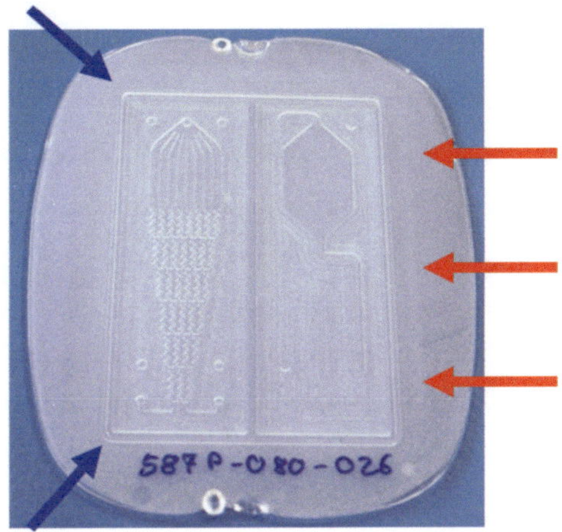

Abbildung 4.3: Vermessung der Restschicht. Markierung der sich tatsächlich ergeben-
den dicken (rot) und dünnen Bereiche (blau).

Für das Thermobonden ist die Planparallelität der Bauteile entscheidend (vgl. Kapitel 2.3.2.1), dementsprechend werden zusätzlich der Kammerteil und der Mischerteil vermessen. Analog zur Vermessung der Restschicht wird ein Vergleich der Bauteildicke durchgeführt:

$$\Delta_{Dicke} = Max_{Dicke} - Min_{Dicke}$$

$$(4.2)$$

Δ_{Dicke} Abweichung Bauteildicke   [mm]

Max_{Dicke} Maximum der Messwerte   [mm]

Min_{Dicke} Minimum der Messwerte   [mm]

Es werden 55 Mischerteile an jeweils 15 Stellen und 50 Kammerteile an jeweils 12 Stellen vermessen. Die Messstellen sind in Anhang A.1 aufgezeigt.

Für die Mischerteile ergibt sich mit Hilfe der Formel 4.2 eine Abweichung der Bauteildicke von 23 µm bis 104 µm. Der Mittelwert liegt bei 50 µm. Die Stärke der Bauteile wird in Säulendiagramme angetragen die einen dreidimensionalen Eindruck der Bauteildicke vermitteln, Anhang A.2. Die Säulendiagramme lassen vermuten, dass alle Mischerteile auf einer Bauteilseite dünner sind. Tatsächlich weisen 98% der Mischerteile auf der gleichen Längsseite eine geringere Bauteilstärke von durchschnittlich 17 µm auf, Abbildung 4.4.

Die Abweichung der Bauteildicke des Kammerteils wird ebenfalls nach Formel 4.2 berechnet. Die Abweichung liegt für die vermessenen 55 Kammerteile zwischen 23 µm und 77 µm, bei einem Mittelwert von 44 µm. Im Vergleich zu den Mischerteilen zeigen die Kammerteile eine höhere Planparallelität. Die Stärke der Bauteile wird analog in Säulendiagramme angetragen, Anhang A.3. Durch die Verwendung der teilpolierte Platte zum Abformen, sind die Messwerte um die Zellkammer niedriger als die übrigen. Da in diesem Bereich zudem die geringste Bondfläche zur Verfügung steht, ist diese Verteilung ungünstig. Im Mittel weisen Bauteile, abgeformt mit der teilpolierten Platte, um die Zellkammer eine um 20 µm geringere Bauteildicke auf.

Fasst man die Erkenntnisse aus der Vermessung der Restschichtdicke und der Bauteilvermessung zusammen, ergeben sich dünnere und dickere Bereiche auf dem abgeformten Bauteil, Abbildung 4.4. Der durch die optische Optimierung dünnere Bereich um die Zellkammer liegt im geschlossenen Mikrofluidikchip auch auf der dünneren Seite des Mischerteils auf. Da die Substrate zum Thermobonden möglichst planparallel sein sollten, wird im Folgenden auf eine Optimierung der Transparenz lediglich rund um die Zellkammer verzichtet, stattdessen sollen vollständig transparente Bauteile abgeformt werden. Die Annahme einer balligen Verteilung der Restschicht über das abgeformte Bauteil kann nicht aufrechterhalten werden. Im vorliegenden Fall ergibt sich, unter Ausschluss der dünneren Bereiche an der Zellkammer, eine keilförmige Verteilung, in

Abbildung 4.4 von links (dünn) nach rechts (dick). Es sind mehrere Gründe für die keilförmige Verteilung vorstellbar. Neben dem Fließverhalten des Kunststoffes, könnte die Ebenheit des Formeinsatzes oder auch ein Keilfehler in der Anlage dafür verantwortlich sein. Ein Keilfehler in der Anlage kann im weiteren Verlauf ausgeschlossen werden (vgl. Kapitel 4.1.2.6). Eine Verbesserung der Bondstabilität bei Version Zwei durch die Drehung des Kammerteils um 180°C erscheint damit wenig wahrscheinlich.

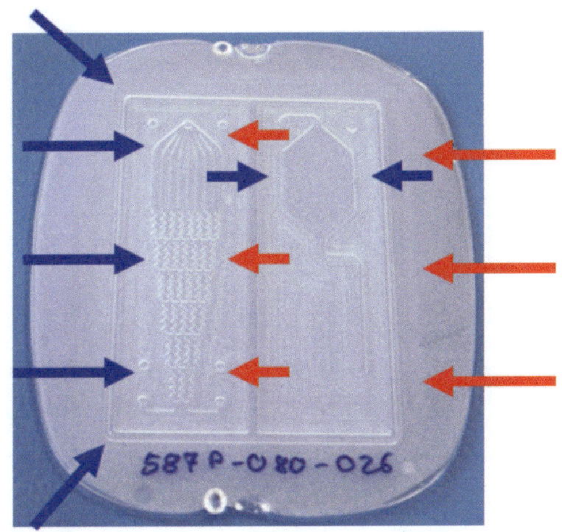

Abbildung 4.4: Dickere (rot) und dünnere Bereiche (blau) angedeutet durch Pfeile. Die Bereiche ergeben sich aus der Vermessung der Restschichtdicke und den Bauteilvermessungen.

4.1.1.3 Analyse des Messingformeinsatzes

Der verwendete Messingformeinsatz zeigt sowohl an den Seitenrändern als auch auf der Oberfläche zahlreiche Poren [112]. Diese erschweren die Entformung der Bauteile. Der Formeinsatz wird mit einem Rasterelektronenmikroskop untersucht. Die Ergebnisse der Untersuchung sind in Abbildung 4.5 dargestellt. REM-Aufnahmen (links) zeigen sehr viele Poren auf der Oberfläche und den

Seitenwänden. Ansonsten werden keine Auffälligkeiten festgestellt. Eine zusätzlich durchgeführte EDX-Analyse zeigt, dass die Poren einen erhöhten Bleianteil aufweisen und Kunststoffreste enthalten. In Abbildung 4.5 rechts sind die Ergebnisse der EDX-Analyse dargestellt. Hierbei wird Kohlenstoff in rot und Sauerstoff in gelb dargestellt. Diese beiden Elemente weisen auf Kunststoffreste in den Poren hin. Blei wird in grün dargestellt. Da in Messing in aller Regel Blei enthalten ist, sollten auch andere Formeinsatzmaterialien in Betracht gezogen werden.

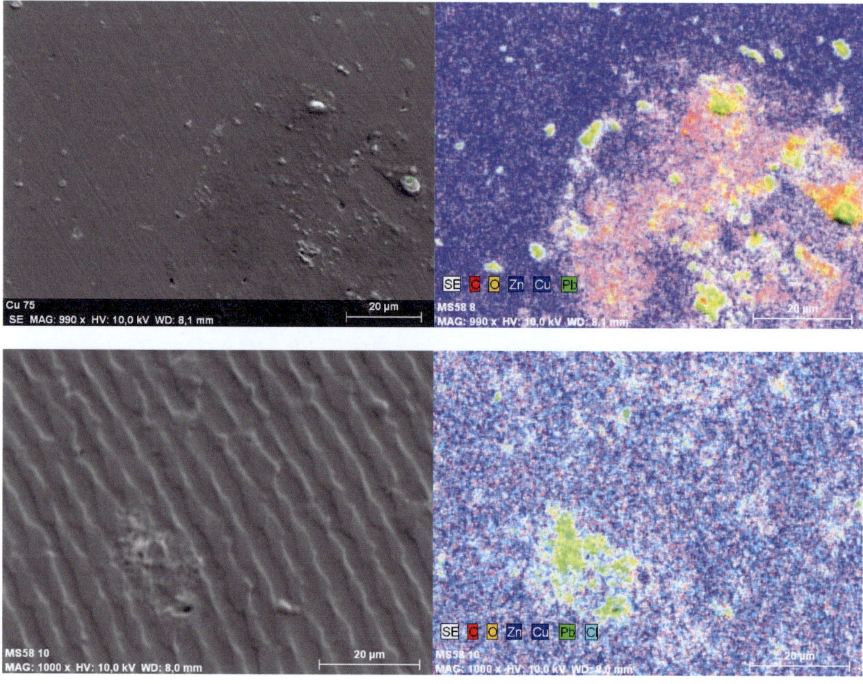

Abbildung 4.5: REM-Aufnahmen und EDX-Analyse des Messingformeinsatzes. Links ist jeweils eine REM-Aufnahme, rechts die zugehörige EDX-Analyse an gleicher Position dargestellt. Die vorhandenen Elemente sind farbig markiert. Die Legende findet sich unten in der jeweiligen Aufnahme.

4.1.2 Abformen Mikrofluidikchip zur Stammzelldifferenzierung Version Zwei

Zur Abformung wird der in Abbildung 4.6 gezeigte Formeinsatz verwendet. Dieser wird im Vorfeld konzipiert [114] und im Rahmen dieser Arbeit bei der i-sys Mikro- und Feinwerktechnik GmbH durch Ultra- präzisionsfräsen in Aluminium hergestellt.

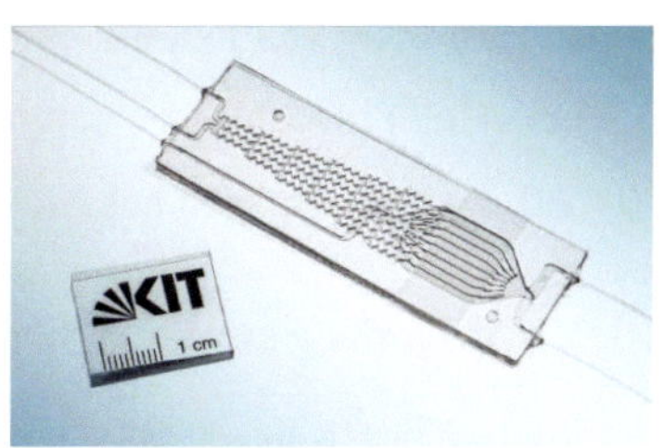

Aluminium wird vorwiegend wegen der guten Verarbeitbarkeit ausgewählt [120]. Für die ersten Abformungen wird ein Aluminiumtestwerkzeug mit fehler- hafter Stelle außerhalb der Strukturierung verwendet, welches später zum PDMS-gießen (vgl. Kapitel 4.1.4) eingesetzt wird. In diesem Kapitel wird auf die Verwendung des Testwerkzeuges nicht weiter eingegangen. REM-Aufnahmen des Aluminiumformeinsatzes werden in Abbildung 4.6 unten gezeigt. An diesen lässt sich erkennen, dass die Oberflächenrauheit gering ist und keine Poren vorhanden sind. Allerdings sind einige Fehlstellen vorhanden. Diese sind in Abbildung 4.7 dargestellt. Die Fehlstellen werden mit Hilfe der Multisensorkoordinatenmessmaschine Werth VC 400 HA im Rahmen einer Au- tofokusmessung vermessen. Bei Autofokusmessungen ebener Flächen ergibt sich eine Messunsicherheit von ± 5 µm. Innerhalb der Strukturen ist an den Sei- tenwänden eine Stufe zum Kanalboden zu erkennen, Abbildung 4.7a). Die Stufe hat eine Höhe von 7-15 µm und eine Breite von 20 µm. Um den Mikromischer verläuft eine zu tiefe Frässpur, Abbildung 4.7b). Die Frässpur ist 5-12 µm tief. Im Einflussbereich des Mikromischers ist eine erhabene Struktur stehen geblie- ben, Abbildung 4.7c). Der Höhenunterschied zum eigentlichen Boden beträgt 7- 10 µm, zur angrenzenden, tieferen Frässpur um den Mikromischer 15-19 µm. Die Stufe an den Seitenwänden wird als unkritisch für den Thermobondprozess angesehen. Kritischer wird die tiefere Frässpur, speziell im Einflussbereich gesehen. Hier könnte es im späteren Bauteil zu Leckage kommen.

Zum Abformen werden die Heißprägeanlagen WUM 02 und 03, sowie die Wickert-Heißprägeanlage verwendet. Halbzeuge mit Abmessungen von $80 \times 60 \times 2$ mm^3, werden aus Makrolon$^®$ GP clear 099 Plattenmaterial gesägt.

4.1.2.1 Abformung an WUM 02 und 03

Es werden 112 Bauteile an den Abformanlagen WUM 02 und 03 hergestellt. Äquivalent zur Abformung für Version Eins, werden die Schutzfolien erst kurz vor dem Abformprozess entfernt und die Halbzeuge mit Isopropanol gereinigt und anschließend unter einem Stickstoffstrahl getrocknet. Es werden sandgestrahlte Substratplatten verwendet. Bei einer Vorheiztemperatur des Öls von 190°C haben sich folgende Prozessparameter an WUM 02 und 03 bewährt:

- Prägetemperatur: 173°C

- Prägekraft: 40 kN

- Haltezeit: 700 s.

Aluminium hat im Vergleich zu Messing eine höhere Wärmeleitfähigkeit. Beim Kühlen fällt die Temperatur des Aluminiumwerkzeugs daher schneller ab. Um eine schädigungsfreie Entformung zu ermöglichen, sollte die reale Entformtemperatur beibehalten werden. Beim maschinellen Kühlen, wird Öl mit einer Temperatur von 20°C durch die heiße Anlage geleitet. Im Prozessablauf wird bei einer definierten Temperatur der Kühlprozess unterbrochen, um die Kühlrate zu reduzieren. Nach einer weiteren Abkühlung, um in der Regel 10°C, startet der Entformprozess. Die reale Entformtemperatur liegt bei Verwendung des Aluminiumformeinsatzes bei ~112°C und ist folglich zu niedrig, um die Entformung zu ermöglichen. Die Endtemperatur des Kühlprozesses wird von 144°C auf

160°C erhöht. Die Entformtemperatur von 134°C im Steuerungsmakro der Heißprägeanlage wird beibehalten. Dadurch kann die reale Entformtemperatur auf ~130°C erhöht werden. Durch die höhere Wärmeleitfähigkeit des Aluminiums im Vergleich zum Messing, verkürzt sich die Prozesslaufzeit an der Heißprägeanlage WUM 02 um 19% von 80 min auf 65 min. Bei Verwendung der WUM 03 lässt sie sich um weitere 20% auf 52 min reduzieren. Die Reduktion der Prozesslaufzeit bei Verwendung der WUM 03, lässt sich durch das fehlende Vakuum und damit eine bessere Wärmeübertragung im Heizprozess erklären. Durch die fehlende Vakuumkammer reduziert sich zudem die Rüstzeit bei Verwendung der WUM 03. Allerdings treten bei etwa 20% der Bauteile, Lufteinschlüsse auf der Oberfläche der Bauteile oder nicht vollständig ausgeformte Ecken auf. Die auftretenden Fehlstellen sind jedoch bei allen Bauteilen unkritisch für den weiteren Prozessablauf.

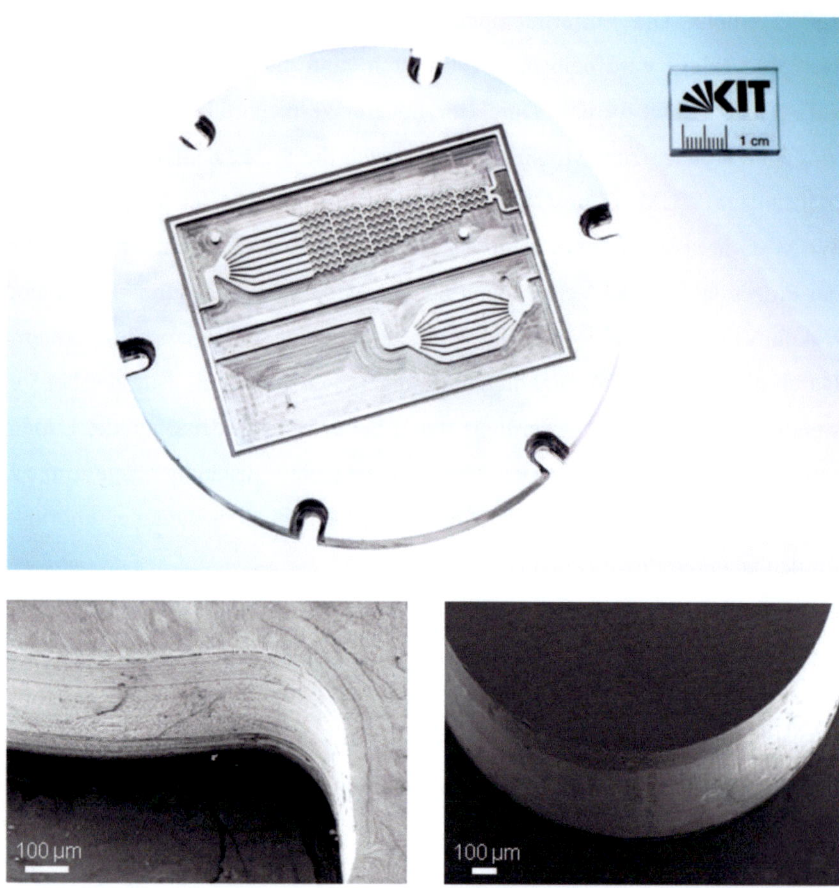

Abbildung 4.6: Formeinsatz Mikrofluidikchip zur Stammzelldifferenzierung Version Zwei. Fotografie des Formeinsatzes (oben). REM-Aufnahmen des Formeinsatzes (unten) aus dem Bereich des Mischereinflusses (links) und einer Pinstruktur (rechts)[14]

[14] Die Abbildung des Formeinsatzes wurde von Hr. Markus Breig von der KIT Fotostelle zur Verfügung gestellt.

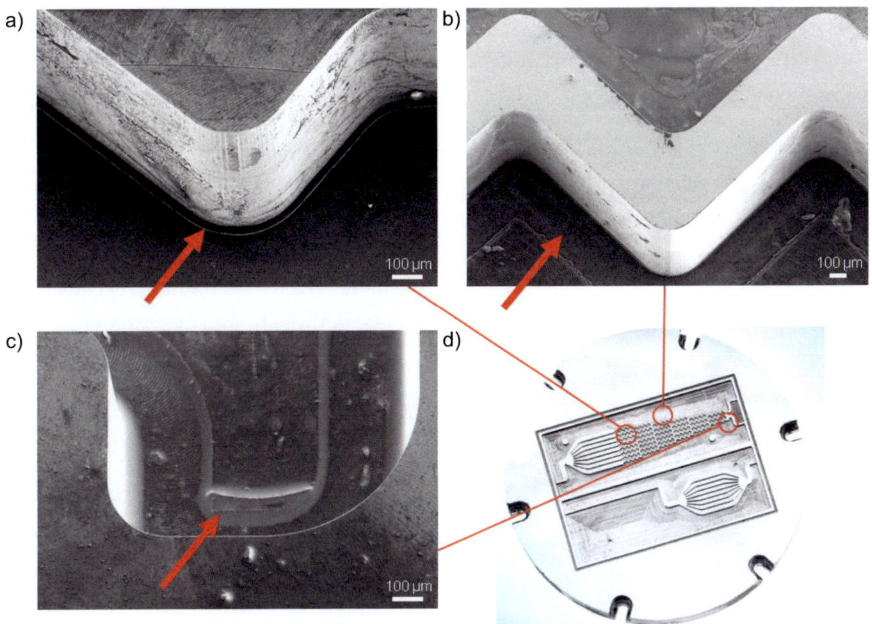

Abbildung 4.7: Fehlstellen des Aluminiumformeinsatzes für Mikrofluidikchips für die Stammzelldifferenzierung Version zwei. a) Stufe innerhalb der gefrästen Strukturen, hier innerhalb des Zickzackmischers. b) Tiefere Frässpur um den Mikromischer. c) erhabene Struktur im Einlassbereich des Mikromischers. d) Markierung der Aufnahmestellen der REM-Aufnahmen auf dem Formeinsatz.

4.1.2.2 Abformung an der Wickert-Heißprägeanlage

Um die Abformbarkeit auch in kurzen Zyklen zu zeigen, werden Abformungen an der Wickert-Heißprägeanlage durchgeführt. Vor der Abformung wird ein Temperprozess über mindestens 48 h bei 140°C in die Prozesskette integriert [121]. Der Temperprozess soll Abweichungen im Abformprozess, welche sich in variierender Bondfestigkeit der Mikrofluidikchips niederschlagen entgegenwirken [121]. Bei 140°C zeigt sich eine Gelbfärbung der Halbzeuge, dementsprechend wird die Temperatur auf 120°C reduziert. Für den Temperprozess muss die Schutzfolie entfernt werden. Die Halbzeuge werden direkt vor Prozessbeginn mit Isopropanol gereinigt und mit Stickstoff getrocknet. Zur Optimierung der Transparenz der Bauteile werden glatte Substratplatten verwendet. Diese erschweren die Entformung, aufgrund der verringerten Haftung. In der Regel ist eine automatische Entformung nicht möglich. Die Bauteile müssen zeit- und arbeitsaufwendig mit Hilfe eines Vakuumgreifers manuell entformt werden. Da im Rahmen dieser Arbeit lediglich die Abformbarkeit mit kurzen Zyklen gezeigt werden soll, ist auch eine manuelle Entformung akzeptabel.

Der Prozessablauf an der Wickert-Heißprägeanlage unterscheidet sich von dem an WUM 02 und 03. Insbesondere ist es nicht möglich eine Haltezeit zu definieren. Aus diesem Grund ist eine Anpassung der Prozessparameter nötig. Ausgegangen wird hierbei von an der WUM 02 verwendeten Parametern. Mit diesen lassen sich keine ausgeformten Strukturen herstellen. Speziell in den Zickzackkanälen des Mikromischers sind theoretisch betrachtet nicht ausgeformte Strukturen kritisch, da ein definierter Stufengradient nur bei gleichmäßigem hydrodynamischem Widerstand in den Kanälen einer Kaskade erreicht werden kann. Eine Abschätzung des Einflusses von Abformfehlern im vorliegenden Mikromischer wird in Kapitel 4.1.5 gegeben. Die Prägetemperatur wird von 175°C bis 220°C variiert. Ab 200°C Prägetemperatur fließt die Restschicht in die Schrauben und erschwert die Entformung. Daher werden die Halbzeuge auf 50 x 70 x 2mm³ verkleinert. Die Kraft wird von 50 kN bis 120 kN variiert. Bei hohen Kräften, ab 100 kN, ist die Ausformung der Strukturen besser, allerdings kommt es zu erheblichen Schwierigkeiten bei der Entformung, die durch die hohe Prägekraft hervorgerufen werden könnten. In den Zickzackkanälen werden die Strukturen beim Entformen hochgezogen. Wie oben beschrieben, könnten Fehler im Mikromischer den Gradienten beeinflussen. Die Entformtemperatur wird von 120°C bis 155°C variiert. Um künstlich die Haltezeit zu verlängern wird die Prägegeschwindigkeit ohne Erfolg von 200 µm/s auf 20 µm/s verlangsamt. Eine vollständige Ausformung der Strukturen wird erst durch das Vorheizen der Anlage samt Halbzeug auf 130°C bis 140°C im geöffneten Zustand möglich. Mit folgenden eingestellten Prozessparametern werden vier vollständig ausgeformte Bauteile hergestellt:

- Prägetemperatur: 200°C

- Prägekraft: 80 kN.

Die Entformtemperatur wird auf 150°C festgesetzt. Die gesamte Prozesszeit beträgt 14 min. Die Bauteile werden manuell entformt. Beim Vorheizen im geöffneten Zustand wird die Gesamtzeit in welcher das Polycarbonathalbzeug erhöhten Temperaturen ausgesetzt ist nicht beeinflusst. Die Zeit bis zum Umformprozess beträgt in allen Fällen ~1 min. Bei geschlossener Anlage findet der Aufheizprozess in Vakuum statt. Es wird vermutet, dass die Aufheizung des Halbzeugs in Luft schneller verläuft. Bei Abformungen an den Anlagen WUM 02 und 03 führt der Verzicht auf Vakuum ebenfalls zu einem schnelleren Aufheizprozess (vgl. Kapitel 4.1.2.1).

4.1.2.3 Optimierung der Transparenz an der Wickert

Zur Optimierung der Transparenz werden an der Wickert glatte Substratplatten verwendet. Dadurch werden die Bauteile auf der Außenseite nicht strukturiert und behalten ihre ursprüngliche Oberflächenbeschaffenheit. Der Grad der Transparenz hängt von der Qualität der Substratplattenoberfläche ab. Zur Herstellung transparenter Bauteile werden zwei Konzepte getestet:

- Verwendung einer teilsandgestrahlten chrombeschichteten Substratplatte

- Verwendung einer teilpolierten Stahlsubstratplatte.

Beide Substratplatten werden in Anhang B.1 gezeigt. Zur Herstellung der teilsandgestrahlten chrombeschichteten Substratplatte wird eine einseitig hochglanzpolierte vernickelte und verchromte Messingplatte der Firma Nicrom mit einer Stärke von 2 mm auf eine Substratplatte geschraubt. Der Bereich um die strukturierte Fläche des Formeinsatzes wird anschließend mit Hilfe einer Blende von 64 x 84 mm² außen sandgestrahlt. Mit Hilfe dieser Platte können glasklare Bauteile abgeformt werden. Die Bauteile sind allerdings stark verbogen, da lediglich im sandgestrahlten Bereich eine Anhaftung an die Substratplatte möglich ist. Von 14 Bauteilen kann nur eines entformt werden. Stahlplatten ermöglichen eine höhere Haftung [122], weshalb eine teilpolierte Stahlsubstratplatte hergestellt wird. Eine geschliffene Stahlplatte wird zuerst mit Schleifpapier poliert und anschließend ebenfalls mit der Blende sandgestrahlt. Die Oberflächenqualität dieser teilpolierten Stahlsubstratplatte ist allerdings nicht mit der Qualität der chrombeschichteten Platte vergleichbar. Mit Hilfe dieser Substratplatte können 2 von 26 Bauteilen entformt werden. Eine Aussage über die Haftungseigenschaften der Platten ist damit in diesem Rahmen nicht möglich. Die Bauteile müssen am Ende des Herstellungsprozesses einige Minuten poliert werden, um eine vergleichbare, glasklare Transparenz zu erhalten. Insgesamt zeigen beide Substratplatten Bauteile mit geringer Oberflächenrauheit, die Bauteile müssen gleichermaßen zeit- und arbeitsaufwendig mit Hilfe eines Vakuumgreifers manuell entformt werden. Bei sukzessiver Vergrößerung des sandgestrahlten Bereichs sollte sich die Haftung erheblich verbessern lassen.

4.1.2.4 Nachbearbeitung des Formeinsatzes

Zur Optimierung der Oberflächenrauheit der Kanalböden im Mikrofluidikchip, wird der Formeinsatz bei der Kugler GmbH nachbearbeitet. Hierbei wird die Oberfläche des Formwerkzeugs, welche die Oberflächenrauheit der Kanalböden im Mikrofluidikchip determiniert überfräst. Die Verwendung von Ultrapräzisionsfräsen erlaubt im Normalfall Rauheitswerte von 10 nm. Im vorliegenden Fall muss ein bereits fertiges und verwendetes Werkstück überarbeitet werden. Der Materialabtrag muss < 5 µm sein. Rauheitswerte von 10 nm können unter diesen Randbedingungen nicht erreicht werden [123]. Optisch lässt sich die Überarbeitung sehr gut erkennen. In Abbildung 4.8a) werden REM-Aufnahmen nach (links) und vor der Bearbeitung (rechts) der Oberfläche gezeigt. Die nachbearbeitete Oberfläche ist mit Pfeilen markiert. Man erkennt rechts eine deutliche Frästextur, welche nach der Bearbeitung nicht mehr erkennbar ist. Abbildung 4.8b) zeigt in zwei weiteren Aufnahmen nach der Überarbeitung die sehr geringe Oberflächenrauheit des Formeinsatzes. Zur quantitativen Bestimmung der Oberflächenqualität wird die Oberflächenrauheit mit Hilfe des Profilometers Dektak V 220 SI ermittelt. Die Messungen werden im Bereich der Zellkammer auf den einzelnen Stegen durchgeführt, diese bilden im Mikrofluidikchip den Kanalboden der Zellkammer. Entlang der Stege finden sich homogene einzelne Frässpuren. Der Versatz des Fräswerkzeugs in eine danebenliegende Frässpur ist erkennbar. Die Messungen werden parallel und senkrecht zu den Stegen und damit zur Frässtruktur, durchgeführt. Parallel zur Frässtruktur ergibt sich ein arithmetischer Mittenrauwert R_a von ≤ 40 nm. Senkrecht zu den Frässpuren ergibt sich ein Mittelwert von $R_a = 73$ nm, gemessen über drei Stege und eine Messstrecke von jeweils 600 µm.

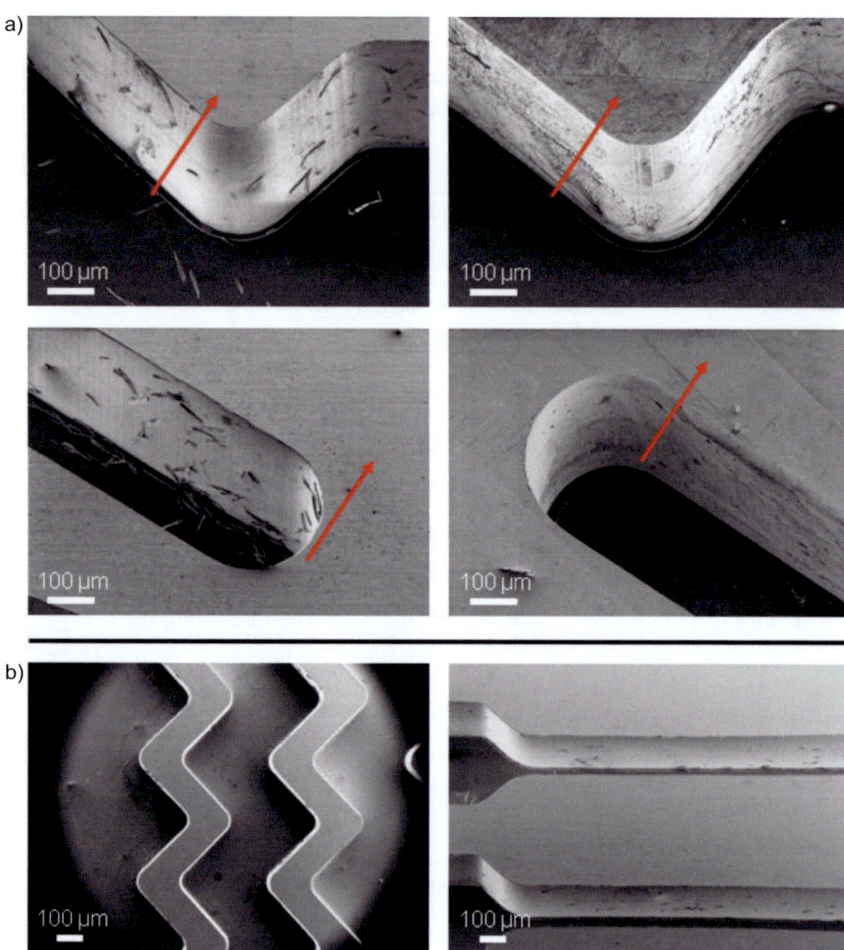

Abbildung 4.8: Formeinsatz nach der Überarbeitung der Oberfläche durch die Kugler GmbH. a) Vergleich von REM-Aufnahmen des Formeinsatzes nach (links) und vor der Bearbeitung (rechts). Die bearbeitete Oberfläche ist mit Pfeilen markiert. In den Kanälen des Formeinsatzes erkennt man die Metallspäne aus der Überarbeitung. b) REM-Aufnahmen des überarbeiteten Formeinsatzes aus dem Bereich der Zickzackkanäle und der geradlinigen Kanäle des Mischerteils.

4.1.2.5 Abformung transparenter Bauteile an der WUM 02

Der nachbearbeitet Formeinsatz wird an der WUM 02 abgeformt. Die Halbzeuge werden auf der Rückseite mit Aceton angeätzt, um die Haftung auf der Substratplatte zu verbessern. Das Halbzeug wird mit Isopropanol gereinigt, anschließend wird es mit Aceton bedeckt. Nach 1 min wird das Aceton unter einem Stickstoffstrahl getrocknet. Das Halbzeug wird in der Heißprägeanlage platziert und festgedrückt. Der automatisierte Prozessablauf wird umgehend gestartet. Aufbauend auf den Ergebnissen mit glatten Substratplatten an der Wickert wird eine geschliffene Stahlsubstratplatte mit geringer Oberflächenrauheit verwendet. Auf die Teilsandstrahlung wird vorerst verzichtet. Es werden getemperte und nicht getemperte Halbzeuge verwendet. Die Prozessparameter und der Prozessablauf aus Kapitel 4.1.2.1 werden beibehalten. Abhängigkeiten des Abformergebnisses vom Temperprozess können nicht festgestellt werden. Die Bauteile können nicht automatisch entformt werden, haften allerdings nur leicht im Formeinsatz. Neben der geringen Oberflächenrauheit des Formeinsatzes und der längeren Prozesszeit, kann auch die geringere Prägekraft zur verbesserten Haftung an der Substratplatte beitragen. Die Bauteile können einfach manuell entformt werden, wobei vereinzelt hochgezogene Kanten entstehen. Um die manuelle Entformung zu optimieren wird Isopropanol seitlich zwischen das abgeformte Bauteil und den Formeinsatz eingebracht [124]. Durch Kapillarkräfte bildet das Isopropanol eine Schicht zwischen Bauteil und Formeinsatz und ermöglicht eine einfachere Entformung. Um Spannungsrisse am Bauteil durch Kontakt mit dem Isopropanol zu vermeiden, wird ein Kühlprozess bei geöffneter Anlage nach dem üblichen Prozessdurchlauf integriert. Bei einer Bauteiltemperatur von unter 30°C treten keine Spannungsrisse am Bauteil auf.

In Abbildung 4.9 wird die Transparenz verschieden hergestellter Bauteile verglichen. Die Abbildung zeigt bereits gebondete Bauteile. Links ist ein Bauteil hergestellt an der Wickert mit teilpolierter Stahlsubstratplatte dargestellt. In der

Mitte wird zum Vergleich ein Bauteil hergestellt im Standardprozess mit sandgestrahlter Substratplatte gezeigt. Auf der rechten Seite ist ein Bauteil abgeformt mit der geschliffenen Substratplatte an der WUM 02 dargestellt. Die geringste Oberflächenrauheit und damit die höchste Transparenz zeigt das Bauteil auf der rechten Seite, hergestellt mit der geschliffenen Stahlsubstratplatte an der WUM 02. An der WUM 02 können die Bauteile im Vergleich zur Wickert leichter entformt werden, daher sollten transparente Bauteil an der WUM 02 hergestellt werden.

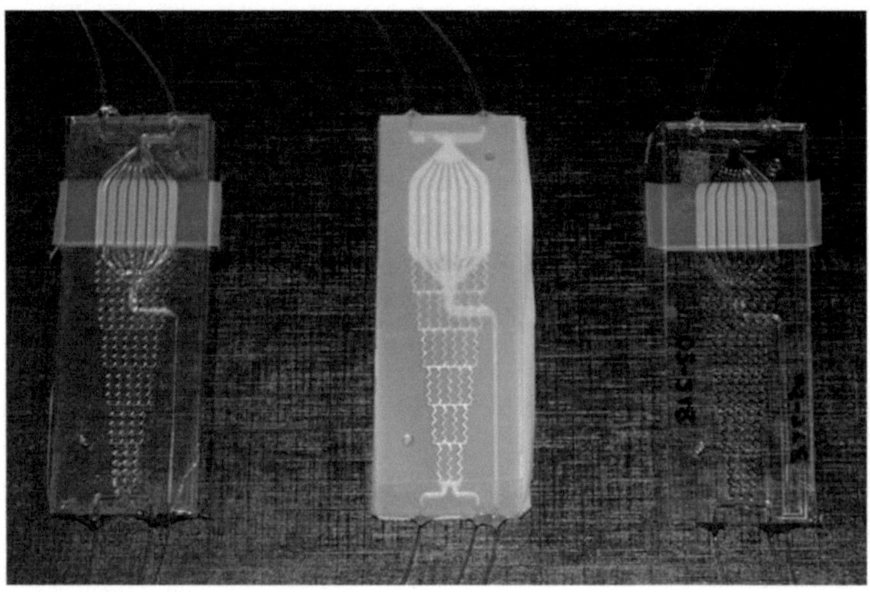

Abbildung 4.9: Vergleich der Oberflächenrauheit verschieden hergestellter Bauteile. Anhand von gebondeten Bauteilen. Links ein Bauteil abgeformt an der Wickert mit teilpolierter Stahlsubstratplatte, mittig ein Bauteil hergestellt mit sandgestrahlter Substratplatte, rechts ein Bauteil hergestellt mit geschliffener Stahlsubstratplatte an der WUM 02. Das Bauteil rechts zeigt die geringste Oberflächenrauheit und damit die beste Transparenz.

4.1.2.6 Vermessung der abgeformten Bauteile

Die Bauteile werden, analog zu Version Eins vermessen. Insgesamt wird die Restschicht von 81 an der WUM abgeformten Bauteilen vermessen. Die Messstellen sind in Anhang B.2 gezeigt. Für die Abweichung der Restschichtdicke nach Formel 4.1 ergeben sich Werte zwischen 23 µm und 118 µm. Der Mittelwert der Restschichtdickenabweichung liegt bei 55 µm. Minimum und Maximum sind vergleichbar zu Bauteilen aus Version Eins, der Mittelwert ist um 19% geringer. Ein Muster bei der Verteilung von dünnen und dicken Bereichen lässt sich jedoch nicht erkennen. Damit kann ein Einfluss der Anlage als Grund für die keilförmige Verteilung bei Version Eins ausgeschlossen werden.

Insgesamt werden 138 Mischerteile an jeweils 15, und 135 Kammerteile an jeweils 14 Stellen vermessen. Die Messstellen sind in Anhang B.2 gezeigt. Für alle Mischerteile ergibt sich mit Hilfe der Formel 4.2 eine Abweichung der Bauteildicke von 24 µm bis 217 µm. Der Mittelwert liegt bei 73 µm. Für Mischerteile abgeformt an der WUM, ergibt sich die mittlere Abweichung der Bauteildicke zu 62 µm. Bei Mischerteilen abgeformt an der Wickert, beträgt die mittlere Abweichung 117 µm und ist damit um 89% höher als an der WUM. Die Wickertbauteile weisen dementsprechend eine geringere Planparallelität und somit eine schlechtere Qualität auf als Bauteile welche an der WUM hergestellt werden. Analog zu Version Eins, sind die Mischerteile auf einer Seite dünner. Im Mittel beträgt die Abweichung 17 µm. Von den 138 vermessenen Mischerteilen zeigen 128 Stück also 93% diese Verteilung. Die dünnere Seite des Mischers befindet sich wie bei Version Eins außen auf dem abgeformten Bauteil. Die dünnere Seite des Mischers lässt sich durch ein verändertes Fließverhalten des Kunststoffes am stark strukturierten Mikromischer erklären. Für die Kammerteile zeigen sich keine Muster.

Bei Verwendung verschiedener Substratplatten ergeben sich erhebliche Abweichungen bei den durchschnittlichen Bauteildicken. Im Folgenden werden Bauteile, welche an der WUM gefertigt werden, betrachtet (vgl. Kapitel 4.1.2.1 und Kapitel 4.1.2.5). Nichttransparente Bauteile, abgeformt mit einer sandgestrahlten Substratplatte, haben eine durchschnittliche Bauteildicke von 1,823 mm. Transparente Bauteile sind im Mittel 1,511 mm stark. Damit weicht deren Bauteildicke um ~300 µm oder 17% von den opaken Bauteilen ab. Bei diesen Bauteilen sind Prozessparameter und Halbzeuge zur Herstellung identisch. Entsprechend lässt sich der Unterschied lediglich über die verschiedenen Substratplatten erklären. Durch die geringere Oberflächenrauheit der geschliffenen Stahlsubstratplatte, wird der Fließprozess der Kunststoffschmelze verbessert und bedingt die geringere Bauteildicke.

4.1.3 Abformung Mikrofluidikchip für das Metabolic Engineering

Zum Abformen wird der Messingformeinsatz für die Mikrofluidikchips für die Stammzelldifferenzierung in Version Eins verwendet (vergleiche Kapitel 4.1.1). Für diese Mikrofluidikchips wird lediglich der Kammerteil des Bauteils benötigt. Aus diesem Grund werden im Folgenden Parameterkombinationen zum fehlerfreien Abformen des Kammerteils angegeben. Zum Abformen wird die WUM 02 verwendet. Halbzeuge mit Abmessungen von 80 x 60 x 2 mm³ werden aus Makrolon GP® clear 099 Plattenmaterial gesägt.

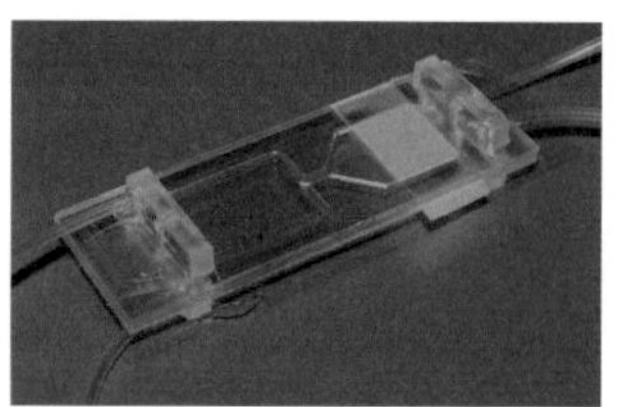

4.1.3.1 Abformung an der WUM 02

Für die Abformung an der WUM 02 werden nicht getemperte Bauteile verwendet, da bei früheren Abformprozesse keine Unterschiede zwischen getemperten und nicht getemperten Halbzeugen festgestellt werden. Die Schutzfolie wird direkt vor dem Prozess entfernt, die Halbzeuge werden mit Isopropanol gereinigt und mit Stickstoff getrocknet. Anschließend wird die Rückseite der Halbzeuge mit Aceton angeätzt. Es werden eine geschliffene und eine sandgestrahlte Stahlsubstratplatte eingesetzt. Der Prozessablauf und die Prozessparameter aus 4.1.1 für den Messingformeinsatz werden beibehalten. Bei 190°C Vorheiztemperatur werden folgende Prozessparameter verwendet:

- Prägetemperatur: 173°C

- Prägekraft: 40 kN

- Haltezeit: 700 s.

Die Entformtemperatur ist auf 134°C eingestellt. Da sich die Entformung besonders zu Beginn als schwierig erweist wird die Halbzeuggröße auf 70 x 30 x 2 mm³ verringert. Halbzeuge werden ansonsten wie oben beschrieben vorbehandelt. Sie werden unter dem Kammerteil platziert. Die Prägekraft wird aufgrund der Flächenreduktion angepasst. Trotzdem gestaltet sich die Entformung schwierig. Auch mit Hilfe von Isopropanol (vgl. Kapitel 4.1.2.5) lässt sich nur die Hälfte der Bauteile welche mit der geschliffenen Substratplatte abgeformt werden, aus dem Formeinsatz lösen. In den übrigen Fällen muss das Formwerkzeug erhitzt werden. Erst bei Temperaturen von ~110°C kann das Bauteil aus dem Formeinsatz gelöst werden. Bei Verwendung einer sandgestrahlten Substratplatte werden neun von zehn Bauteilen automatisch entformt. Die Entformung wird wahrscheinlich durch die zahlreichen Poren auf dem Formeinsatz erheblich erschwert.

Nach der Abformung werden an den Kammerteilen die Positionierpins mit einem Teppichmesser entfernt. An den Kanalenden der Kammerteile werden mit Hilfe eines Durchtreibers mit 1,7 mm Durchmesser Zugänge geöffnet und anschließend mit einem Senker entgratet.

4.1.4 Gießen der Mikrofluidikchips zur Herstellung von Porengradientenfilmen

Zur Herstellung dieses Mikrofluidikchips werden drei Formeinsätze verwendet, welche in Abbildung 4.10 gezeigt sind. Die Tiefe der Kanäle beträgt in allen Formeinsätzen 680 µm. Die Mikromischer haben damit die gleichen Abmessungen wie im Mikrofluidikchip zur Stammzell-

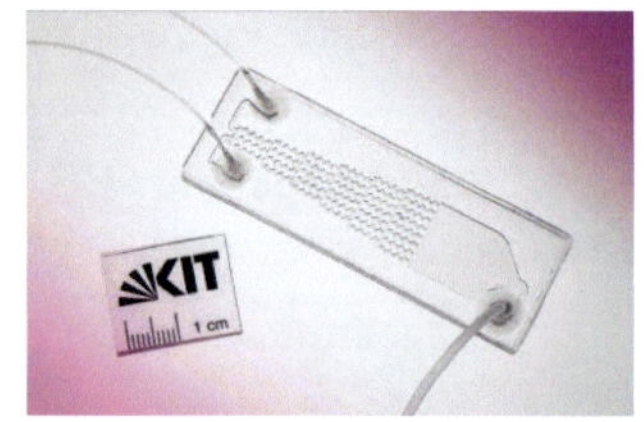

differenzierung in Version Zwei. Zu Beginn wird das Aluminiumtestwerkzeug verwendet, Abbildung 4.10a) (vgl. Kapitel 4.1.2). Im Anschluss werden sukzessive zwei angepasste Formeinsätze in der IMT Werkstatt gefräst. Der erste wird in PMMA gefräst, Abbildung 4.10b). PMMA ist lediglich als Prototypenmaterial geeignet, da es keine ausreichende Stabilität aufweist. Nach ~70 Replikationen und diversen Reinigungsschritten weist der PMMA-Formeinsatz Mikrorisse auf. Da zusammenhängende Polymerfilme hergestellt werden sollen, weist der PMMA-Formeinsatz eine durchgängige Reaktionskammer auf. Der zweite angepasste Formeinsatz wird in Aluminium gefräst, Abbildung 4.10c). Er weist einen Rand auf, um Bauteile mit einer definierten Stärke herstellen zu können.

Zur Herstellung der PDMS-Bauteile, wird auf den vom Hersteller empfohlenen Standardprozess zurückgegriffen [55]. Da die Herstellung mit den drei Formeinsätzen ähnlich ist, wird sie im Folgenden zusammengefasst. Unterschiede zwischen den Formeinsätzen, werden ausdrücklich ausgewiesen. Der angepasste Aluminiumformeinsatz wird auf Basis der Erkenntnisse aus der Fertigung mit dem Aluminiumtestwerkzeug und dem PMMA-Formeinsatz konzipiert.

a)

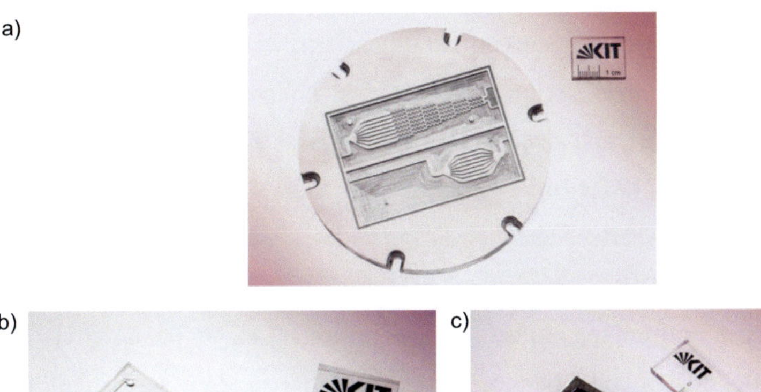

b)   c)

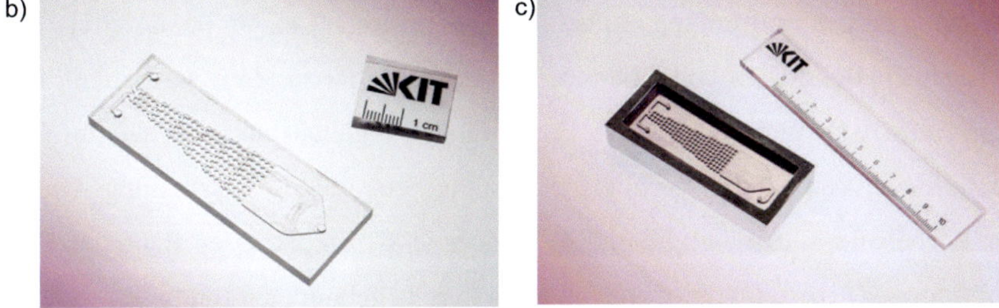

Abbildung 4.10: Formeinsatzdesigns für den Mikrofluidikchip zur Herstellung von Porengradientenfilmen. a) Aluminiumtestwerkzeug, mit dem Design des Mikrofluidikchips zur Stammzelldifferenzierung Version Zwei. b) PMMA-Prototyp mit einer durchgängigen Reaktionskammer. c) Aluminiumformwerkzeug mit Rand.[15]

Die Grundmasse und der Härter werden in einem Verhältnis von 10:1 gemischt und verrührt. Die Mischung wird in einem Exsikkator des Glaswerkes Wertheim entlüftet. Besitzt der Formeinsatz einen Rand, kann die Mischung direkt in den Formeinsatz gegossen werden. Bei Verwendung des PMMA-Formeinsatzes

---

[15] Die Abbildungen wurden von Hr. Markus Breig von der KIT Fotostelle zur Verfügung gestellt.

muss zuvor der Rand mit Hilfe eines Klebebands abgeklebt werden. Dieser Arbeitsschritt muss für jedes zu gießende Bauteil erneut durchgeführt werden und ist in Abbildung 4.11a) dargestellt. Nach einer Ruhezeit von 5-10 min im Formeinsatz ist die Mischung in der Regel frei von Luftblasen. Zurückbleibende Luftblasen können mit einem Stickstoffstrahl entfernt werden. Bei Verwendung des PMMA-Formeinsatzes treten aufgrund der höheren Oberflächenrauheit mehr Luftblasen auf, die sich schlecht lösen lassen. Das PDMS wird bei 65°C in einem Ofen der Firma WTB Binder Labortechnik GmbH 70-100 min ausgehärtet. Bei kürzeren Aushärtezeiten weisen einzelne Bauteile nicht ausgehärtete Stellen auf. Die Bauteile werden manuell entformt. Bei dem Aluminiumtestwerkzeug ist die Entformung einfach, allerdings kommt es hierbei aufgrund der geringen Bauteildicken von 1,08 mm wiederholt zu Rissbildung im Bauteil. Bei dem PMMA-Formeinsatz ist die Entformung vergleichsweise schwierig. Die Bauteildicke von ~4 mm verhindert allerdings zuverlässig Rissbildung. Durch das Klebeband bilden sich überhöhte Ränder an den replizierten Bauteilen aus. Abbildung 4.11b) zeigt diese anhand eines bereits gebondeten Bauteils.

In dem angepassten Aluminiumformeinsatz werden die Vorzüge der vorhandenen Formeinsätzen verbunden. Durch die Verwendung von hochfestem Aluminium gemäß Euronorm AW-7075, beziehungsweise DIN-Materialnummer: 3.4365 entstehen weniger Luftblasen und sie lassen sich leichter aus dem PDMS-Gemisch entfernen, zudem lässt sich das Bauteil leicht entformen. Der Rand erlaubt die definierte Herstellung von Bauteilen mit 4 mm Dicke. Gleichzeitig wird der Arbeitsschritt des Abklebens eingespart und eine Überhöhung der Ränder am Bauteil verhindert.

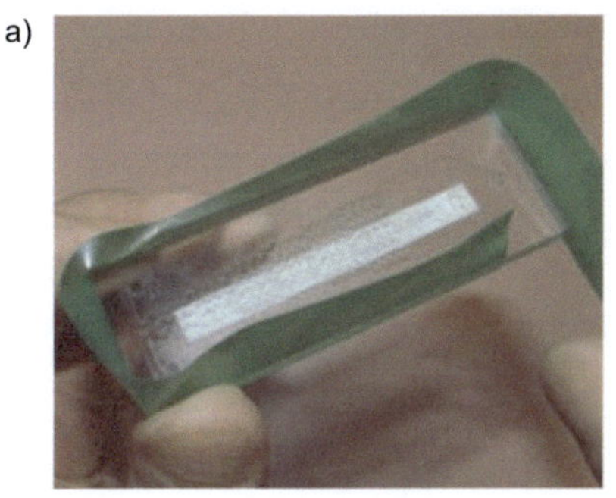

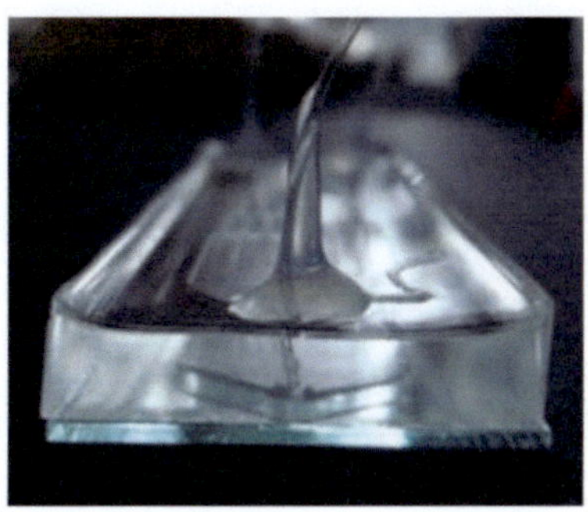

Abbildung 4.11: Herstellung von PDMS-Bauteilen mit dem PMMA-Formeinsatz. a) Der Formeinsatz muss vor jedem Gießprozess mit Klebeband abgeklebt werden. b) Durch das Klebeband bilden sich überhöhte Ränder am Bauteil aus. Hier dargestellt ist ein bereits gebondeter Mikrofluidikchip.[16]

Zugänge für die Schläuche werden für die angepassten Formeinsätze mit Hilfe von Dosiernadeln der Firma EFD® Nordson ausgestanzt, um einsatzfähige strukturierte Mikrobauteile zu erhalten. Für die Zuflüsse werden Dosiernadeln mit einem Außendurchmesser von 0,91 mm verwendet. Der Abfluss wird mit einer Dosiernadel mit 1,83 mm Außendurchmesser gestanzt.

4.1.5 Fehlerabschätzung

Im Folgenden werden die Auswirkungen eines in den Formeinsätzen zur Stammzelldifferenzierung vorliegenden Konstruktionsfehlers abgeschätzt, Kapitel 4.1.5.1. Zum anderen werden die Auswirkungen von Abformfehlern auf die Ausbildung des Gradienten geschätzt, Kapitel 4.1.5.2. Zur Abschätzung der Auswirkungen wird die Veränderung des hydrodynamischen Widerstandes

---

[16] Die Bilder wurden von Fr. Ludmilla Popp zur Verfügung gestellt.

durch die Fehlstelle herangezogen. Da der hydrodynamische Widerstand neben der Bauteilgeometrie von der dynamischen Viskosität des verwendeten Fluids abhängt, wird die Berechnungsformel 2.7 vereinfacht:

$$R_{hyd} = \frac{12\eta L}{1 - 0{,}63(h/b)} \frac{1}{h^3 b} = G\eta \tag{4.3}$$

G   Geometriefaktor   [1/mm³]

Im Folgenden wird lediglich auf die Veränderung des Geometriefaktors eingegangen. Für Parallel- und Reihenschaltungen des hydrodynamischen Widerstandes gelten dieselben Berechnungsregeln wie für den elektrischen Widerstand. Der hier benötigte hydrodynamische Widerstand einer Reihenschaltung wird als Summe der Einzelwiderstände berechnet [111]:

$$R_{hyd}^{Reihe} = R_1 + R_2 \tag{4.4}$$

Für die Berechnung des Geometriefaktors werden alle benötigten Werte möglichst konservativ angesetzt. Die Abmessungen werden aus der technischen Zeichnung entnommen oder im 3D-Modell gemessen.

4.1.5.1 Fehlerabschätzung bedingt durch Konstruktionsfehler

Der Konstruktionsfehler liegt im Mikrofluidikchip zur Stammzelldifferenzierung in Version Eins und Zwei vor. Abbildung 4.12 zeigt zwei Ausschnitte aus der Konstruktionszeichnung des Formeinsatzes für die Mikrofluidikchips zur Stammzelldifferenzierung in Version Zwei. Links sind die geradlinigen Kanäle im Anschluss an die achte Kaskade des Mikromischers abgebildet. Rechts wird die Zellkammer mit Kanalstruktur gezeigt. Kanal bezeichnet im Folgenden die erhabene Struktur auf dem Formeinsatz, welche im abgeformten Bauteil die Kanalstruktur bildet. Da die Konzeption der geradlinigen Kanäle in die Zellkammer übernommen wird [114], zeigt sowohl der Mischerteil wie auch der Kammerteil von Version Zwei einen Fehler. Bei dem Formeinsatz für den Mikrofluidikchip zur Stammzelldifferenzierung in Version Eins liegt der Fehler, entsprechend lediglich am Mischerteil vor. Man erkennt, dass die jeweils äußeren Kanäle breiter sind das die mittleren. Die mittleren sechs Kanäle sind 1,375 mm breit, die äußeren 1,675 mm. Am Ende der Kanalwände entstehen Düsen[17]. Die Breite der Düsen an den mittleren Kanälen beträgt 400 µm, die an den äußeren 690 µm.

Im Mikromischer kann sich der Konstruktionsfehler bei der Verteilung der Flüssigkeiten vor der achten Mischerkaskade auswirken. Die Berechnung wird als Reihenschaltung hydrodynamischer Widerstände von Einzelabschnitten bis zum erneuten Zusammentreffen der Mischungen nach der Düse angesetzt. Für die äußeren Kanäle ergibt sich der Geometriefaktor des hydrodynamischen Widerstandes zu 4.256 1/mm³. Für die mittleren, Kanäle zu 4.735 1/mm³. Damit weichen die Geometriefaktoren um 10% voneinander ab. Eine fehlerhafte Verteilung der Mischungen in der achten Kaskade erscheint hierdurch möglich. Die Leistungsfähigkeit des Mikromischers sollte diesbezüglich untersucht werden. Die Charakterisierung des Mikromischers wird in Kapitel 5.1 behandelt.

---

[17] Hinweis durch PD Dr. Timo Mappes

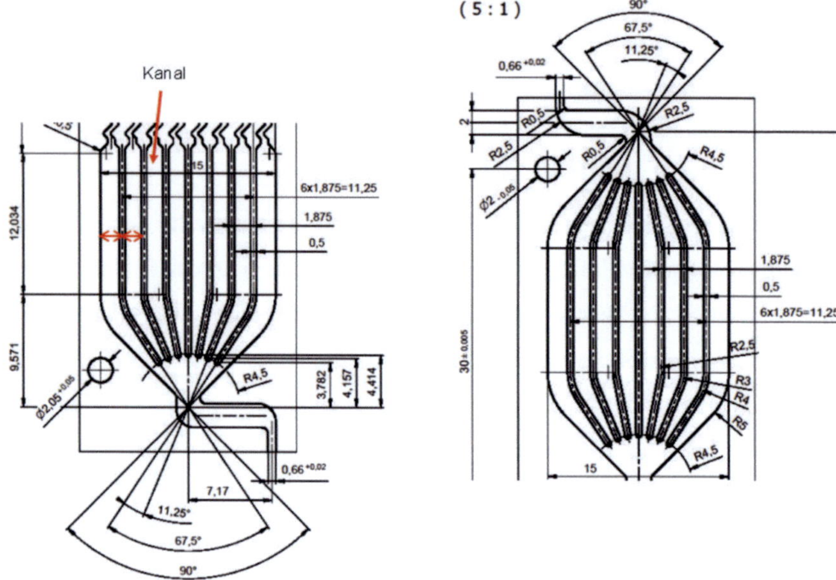

Abbildung 4.12: Auszug aus der Konstruktionszeichnung des Aluminiumformeinsatzes. Links sind die geradlinigen Kanäle im Anschluss an die achte Kaskade des Mikromischers dargestellt. Rechts ist die Zellkammer abgebildet. Man erkennt, dass die jeweils äußeren Kanäle breiter sind.

In der Zellkammer könnte sich die Verteilung der Zellen auf die acht Kanäle unterscheiden. Die Flussrichtung durch die Zellkammer in Abbildung 4.12 verläuft von unten nach oben. Für die äußeren Kanäle beträgt der Geometriefaktor 1.355 1/mm³ für die mittleren 2.195 1/mm³. Damit weichen die Geometriefaktoren in der Zellkammer um 38% voneinander ab. Eine unterschiedliche Verteilung der Zellen in der Zellkammer, mit mehr Zellen in den äußeren Kanälen ist damit sehr wahrscheinlich.

4.1.5.2 Fehlerabschätzung von Abformfehlern

Bei der Abformung transparenter Bauteile können Mischerteile mit nicht ausgeformten Strukturen und hochgezogenen Kanten entstehen (vgl. Kapitel 4.1.2.2 und Kapitel 4.1.2.5). Durch die Fehlstellen im Mikromischer sind abweichende hydrodynamische Widerstände in einer Kaskade möglich. Die Verteilung der Flüssigkeitsströme von einer Kaskade auf die nächste kann dadurch gestört werden.

Nicht ausgeformte Ecken des Kanals führen im gebondeten Bauteil zu stärkeren Abweichungen als hochgezogene Kanten, deshalb wird dieser Fehler für die Schätzung herangezogen. Aus Mikroskopaufnahmen werden die Abmessungen des Kanalfehlers abgeschätzt. Konservativ geschätzt, ergibt sich eine Abweichung über eine Länge von 500 µm mit einer Verbreiterung des Zickzackkanals von 400 µm auf 600 µm. Der Geometriefaktor eines intakten Kanals berechnet sich zu 3440 1/mm³, der eines Kanals mit den beschriebenen Fehlerabmessungen zu 3310 1/mm³. Damit weichen die Geometriefaktoren um < 4% voneinander ab. Der Einfluss auf die Gradientenausbildung wird als vernachlässigbar eingeschätzt. Die auftretenden Abformfehler in Form von unausgeformten Strukturen im Mikromischer sind entsprechend tolerierbar.

4.2 Bonden

Im folgenden Kapitel wird zu Beginn auf den Thermobondprozess für Polycarbonat bei der Herstellung der Mikrofluidikchips zur Stammzelldifferenzierung in Version Eins und Zwei und der Mikrofluidikchips für das Metabolic Engineering eingegangen. Die Parameterkombinationen (Bondtemperatur; Bondkraft; Haltezeit) werden im Folgenden in Form eines Tripels dargestellt. Im Anschluss wird der PDMS-Bondprozess zur Deckelung der Mikrofluidikchips zur Herstellung von Porengradientenfilmen dargestellt. Das Kapitel schließt mit bauteilübergreifenden Stabilitätsprüfungen.

4.2.1 Thermobonden Mikrofluidikchip zur Stammzelldifferenzierung Version Eins

Zum Thermobonden werden die Heißprägeanlagen WUM 02 und 03 verwendet. Als Membran kommt eine Millipore Membran zum Einsatz. Es wird ein Schichtaufbau aus dünnen Stahlplatten (Stärke: 0,5 mm) und Kaptonfolie zwischen den Substratplatten 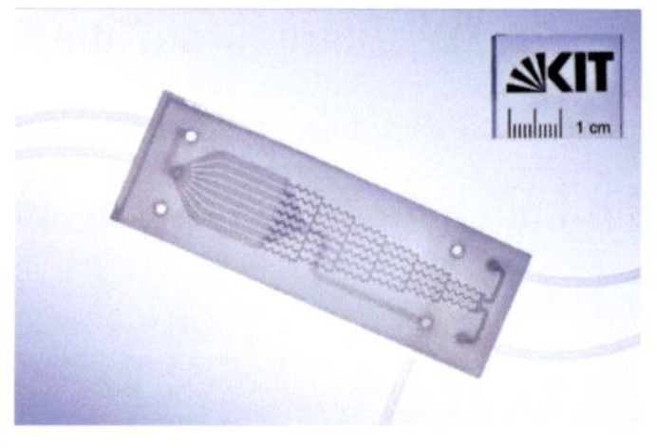
eingesetzt, Abbildung 4.13. Für das vorliegende Design von Version Eins ist es notwendig, den Bondprozess zweistufig zu gestalten [125]. Der Mischerteil wird mit Isopropanol und Stickstoff gereinigt. Die Membran wird zuerst auf den Mischerteil gebondet. Anschließend wird die Membran am Kammerzu- und -abfluss sowie an den Öffnungen für die Pins mit einer Dosiernadel der Firma EFD® Nordson (Außendurchmesser: 1,83 mm) und einer Pinzette geöffnet [112, 114]. Nach einem Reinigungsschritt beider Substrate mit Isopropanol und Stickstoff wird der Kammerteil mit Hilfe der Positionierpins aufgesetzt. Das Schlie-

ßen des Mikrofluidikchips ist lediglich unter Zuhilfenahme einer Zange realisierbar [114]. Im Anschluss wird der zusammengebaute Mikrofluidikchip in einem zweiten Bondschritt gebondet.

4.2.1.1 Bonden unter Glasübergangstemperatur

Zu Beginn wird der Mikrofluidikchip unter Glasübergangstemperatur mit hohem Druck an der WUM 02 gebondet. Die Vorheiztemperatur des Öls liegt hierbei durchwegs 10°C über der Bondtemperatur. Beide Bondschritte ergeben ab Prozessparametern von (134°C; 10 kN; 800 s) eine gleichmäßige Bondverbindung [114]. Die Parameterobergrenzen, bis zu denen schädigungsfrei gebondet werden kann, variieren für den erster und den zweiter Bondschritt [114]. Schädigungsfrei heißt im Folgenden, dass keine Verfärbungen der Membran und keine Kanaldeformation im Mikromischer auftreten. Verfärbungen der Membran deuten auf einen Verschluss der Poren hin. Beim ersten Bondschritt kann schädigungsfrei bis zu Prozessparametern von (138°C; 30 kN; 800s) oder (138°C; 10 kN; 1200 s) gebondet werden [114]. Beim zweiten Schritt bis zu Werten von (141°C; 10 kN; 800s) beziehungsweise (138°C; 13 kN; 800 s). Eine Erhöhung der Bondkraft auf 25 kN bei 138°C, führt zum Verschluss der Kanäle [114]. Die Bondfestigkeit von Bauteilen hergestellt bei (134°C; 10 kN; 800 s) ist in der Anwendung üblicherweise nicht ausreichend. Einige Bauteile sind jedoch äußerst lange stabil und können mit einer Flussrate von bis zu 25 ml/min benutzt werden. Es kommt auch bei höher gebondeten Bauteilen zum Versagen der Bondverbindung und dementsprechend zu Leckage am Bauteil [114]. Insgesamt zeigt sich ein differenziertes Bild. Die Planparallelität der Bauteile und die Endbearbeitungsschritte könnten neben den Prozessparametern einen Einfluss auf die Bondstabilität haben [114].

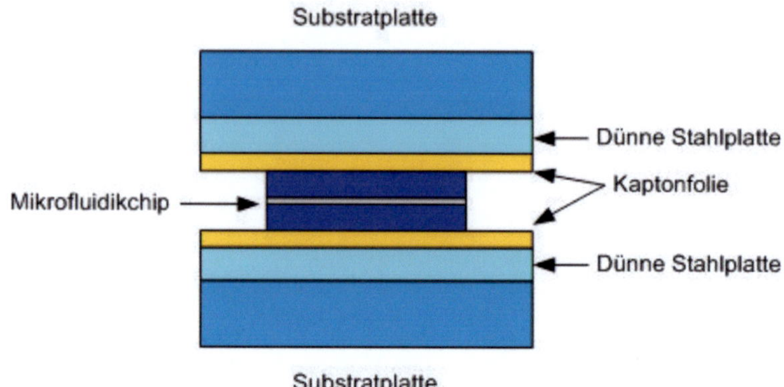

Abbildung 4.13: Schichtaufbau zum Thermobonden der Mikrofluidikchips zur Stammzelldifferenzierung Version Eins.

4.2.1.2 Bonden über Glasübergangstemperatur

Um höhere Bondfestigkeiten zu erreichen wird ein Bondprozess über Glasübergangstemperatur mit geringer Kraft angestrebt. Gebondet wird an der WUM 02 und der WUM 03. Hierzu werden die Parameter für den ersten Schritt auf (138°C; 10 kN; 800 s) festgesetzt. Bei diesen Parametern sollte eine Schädigung auf jeden Fall vermieden werden. Bei Übernahme des Bondprozesses auf die WUM 03 zeigt sich, dass der Bondprozess auch ohne Vakuum ausgeführt werden kann. Die Gesamtprozesszeit bei 138°C verkürzt sich dadurch um 17% von 48 min auf 40 min. Für den zweiten Bondschritt werden zu Beginn die Prozessparameter (150°C; 1,6 kN; 800 s) getestet. Hierbei sinkt die Zellkammer ein. Abbildung 4.14 zeigt das Einfallen des Kammerteils schematisch und in der Realität. Eine Reduktion der Kraft auf 1 kN bringt keine Verbesserung. Die Temperatur wird sukzessive von 150°C bis 145°C reduziert. Auch bei (145°C; 1 kN; 800 s) sinkt die Kammer in drei von acht Fällen noch ein. Da 145°C bereits außerhalb des Glasübergangsbereichs der Polycarbonatfolie und der Membran liegen, wird der Versuch abgebrochen. Stattdessen werden 27 optisch fehlerlose Bauteile mit (138°C; 13 kN; 800 s) für das ZI II gefertigt.

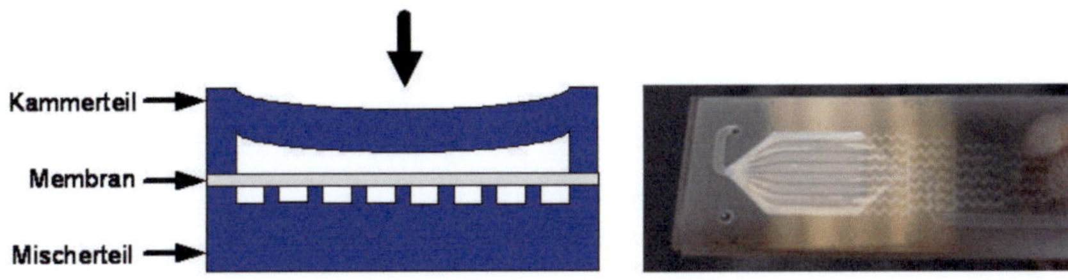

Abbildung 4.14: Einfallen des Kammerteils. Schematisch (links) und eine Aufnahme eines verschlossenen Kammerteils (rechts).

4.2.1.3 Langzeitbondversuche

Neben einer Temperaturerhöhung über den Glasübergangsbereich sollen auch Haltezeiten im Bereich von mehreren Stunden die Bondfestigkeit erhöhen [97]. Hierbei werden die Mikrofluidikchips im zweiten Schritt in zwei Stufen gebondet. Der Prozessgraph eines Langzeitbondversuchs ist in Anhang A.4 dargestellt. Die Versuche werden an der WUM 03 in normaler Atmosphäre durchgeführt. In der ersten Stufe werden die Mikrofluidikchips bei Werten von (138°C; 13 kN; 800 s) gebondet. Nach Ablauf der Haltezeit folgt die zweite Stufe. Die Bauteile werden 2 h unter Beibehaltung der Bondkraft bei 120°C gebondet. Während des Versuchs muss die Vorheiztemperatur von 148°C auf 127°C nachgeregelt werden, um die gewünschte Bondtemperatur halten zu können.

Um mögliche Kanaldeformationen durch den Langzeitversuch auszuschließen werden die Zickzackkanäle vor und nach dem Langzeitbondversuch vermessen. Die Zickzackkanäle haben die kleinsten Abmessungen. Außer bei einem Kammereinfall, sind Deformationen hier am ehesten erkennbar. Mit einem Mikroskop werden 5-fach vergrößerte Aufnahmen an der jeweils gleichen Position angefertigt. Die Kanalbreite wird in allen 12 Aufnahme mit der Software AnalySIS an 3-4 Stellen gemessen. Anhand der Messwerte ergibt sich eine gemittelte Abweichung von < 1,6%. Eine Kanaldeformation durch das Langzeitbonden kann entsprechend ausgeschlossen werden.

4.2.1.4 Optimierung der Transparenz

Die Optimierung der Transparenz der Mikrofluidikchips zur Stammzelldifferenzierung Version Eins ist lokal auf die Zellkammer beschränkt. In der Abformung werden entweder dünne Folien oder Stahlplättchen untergelegt oder es wird eine teilpolierte Substratplatte verwendet (vgl. hierzu Kapitel 4.1.1.1). Tabelle 5 fasst die sich ergebenden Charakteristika zusammen. Transparenz und Höhenunterschied ergeben sich aus der Abformung. Im Folgenden werden Mikrofluidikchips abgeformt mit untergelegten Substraten als Substratbauteile bezeichnet. Bauteile abgeformt mit der teilpolierten Substratplatte werden als teilpolierte Bauteile bezeichnet.

Bei Substratbauteilen muss der Höhenunterschied beim Thermobonden ausgeglichen werden, ansonsten kommt um die Zellkammer keine Bondverbindung zustande. Optimal ist ein Ausgleich des Höhenunterschieds durch das zur Abformung verwendete Substrat. Das Substrat wird auf dem veränderten Bereich des Bauteils eingepasst. Die Einpassung muss so exakt wie möglich sein. Teilpolierte Bauteile können dagegen im üblichen Prozessablauf gebondet werden. Substratbauteile weisen durch den Höhenunterschied eine geringere Restschichtdicke über der Zellkammer auf und fallen daher mit höherer Wahrscheinlichkeit an der Zellkammer ein [114]. Beim Bonden über Glasübergangstemperatur fallen alle elf verwendeten Substratbauteile an der Zellkammer ein. Bei den teilpolierten Bauteilen sind immerhin fünf von 17 fehlerlos. Bei Letzteren ist insbesondere die nicht vorhandene Reproduzierbarkeit der Bondvorgänge, über alle getesteten Temperaturen, auffällig. Die durchschnittliche Bauteildicke kann hier als Einflussfaktor ausgeschlossen werden. Allerdings variiert die Bauteildicke an der Zellkammer im Vergleich zu den übrigen Messwerten zum Teil erheblich, Anhang A.5. Dies verhindert möglicherweise das Einsinken der Zellkammer durch eine lokal verringerte Bondkraft. Zusammenfassend zeigt sich, dass die lokale Optimierung der Transparenz der Bauteile über der Zellkammer zu Komplikationen im Bondprozess führt. Lediglich die teilpolierten Bauteile können zumindest unter Glasübergangstemperatur ohne Einschränkung thermisch gebondet werden. Vollständig transparente Bauteile könnten aufgrund einer einheitlichen Bauteilstärke die Komplikationen vermeiden. Zudem könnte ein Temperprozess der abgeformten Bauteile Varianzen verhindern [121].

Tabelle 5: Zusammenfassung der Charakteristika der drei Strategien zur Optimierung der Transparenz

	Dünne Folien	Stahlplättchen	Teilpolierte Substratplatte
Transparenz	Strukturiert	Glasklar	Klar
Höhenunterschied	< 100 µm	200 µm	20-30 µm
Ausgleich notwendig	ja	ja	nein

4.2.2 Thermobonden Mikrofluidikchip zur Stammzelldifferenzierung Version Zwei

Zum Thermobonden der Mikrofluidikchips werden WUM 02 und WUM 03 verwendet. Als Membran kommt für die biologische Anwendung eine teilperforierte Membran zum Einsatz. Für Zug- und Berstversuche werden auch eine Millipore und eine it4ip Membran weiß einge-

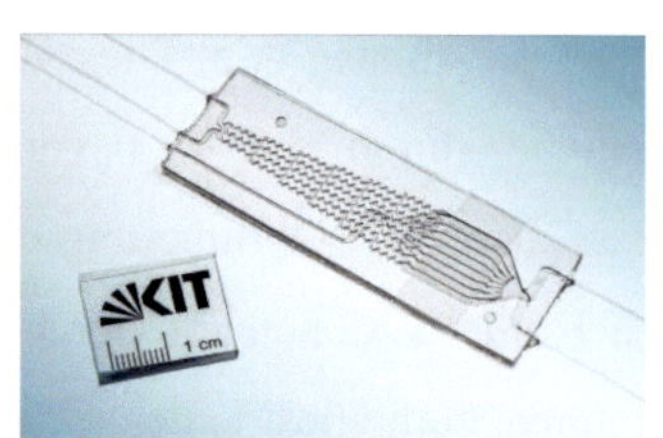

setzt (vgl. hierzu Kapitel 4.2.5). Der Schichtaufbau wird je nach Bedarf variiert. Zu Beginn wird der bekannte Schichtaufbau aus Abbildung 4.13 beibehalten. Die Positionierpins werden in diesem Formeinsatzdesign angepasst, sodass die Mikrofluidikchips einfach geschlossen werden können und die zugehörigen Vertiefungen nicht mehr geöffnet werden müssen [114]. Die betreffenden Ausschnitte aus der Konstruktionszeichnung des Formeinsatzes sind in Abbildung 4.15 links abgebildet. Detail W zeigt den späteren Pin. Detail V die zugehörige Vertiefung auf dem Mikrofluidikchip. Erste Bondversuche werden analog zum Bondprozess für Mikrofluidikchips der ersten Version durchgeführt. Der Zusammenbau der Mikrofluidikchips mit den überarbeiteten Pins ist mit geringstem Kraftaufwand möglich. Die Pins rasten hörbar in die Öffnungen ein. Gleichzeitig halten die Pins die Bauteile gut zusammen. Die gebondeten Bauteile werden einem Flüssigkeitstest unterzogen. Die Fehlstellen im Formeinsatz (vgl. Kapitel 4.1.2) bedingen keine Leckage. Wie Abbildung 4.15 rechts zeigt, können die Kanäle flüssigkeitsdicht gebondet werden.

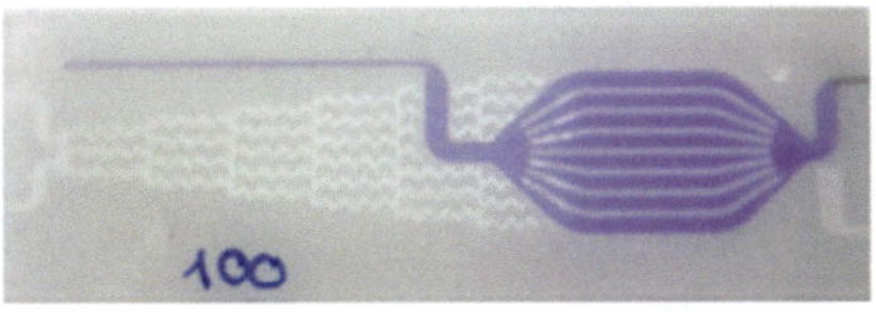

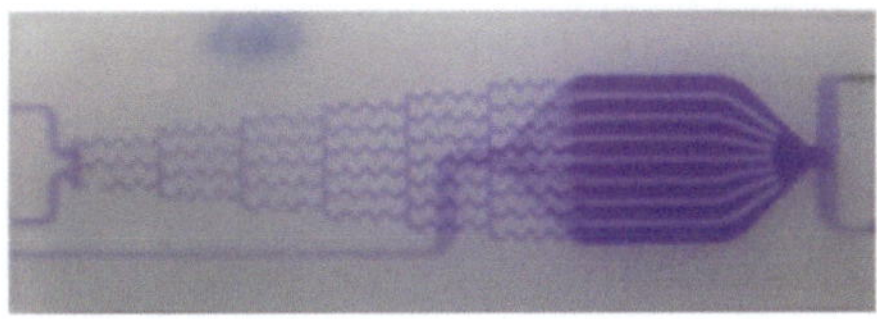

Abbildung 4.15: Bonden von Mikrofluidikchips zur Stammzelldifferenzierung Version Zwei. Die beiden Bauteile werden mit Hilfe von Pins zueinander positioniert. Erste Flüssigkeitstests mit den Mikrofluidikchips für die Stammzelldifferenzierung Version zwei.

4.2.2.1 Bonden unter Glasübergangstemperatur

Es zeigt sich, dass die Mikrofluidikchips auch in einem Schritt gebondet werden können (vgl. hierzu Kapitel 3.2.2). Hierzu werden zuerst beide Bauteile und die Membran mit Isopropanol und Stickstoff gereinigt. Die teilperforierte Membran ist mit einer Stärke von 50 µm leichter handhabbar als die dünnere Millipore Membran. Sie kann entsprechend gereinigt werden, ohne sich statisch aufzuladen [114]. Anschließend wird die Membran auf den Mischerteil aufgelegt. Öffnungen für die Pins werden mit einer dünnen Pinzette oder einem Skalpell erzeugt. Der Kammerteil wird in den Mischerteil geklickt und in einem Schritt thermisch gebondet. Zugprüfungen zeigen, dass die Prozessierung in einem Bondschritt nicht zu geringeren Bondfestigkeiten führt (vgl. hierzu Kapitel 4.2.5). Die reine Anlagenlaufzeit beim Thermobonden der Mikrofluidikchips zur Stammzelldifferenzierung in Version Zwei lässt sich entsprechend um 50% beziehungsweise 40 min reduzieren ohne negative Folgen für die Bondstabilität. Die Mikrofluidikchips werden unter Glasübergangstemperatur ebenfalls ab Werten von (134°C; 10 kN; 800 s) gleichmäßig gebondet. Eine Beschränkung der Bondparameter auf (138°C; 13kN; 800s) liegt nicht vor. Wird an der Wickert abgeformt, weisen die Bauteile größere Abweichungen der Bauteildicke nach Formel 4.2 auf. Die Abweichung der Bauteildicke beträgt im Mittel 125 µm. Bei Bauteilen welche an den WUM-Heißprägeanlagen abgeformt werden lediglich 58 µm. Die erhöhte Abweichung muss durch eine ~1 mm starke Silikonschicht ausgeglichen werden. Ohne Silikon kann bei (134°C; 10 kN; 800 s) ansonsten keine durchgängige Bondverbindung erreicht werden. Die Silikonfolie wird nicht mit dem Bauteil in Kontakt gebracht, um Kanaldeformationen zu vermeiden, stattdessen wird sie zwischen den Platten in den Stapelaufbau integriert.

4.2.2.2 Optimierung der Transparenz

Um die glasklare Transparenz der abgeformten Bauteile beim Thermobondprozess beizubehalten, sind die Kaptonfolien nicht ausreichend: die Strukturierung der dünnen Stahlplatte wird auf das Bauteil übertragen. Zudem kann ein Einfluss der Kaptonfolie auf den Bondprozess nicht ausgeschlossen werden[18]. Alternativ können einseitig hochglanzpolierte vernickelte und verchromte Messingplatten der Firma Nicrom, im Folgenden auch als Chromplatten bezeichnet oder geschliffene Stahlplatten verwendet werden, Abbildung 4.16. Unebenheiten werden durch ~1 mm Silikon ausgeglichen. Durch die geringe Oberflächenrauheit der Platten haften die Mikrofluidikchips nicht an diesen und die Transparenz der Mikrofluidikchips wird nicht beeinträchtigt.

---

[18] Die Strukturierung des Mikrofluidikchips wird beispielsweise regelmäßig in die Kaptonfolie übertragen.

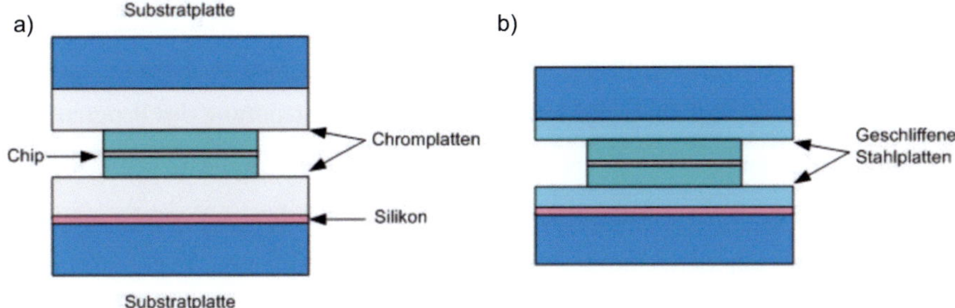

Abbildung 4.16: Schichtaufbauten bei optimierter Transparenz der Mikrofluidikchip. a) Einsatz von Chromplatten mit einer Stärke von jeweils 2 mm zwischen den Aluminiumsubstratplatten. Eine Silikonfolie gleicht Unebenheiten aus. b) Verwendung von geschliffenen Stahlplatten mit geringer Oberflächenrauheit und einer Stärke von jeweils 1 mm.

4.2.2.3 Bonden über Glasübergangstemperatur

Zur Erhöhung der Bondfestigkeit wird das Potential des neuen Designs für das Bonden über Glasübergangstemperatur geprüft. Die Versuche werden an der WUM 02 ohne Vakuum mit den Schichtaufbauten aus Abbildung 4.16 durchgeführt. Die Zickzackkanäle werden zur Überprüfung der Versuchsergebnisse wie in Kapitel 4.2.1.2 beschrieben mit dem Mikroskop vermessen, um Kanaldeformationen auszuschließen. Aufgrund der Höhe der Schichtaufbauten und der Verwendung einer wärmedämmenden Silikonschicht könnte an der Bondfläche nicht die vorgesehene Temperatur erreicht werden [126]. Zudem ist die minimal mögliche Bondkraft bisher nicht bekannt. Die Kraftmessdose der WUM 02 ist auf hohe Kräfte optimiert [127]. Die Maximalkraft liegt bei 250 kN. Zu Beginn der Versuchsreihe werden dementsprechend die an der Bondfläche real anliegende Temperatur und die minimal mögliche Bondkraft ermittelt.

Zur Charakterisierung der Temperatur an der Bondfläche wird ein Ni-Cr-Ni Thermoelement Typ K mit einem Außendurchmesser von 0,5 mm im Mikrofluidikchip platziert[19], Abbildung 4.17. Die Messunsicherheit des Thermoelements beträgt nach Herstellerangaben $< \pm 2{,}5°C$. Die Heißprägeanlage verwendet die in der unteren Substratplatte gemessene Temperatur zur Steuerung des Programms. Stimmt diese Temperatur mit der Temperatur des Thermoelements überein, liegt an der Bondfläche die gewünschte Temperatur an. Für diesen Versuch wird der Schichtaufbau mit den Chromplatten verwendet, Abbildung 4.16a). Es zeigt sich, dass die Temperaturen ab 100°C lediglich im Nachkommabereich voneinander abweichen. An der Bondfläche liegt demzufolge während der Haltezeit die eingestellte Temperatur an, Abweichungen sind vernachlässigbar.

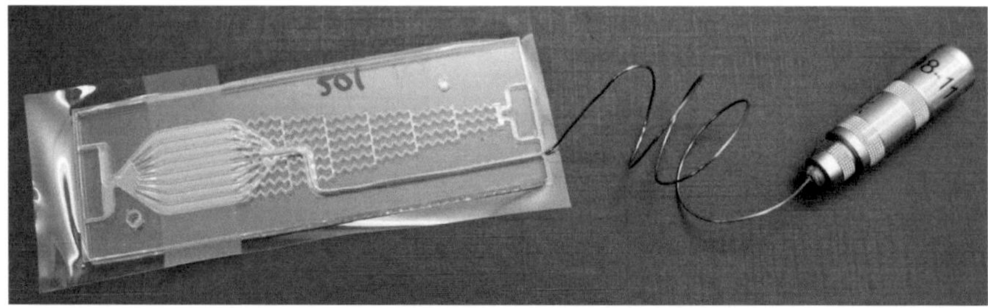

Abbildung 4.17: Mikrofluidikchip mit integriertem Thermoelement, zur Charakterisierung der realen Temperatur an der Bondverbindung.

Die minimal zulässige Eingabe für die Bondkraft in das Steuerungsprogramm sind 0,02 kN. Im Rahmen von Thermobondversuchen und mittels einer handelsüblichen analogen Personenwaage wird allerdings festgestellt, dass erst Bondkräfte ab 0,04 kN tatsächlich zuverlässig gehalten werden.

Beim Bonden über Glasübergangstemperatur spielt zudem die Vorheiztemperatur eine entscheidende Rolle. Ist diese zu niedrig gewählt, dauert der Heizpro-

---

[19] Die Umsetzung der Temperaturcharakterisierung erfolgt in Zusammenarbeit mit Dipl.-Ing. Marc Schneider.

zess bis zu 30 min. Mit fallender Heizgeschwindigkeit sinkt jedoch die Glasübergangstemperatur, dementsprechend muss die Differenz zwischen Bond- und Vorheiztemperatur beim Bonden über der Glasübergangstemperatur $> 10°C$ betragen. Mit den Chromplatten kann kein fehlerfreies Bondergebnis erreicht werden. Möglicherweise führt die Höhe des Gesamtaufbaus, die der maximalen Einbauhöhe an der WUM 02 entspricht, zu Fehlern im Prozessablauf. Ein Austausch der Chromplatten gegen die dünneren Stahlplatten, Abbildung 4.16b) ermöglicht eine gleichmäßige, fehlerlose Bondverbindung. Nicht getemperten Bauteile können bei Bondparametern von (152°C; 0,04 kN; 400 s) und einer Vorheiztemperatur von 165°C fehlerlose gebondet werden. Bauteile, welche vor dem Bondprozess > 2 Wochen bei 120°C getempert werden, können bei (160°C; 0,04 kN; 400 s) und einer Vorheiztemperatur von 175°C gebondet werden. Dieses Ergebnis lässt sich mit drei Bauteilen replizieren. Bauteile welche 48 h bei 120°C getempert und anschließend gebondet werden, zeigen bei Bondparametern von (160°C; 0,04 kN; 400 s) Kanaldeformationen. Die Temperatur muss um 2,5% bis auf 156°C reduziert werden. Bei Bondparametern von (156°C; 0,04 kN; 400 s) mit einer Vorheiztemperatur von 175°C können 48 h getemperte Bauteile fehlerlos gebondet werden. Dieses Ergebnisses lässt sich im Folgenden über acht Bondvorgänge uneingeschränkt replizieren.

Bei Temperprozessen nehmen die inneren Spannungen des Bauteils ab. Geringere innere Spannungen sollen zu einer höheren Formstabilität beim Thermobonden führen [89]. Da die Bauteile allerdings mit dem spannungsarmen Heißprägeverfahren hergestellt werden, wird der Einfluss des Temperprozesses mittels Polarisationsinterferenzkontrastverfahren[20] geprüft. Der Spannungszustand des Bauteils kann dabei qualitativ erfasst werden [128, 129]. Hierbei sind die höheren Ordnungen der Interferenzfarben als Farbstreifen beobachtbar. Je dichter die

---

[20] Die Umsetzung der Polarisationsanalyse wurde von PD Dr. Timo Mappes betreuend unterstützt.

Farbstreifen sind, desto höher ist die innere Spannung der Bauteile. Bei geringerer Bauteilspannung ist der Übergang zwischen den Ordnungen weniger stark ausgeprägt: die Farbstreifen wirken verwaschen. Um den beobachteten Einfluss des Temperprozesses auf das Bondergebnis zu verifizieren, werden zwei Bauteile vor und nach dem Temperprozess untersucht. Die Bauteile werden an einem Olympus BH-2 Mikroskop in jeweils drei Messreihen mit jeweils acht Messstellen analysiert. Abbildung 4.18 zeigt beispielhaft zwei Aufnahmen des Pins vor (links) und nach (rechts) dem Temperprozess. Weitere Aufnahmen sind in Anhang D gezeigt. Die Abnahme der inneren Bauteilspannung ist anhand der verwaschener wirkenden Farbstreifen nach dem Temperprozess eindeutig erkennbar.

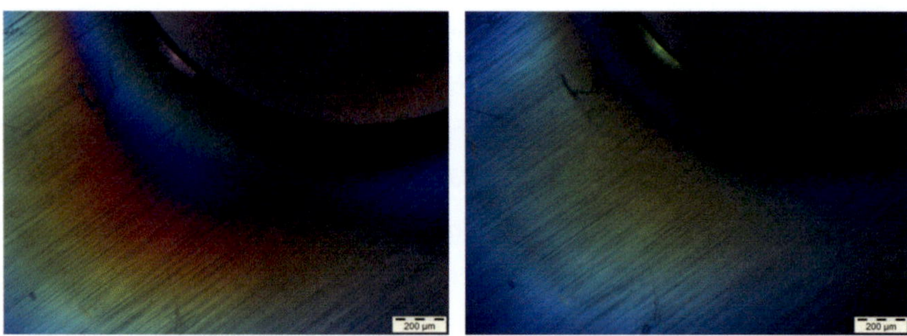

Abbildung 4.18: Aufnahmen des Pins auf dem Mikromischer im Polarisationsinterferenzkontrastverfahren vor (links) und nach (rechts) einem Temperprozess bei 120°C über 48 h.

4.2.2.4 Vergleich von Bondverbindungen über und unter Glasübergangstemperatur

Neben dem Stabilitätstest, Kapitel 4.2.5, sollen die Bondverbindungen optisch charakterisiert werden. Auf übliche Querschliffe wird verzichtet, da Polycarbonat sich vergleichsweise schlecht verarbeiten lässt und eine Schädigung der Membran befürchtet wird. Stattdessen werden gebondete Bauteile in flüssigem Stickstoff bei mindestens -130°C gekühlt, anschließend wird ein Sprödbruch ausgelöst. Zur Herstellung von Testteilen wird die Makrolon® GP clear 099 Polycarbonatplatte und die teilperforierte Membran verwendet. Die Außenabmessungen der Testteile sind 13×76 mm². Unter Glasübergangstemperatur wird bei Werten von (138°C; 13 kN; 800 s) und einer Vorheiztemperatur von 148°C gebondet. Über Glasübergangstemperatur werden Werte von (156°C; 0,04 kN; 400 s) bei einer Vorheiztemperatur von 175°C angewandt. Die Testteile werden angesägt, da sie ansonsten nicht gebrochen werden können. Jeweils ein Testteil wird 10 min in eine Thermoskanne, die mit flüssigem Stickstoff gefüllt ist, getaucht und anschließend gespalten. Die entstehenden Bruchflächen werden am REM analysiert. Wie in Abbildung 4.19a) - d) gut erkennbar, liegt bei Bauteilen, die unter Glasübergangstemperatur gebondet werden, keine formschlüssige Verbindung vor. Abbildung 4.19e) - h) zeigt die über Glasübergangstemperatur gebondeten Testteile. Es ist gut erkennbar, dass zwischen dem Makrolon® und der Membran eine homogene, gleichmäßige Verbindung entstanden ist.

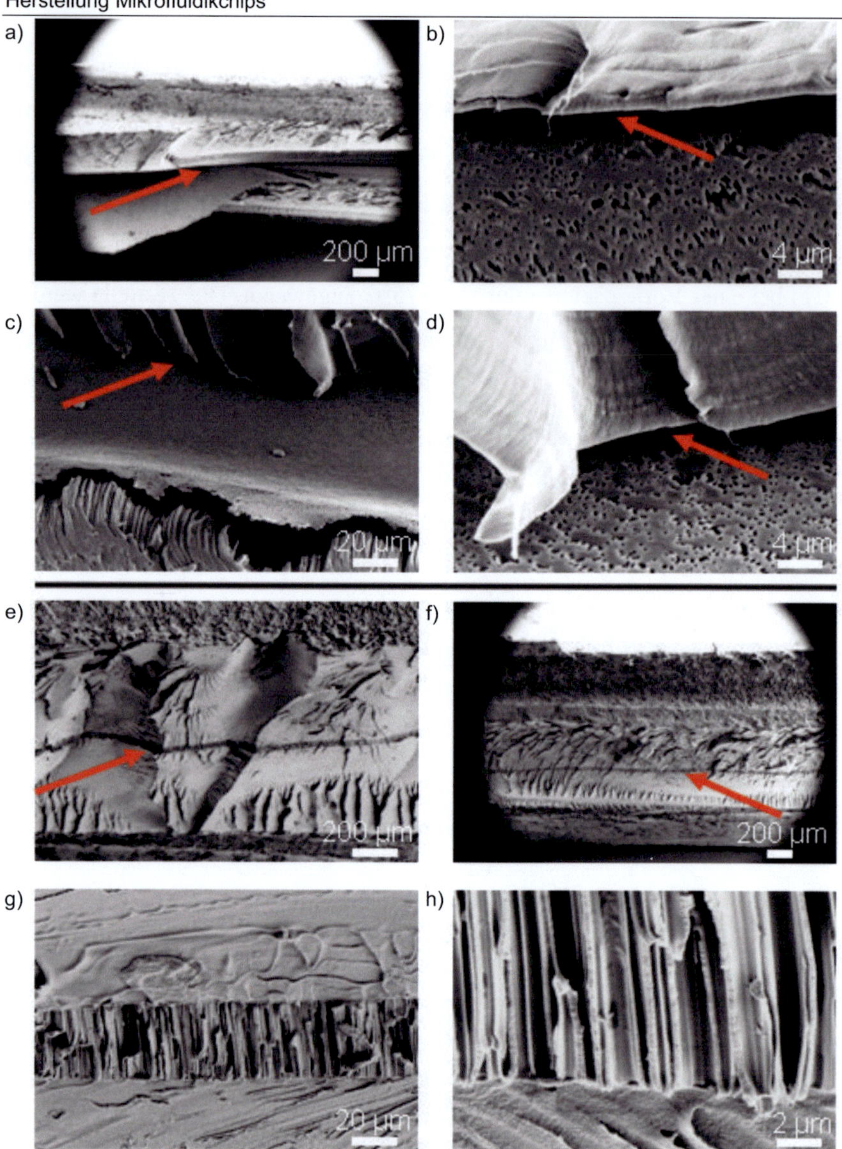

Abbildung 4.19: REM Aufnahme gebondeter, sprödgebrochener Testteile, die Pfeile markieren die Bondverbindung. a) - d) Unter Glasübergangstemperatur gebondet. b) und d) zeigen jeweils vergrößerte Ausschnitte aus den Aufnahmen links. e) - h) Über Glasübergangstemperatur gebondet. g) und h) zeigen vergrößerte Ausschnitte aus Aufnahme e).

4.2.3 Thermobonden Mikrofluidikchip für das Metabolic Engineering

Zum Thermobonden werden die Heißprägeanlagen WUM 02 und 03 eingesetzt. In den
Mikrofluidikchips für das Metabolic Engineering wird eine teilperforierte Membran
eingesetzt. Diese weist die höchste Stärke
von 50 µm auf, dünnere Membranen ver-
formen sich beim Bonden und sinken bis auf

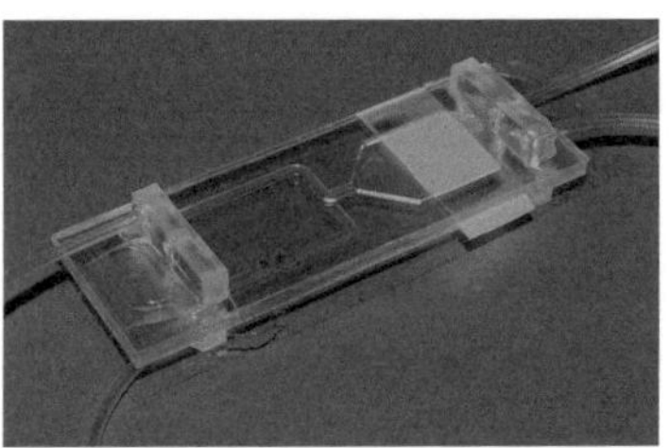

den Boden der Kammer. Im Extremfall bonden sie an den Kammerboden. Um die Transparenz aufrecht zu erhalten, werden die Schichtaufbauten mit Chromplatten oder geschliffenen Stahlplatten aus Abbildung 4.16, mit einer ~1 mm starken Silikonschicht eingesetzt. Da die Positionierpins hier nicht einsetzbar sind, müssen die beiden Kammerteile und die Membran vorsichtig in die Anlage eingelegt werden. Die Kammern beschränken die Parameterwahl beim Thermobonden (vgl. Kapitel 4.2.1). Um ausreichende Bondfestigkeiten zu erreichen wird ein lösemittelunterstütztes Thermobondverfahren eingesetzt. Passende Lösemittel werden üblicherweise mit Hilfe des Hildebrand Löslichkeitsparameters bestimmt [38]. Auf Basis von Literaturangaben [38] werden Isopropanol und Ethanol gewählt, die Kontaktzeit für Ethanol wird auf 11 min, die für Isopropanol auf 5 min festgesetzt.

4.2.3.1 Lösemittelunterstütztes Thermobonden

Bei ersten Versuchen wird das Lösemittel in eine Glaspetrischale gegeben und die Membran über die Kontaktzeit eingelegt. Anschließend wird die Membran mit einem Stickstoffstrahl getrocknet. Die Membran wird auf einen gereinigten Kammerteil gebondet. Als Bondparameter werden (138°C; 13 kN; 800 s) gewählt. Da im Folgenden unter Glasübergangstemperatur gebondet wird, ist die

Vorheiztemperatur durchwegs 10°C höher als die Bondtemperatur. Ein manueller Abzugtest zeigt für beide Membranen eine höhere Haftfestigkeit als beim Bonden ohne Lösemittel. Die Haftfestigkeit mit Isopropanol ist höher als bei der Verwendung von Ethanol. Da zudem die Kontaktzeit kürzer ist, wird im Folgenden Isopropanol verwendet. Die Haftfestigkeit bei Kontaktzeiten von 5 min beziehungsweise 7 min werden mittels Zugprüfungen verglichen (vgl. Kapitel 4.2.5). Bei einer 5-minütigen Kontaktzeit sind Mittelwert und Standardabweichung um ~10% besser. Weitere Experimente werden entsprechend mit 5-minütiger Kontaktzeit durchgeführt. Die Bondstabilität kann durch die Lösemittelunterstützung um 72% erhöht werden (vgl. Kapitel 4.2.5).

Um eine Bondstabilität zu erhöhen, werden die Membranen nach dem Einlegen in Isopropanol nicht mittels Stickstoffstrahl getrocknet sondern vorsichtig mit einem fusselfreien Papiertuch. Die Membran wird zwischen zwei gereinigte Kammerteile eingelegt. Ein Thermobondprozess bei (134°C; 10 kN; 800 s) wird umgehend gestartet. Auf diese Weise gebondete Mikrofluidikchips lassen sich manuell nur sehr schwer öffnen, über dem perforierten Bereich der Membran kann die Bondverbindung nicht gelöst werden. Mit dieser Vorgehensweise werden fünf Mikrofluidikchips zur Übergabe an das BI gebondet. Wiederholt werden feucht wirkende Stellen durch Lösemittelreste im perforierten Bereich beobachtet, Abbildung 4.20, es besteht jedoch auch an diesen Stellen eine Bondverbindung. Durch eine Auslagerung bei erhöhten Temperaturen sollten sich Lösemittelreste entfernen lassen.

Einige Bauteile sinken an der Kammer ein. Das Einsinken der Kammern lässt sich auf die geringere Schichtdicke über den Kammern bei transparenten Bauteilen zurückzuführen (vgl. Kapitel 4.1.2.6). Um die Restschichtdicke dauerhaft konstant zu halten, könnte eine Substratplatte mit Blende eingesetzt werden, die allerdings den Abformprozess wiederum erschweren könnte.

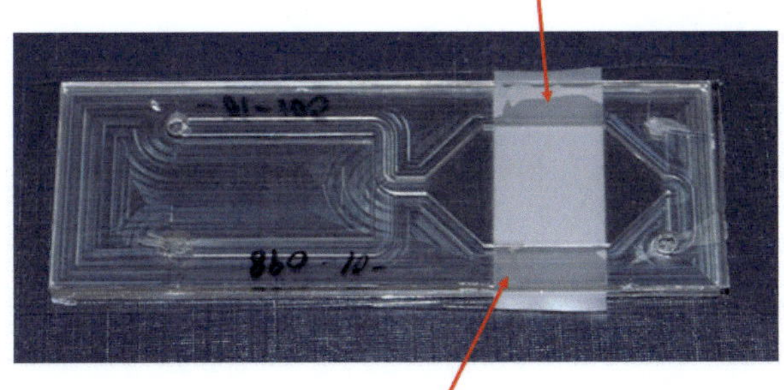

Abbildung 4.20: Gebondeter Mikrofluidikchip für das Matabolic Engineering. Feucht wirkende Stellen im perforierten Bereich der Membran sind rot markiert.

4.2.4 Bonden Mikrofluidikchip zur Herstellung von Porengradientenfilmen

Bei allen im Folgenden beschriebenen Bondprozessen wird ein Ofen der Firma WTB Binder Labortechnik GmbH genutzt. Die Glasobjektträger sind in der Regel von der Firma Brand GmbH & Co KG.

Chemisch modifizierte Glasobjektträger werden verwendet um die Haftung der Membran am Glasobjektträger zu erhöhen [130] (vgl. Kapitel 5.4). Diese werden vom Kooperationspartner am ITG zur Verfügung gestellt.

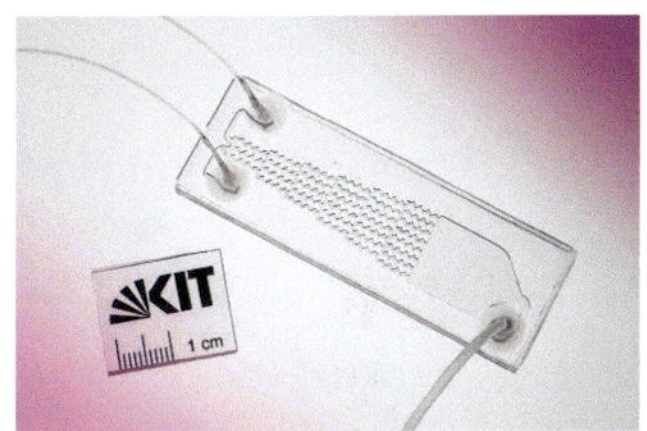

4.2.4.1 Beschichtung mit unvulkanisiertem PDMS

Zu Beginn wird ein Bondprozess mit einer Beschichtung aus unvulkanisiertem PDMS eingesetzt [102]. Hierzu wird ein Tropfen PDMS auf einen Glasobjektträger aufgebracht [131]. Ein zweiter Glasobjektträger wird auf dem ersten platziert. Die Glasobjektträger werden vorsichtig gegeneinander verschoben bis sich eine gleichmäßige PDMS Schicht ausbildet. Anschließend werden die Glasobjektträger bei 65°C im Ofen vorgehärtet und auf die PDMS-Mischerteile aufgesetzt. Die gedeckelten Bauteile werden bei 65°C für 60 min gehärtet [131]. Jedes Bauteil wird mit einem Gewicht von 400 g beschwert [132]. Es werden Vorhärtzeiten von 0, 5, 10, 15, 20 und 25 min getestet. Je kürzer die Glasobjektträger vorgehärtet werden, desto stabiler sollte die Bondverbindung sein. Bei Vorhärtzeiten von weniger als 10 min kommt es zum Verschluss von Kanälen. Besonders günstig sind Vorhärtzeiten von 10-15 min. Bei allen Bauteilen werden allerdings unvernetzte Stellen beobachtet. Diese könnten durch eine inhomogene Druckverteilung bedingt durch die überhöhten Ränder bei Herstellung der PDMS-Bauteile aus dem PMMA-Formeinsatz ausgelöst werden (vgl. Kapitel 4.1.4). Die entstehende Schichtdicke des PDMS kann zudem nicht kontrolliert werden, wodurch inhomogene Bondverbindungen entstehen. In der Anwendung beschränkt dieses Bondverfahren die Flussraten auf 5-8 ml/min[21], dementsprechend wird die Bondstrategie für diese Anwendung im Folgenden optimiert.

4.2.4.2 Beschichtung mit Härter

Alternative Verfahren nutzen den Härter des PDMS-Kits für die Beschichtung der Glasobjektträger [18, 104]. Ein Vorhärteschritt entfällt bei dieser Bondstrategie. Analog zur Beschichtung mit unvulkanisiertem PDMS werden anfangs einige Tropfen Härter auf den Glasobjektträger aufgebracht und mit einem zweiten Glasobjektträger verteilt. Die Bauteile werden bei 65°C für 45 min unter Belastung gehärtet. Die inhomogene Verteilung der Härterschicht führt jedoch in 67% der Versuche zum Kanalverschluss.

Zur Optimierung der Homogenität wird eine Beschichtungswalze aus Stahl aus einer handelsüblichen Tapetennahtrolle angefertigt [133], Abbildung 4.21. Der

---

[21] Flussrate pro Spritze. Es werden jeweils zwei Spritzen verwendet.

Härter wird in eine Glasschale gegeben und von dort mit der Beschichtungswalze aufgenommen. Die Beschichtungswalze hat eine Breite von 43 mm und einen Umfang von 110 mm. Der Glasobjektträger, mit Abmaßen von 26 x 76 mm^2 kann somit in einem Abstrich beschichtet werden. Die Beschichtungswalze hat ein Eigengewicht von 300 g, wodurch keine zusätzliche Kraft aufgebracht werden muss. Mit Hilfe der Beschichtungswalze lassen sich homogene, sehr dünne, reproduzierbare Schichten auf dem Glasobjektträger erzeugen. Durch die Platzierung des PDMS-Bauteils auf dem liegenden Glasobjektträger beim Zusammenbau werden Kanalverschlüsse vermieden. Mittels Beschichtungswalze prozessierte Mikrofluidikchips werden ohne zusätzliche Gewichte ausgehärtet. Die Aushärtezeit beträgt 60 min bei 65°C. Die Fehlerrate reduziert sich auf 27%. Die Bauteile können mit einer Flussrate von mehr als 15 ml/min[22], ohne Schädigung der Bondverbindung, genutzt werden [134]. Bei dieser Flussrate wird der Mikrofluidikchip über 100-mal pro Minute vollständig befüllt. Die Beschichtungswalze ermöglicht entsprechend ein einfaches und zuverlässiges Bondverfahren bei Beschichtung der Glasobjektträger mit Härter.

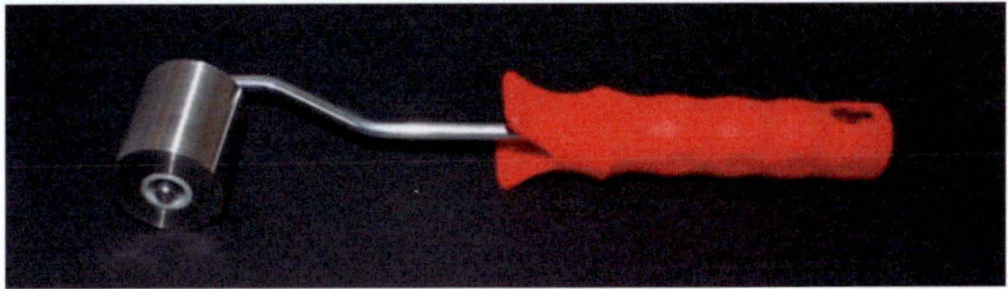

Abbildung 4.21: Zur Beschichtung der Mikrofluidikchips gefertigte Beschichtungswalze.[23]

---

[22] Flussrate pro Spritze. Es werden jeweils zwei Spritzen verwendet.

[23] Das Bild wurde von Fr. Ludmilla Popp zur Verfügung gestellt

4.2.4.3 Verwendung modifizierter Glasobjektträger

Die im Folgenden eingesetzten PDMS-Bauteile werden durchwegs mit dem angepassten Aluminiumformeinsatz hergestellt. Die chemische Modifikation der Glasobjektträger wird am ITG vorgenommen. Um die verbesserte Haftung der Membran am Glas nutzen zu können, darf der Glasobjektträger beim Bonden nicht mit Härter beschichtet werden. Stattdessen müssen die PDMS-Bauteile beschichtet werden. Da eine direkte Beschichtung des PDMS-Bauteils zu Kanalverschluss führt [133], wird ein Stempelverfahren [104] eingesetzt. Als Hilfswerkzeug wird eine Glasplatte eingesetzt [133], die mit der Beschichtungswalze gleichmäßig mit dem Härter beschichtet wird. Das PDMS-Bauteil wird auf die Glasplatte aufgelegt und angepresst. Sobald eine homogene Benetzung des PDMS-Bauteils ohne Lufteinschlüsse vorliegt, wird das Bauteil von der Glasplatte gelöst, passgenau auf den modifizierten Glasobjektträger aufgelegt und angepresst. Sobald der Härter eine homogene Verteilung aufweist, wird der Mikrofluidikchip bei 65°C mindestens 60 min gebondet. Mit dem Stempelverfahren reduziert sich die Fehlerrate in der Produktion auf 7%. Das Fertigungsverfahren mit modifizierten Glasobjektträgern kann dementsprechend als schnell, einfach und zuverlässig charakterisiert werden [133]. In der Anwendung zeigen die Bauteile eine vergleichbare Stabilität wie bei der Beschichtung des Glasobjektträgers mit Härter.

4.2.5 Stabilitätsprüfung gebondeter Mikrofluidikchips

Im Rahmen der Stabilitätsprüfung werden vorwiegend Polycarbonatstapelaufbauten, aber auch PDMS-Bauteile geprüft. Zur Prüfung der Polycarbonatstapelaufbauten werden Zugprüfteile oder Mikrofluidikchips zur Stammzelldifferenzierung in Version Eins oder Zwei eingesetzt. Zugprüfteile werden als Stapelaufbauten aus unstrukturiertem Makrofol® DE 1-1 Polycarbonatplatten mit

Abmaßen von $13 \times 38 \times 1$ mm hergestellt. Die Mikrofluidikchips zur Stammzelldifferenzierung weisen eine geringe Abweichung der Bondfläche von ~1% auf, diese wird im Folgenden vernachlässigt. Im Rahmen der Stabilitätsprüfung werden alle verfügbaren Membranen (vgl. Kapitel 2.2.1, Tabelle 3) charakterisiert. Im folgenden Kapitel wird zu Beginn die bekannte Literatur zur Bondstabilität zusammengefasst. Die realen Anforderungen an die Bondstabilität werden im Rahmen einer Druckmessung erfasst, Kapitel 4.2.5.2. Im Rahmen der Messungen werden Druckkennlinien für die Mikrofluidikchips im experimentellen Aufbau erzeugt. Im Anschluss werden die Zug- und Bersttests dargestellt.

4.2.5.1 Zusammenfassung der Literatur

Im Folgenden wird zu Beginn auf die erreichbaren Bondfestigkeiten für Thermoplaste und anschließend auf die für PDMS eingegangen. Da für Polycarbonate keine ausreichende Datenbasis vorliegt muss auch auf andere Thermoplaste zurückgegriffen werden.

Lui et al. (2001) [135] berichten von Bondfestigkeiten in PC-Bauteilen. Gebondet wird unterhalb des Glasübergangs. Die Verbindung hält bis zu einer angelegten Kraft, äquivalent zu einem Druck von 1,03 MPa. Sun et al. (2006) [99] bonden PMMA über der Glasübergangstemperatur. Die Bondfestigkeit wird als Quotient aus der gemessenen Bruchkraft und der gebondeten Fläche berechnet. Die Bruchkraft wird aus Zugprüfungen mit sich überlappenden PMMA Teststreifen gewonnen. Es ergibt sich eine Bondfestigkeit von 2,15 MPa. Eine ausführlichere Studie, ebenfalls mit PMMA, von Zhu et al. (2007) [97] verwendet ein Testsubstrat mit heißgeprägter Kanalkreuzung und einem unstrukturiertem Deckel. Gebondet wird hierbei unter dem Glasübergangsbereich. Die Bruchkraft wird mittels einer Zugprüfanlage ermittelt und umgerechnet. Die maximal erreicht Bondfestigkeit beträgt ~1,5 MPa. Durch ein lösemittelunterstütztes Thermobondverfahren unter der Glasübergangstemperatur erhöht sich die Bondfestigkeit auf 2 MPa. Durch optimierte Lösemittelbondverfahren kann die Bondfestigkeit weit über diesen Wert hinaus erhöht werden [38]. Für PMMA werden Maximalwerte von 23,5 MPa erreicht. Für Cycloolefin Copolymer (COC) sogar 34,6 MPa, durch eine zusätzliche Bestrahlung im tiefem UV-Bereich nach dem Kontakt mit dem Lösemittel [38].

Sia und Whitesides (2003) [57] fassen in ihrem Review die Festigkeitswerte für PDMS-Bauteile zusammen. Ohne Adhäsive oder Vorbehandlung lassen sich Festigkeitswerte von 0,03 MPa erreichen. Irreversibel gebondetes PDMS hält einem Druck von 0,2-0,34 MPa stand. Eddings et al. (2008) [102] vergleichen verschiedene irreversible Bondtechniken in einem Berstversuch mit Druckluft. Hierzu wird ein strukturiertes PDMS-Bauteil auf ein unstrukturiertes PDMS-Bauteil mit den jeweils optimalen Parametern gebondet. Mit dem Goldstandard Plasmatechnik werden durchschnittliche Festigkeiten von 0,30 MPa erreicht. Bei Beschichtung der Substrate mit Adhesiven in einem Stempelverfahren werden die besten Festigkeitswerte von 0,67 MPa erreicht. Allerdings ist in dieser Studie nicht ersichtlich welches Adhesiv verwendet wird.

4.2.5.2 Druckmessung

Für die Druckmessungen[24] stehen acht Relativdrucksensoren[25] für Flüssigkeiten der Firmen WIKA Alexander Wiegand SE & Co. KG und TT electronics plc zur Verfügung. Vier der Sensoren sind auf einen Druckmessbereich von 0-6 bar (WIKA Typ A-10) ausgelegt. Die vier weiteren auf einen Druckbereich von 0-

---

[24] Konzeptionierung und Aufbau des Druckaufbaus wurde von PD Dr. Jürgen Brandner und Hr. Conrad Grehl (beide IMVT) betreut und unterstützt.

[25] Dr. Ralf Ahrens hat unterstützend beim Zusammenbau der Drucksensoren und dem Anschluss der Druckaufnehmer mitgewirkt.

40 bar (zwei TT SML 20, je ein WIKA Typ A-10 und Typ S-11). Zur Datenaufnahme wird das Programm LabVIEW[26] verwendet. Der Drucksensor vom Typ S-11 wird vom Hersteller kalibriert. Die Messunsicherheit beträgt $\leq \pm 0{,}5\%$ der Spanne. Die Kalibrierung der übrigen Sensoren wird auf eine vergleichende Prüfung [136] mit dem kalibrierten Sensor beschränkt. Dabei ergibt sich eine Abweichung der Drucksensoren gegenüber dem kalibrierten Sensor von $< 4\%$ für Relativdrücke ≥ 2 bar.

Die gemessenen Drücke hängen von dem Messaufbau, wie beispielsweise vom Durchmesser und der Länge der Schläuche ab. Grundsätzlich sollten Schläuche so kurz wie möglich sein und eine möglichst große Querschnittsfläche aufweisen. In der biologischen Anwendung kann dies in der Regel nicht eingehalten werden. Im Rahmen dieser Arbeit soll ein direkter Vergleich der Bondstabilität zum anliegenden Druck im realen Versuch gegeben werden. Aus diesem Grund wird der Messaufbau dem experimentellen Aufbau des Mikrofluidikchips zur Stammzelldifferenzierung in der biologischen Anwendung nachempfunden [114]. Für Vergleichszwecke sind beide Aufbauten schematisch in Anhang E.1 gezeigt, Anhang E.2 ist eine Handzeichnung des Messaufbaus. Abbildung 4.22 zeigt den schematischen Druckmessaufbau.

---

[26] Das LabVIEW Programm wird von Dr. Ralf Ahrens erstellt.

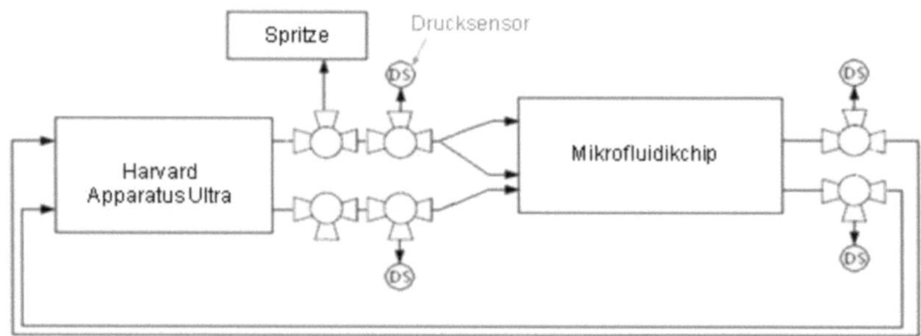

Abbildung 4.22: Schematischer Druckmessaufbau[27]. Der Mikrofluidikchip wird mit Hilfe einer Spritzenpumpe betrieben. Vor und nach dem Mikrofluidikchip ist jeweils ein Druckmesssensor pro Fluidikkreislauf integriert.

Der Messaufbau wird in Anhang E.3 beschrieben. Alle Messungen und Berechnungen werden im Folgenden mit Wasser als Medium durchgeführt. Die angegebenen Flussraten beziehen sich im Folgenden immer auf die Flussrate pro Spritze. Der Druckverlust im Bauteil wird mit Hilfe der Bernoulli Gleichung geschätzt. Aufgrund des komplexen Bauteildesigns erfolgt die Schätzung auf Basis konservativer Annahmen [137]. Für den Kammerteil ergibt sich für verschiedene Flussraten ein Druckverlust der jeweils < 1% des abfallenden Druckes ausmacht. Für den Mischerteil und den Aufbau vor dem Mikrofluidikchip ergibt sich ein Druckverlust der jeweils < 5% des abfallenden Druckes beträgt. Der Druckverlust wird im Folgenden vernachlässigt.

Bei Druckmessungen hinter dem Mikrofluidikchip lässt sich kein Zusammenhang zur Flussrate feststellen [137]. Gemittelt über mehrere Messungen ergibt sich ein konstanter Absolutdruck nahe dem Umgebungsdruck (vgl. hierzu Anhang F.1 und F.2), bedingt durch einen Druckausgleich im Schlauch. Im Fol-

---

[27] Die Abbildung wurde von Hr. Elias Schipperges zur Verfügung gestellt.

genden werden entsprechend lediglich die Messwerte der Drucksensoren vor dem Mikrofluidikchip verwendet. Die eingesetzte Spritzenpumpe ist kraftgesteuert. Daher weichen die Messwerte bei Verwendung verschiedener Spritzengrößen voneinander ab. Aus diesem Grund werden bei der Druckmessung, äquivalent zum biologischen Versuch, 20 ml Spritzen verwendet. Ein Vergleich des Relativdrucks für 20 ml und 60 ml Spritzen findet sich in Anhang F.3). Zur Charakterisierung des Messaufbaus wird die gleiche Messreihe mehrmals mit einem Mikrofluidikchip durchgeführt und anschließend mit einem zweiten Mikrofluidikchip verglichen. Bei Messungen mit einem Bauteil sind die Abweichungen sehr gering (Anhang F.4) [137]. Aufgrund von Fertigungstoleranzen ergeben sich zwischen den Bauteilen Unterschiede von maximal 0,5 bar (Anhang F.5). Der Mischerteil weist im Mittel 17% höhere Messwerte auf, als der Kammerteil (Anhang F.6). Dies erklärt sich über den höheren hydrodynamischen Widerstand im Mischerteil. Mit Hilfe der gemittelten Relativdrücke von sieben Messungen in zwei Mikrofluidikchips, wird eine Flussraten-Druck-Relation auf Basis der Absolutdrücke aufgestellt, Abbildung 4.23 [137]. Die zugehörigen gemittelten Messwerte sind in Anhang F.7 gezeigt.

Die Flussraten im biologischen Experiment sind mit $< 10\,\mu l/min$ üblicherweise gering. Bei diesen Flussraten wird kein messbarer Druck durch die Pumpe generiert, der Absolutdruck ist entsprechend ~1 bar. Allerdings werden Mikrofluidikchips vor dem eigentlichen Experiment mehrfach gespült und gereinigt (vgl. Kapitel 5.2). Diese Spülschritte werden in der Regel manuell mit einer angeschlossenen Spritze durchgeführt. Bei manueller Bedienung scheinen, auch bei vorsichtiger Handhabung, Flussraten auch über 25 ml/min[28] durchaus möglich. Im Folgenden wird von einer Flussrate von 25 ml/min für manuelle Befüllung ausgegangen. Dies entspricht einem anliegenden Druck von > 4 bar.

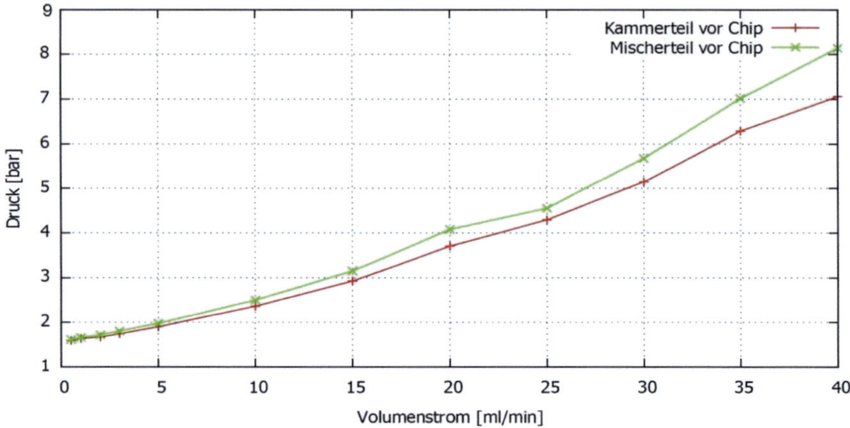

Abbildung 4.23: Flussraten-Druck-Relation. Dargestellt ist der entstehende Absolut-druck bei verschiedenen Volumenströmen[29].

4.2.5.3 Zugversuche

Insgesamt werden 14 Zugprüfungen mit jeweils sechs identisch produzierten Einzelproben, also insgesamt 84 Einzelprüfungen durchgeführt. Es werden ausschließlich Polycarbonatstapelaufbauten untersucht. Entweder werden Zugprüflinge im Stapelaufbau (Maße: 13×38 mm²) oder Mikrofluidikchips zur Stammzelldifferenzierung verwendet (Bondfläche: 1377 mm² - Version Eins). Die Zugproben dienen zur Testung verschiedener Hypothesen. Identische produzierte Einzelproben werden zu Messreihen zusammengefasst. Jede Messreihe setzt sich entsprechend aus 6 oder 12 Einzelprüfungen zusammen. 4 Messwerte werden verworfen. Insgesamt zeigt sich, dass die Messwerte stark streuen. Die Standardabweichung beträgt bei allen Messreihen 30-45% des Mittelwertes.

---

[28] Bei der Verwendung von üblichen 20 ml Spritzen müsste die Spritze über 48 s hinweg bei konstantem Druck entleert werden um eine Flussrate von lediglich 25ml/min zu erzielen.

[29] Der Graph wurde von Hr. Elias Schipperges zur Verfügung gestellt. Die Messwerte wurden zur besseren Visualisierung verbunden.

Abbildung 4.24[30] zeigt Ergebnisse von Zugprüfungen mit Zugprüflingen. Die ermittelten Berstkräfte werden mit der gebondeten Fläche in eine Bondfestigkeit umgerechnet. Die Zugprüflinge werden bei (134°C; 10 kN; 800s) mit verschiedenen Membranen gebondet. Auf der linken Seite des Schaubilds sind die Ergebnisse für Bondversuche in zwei Schritten, rechts in einem Schritt gezeigt. Die Balken entsprechen dem Mittelwert ± Standardabweichung der Messreihen. Diese Darstellungsform wird gewählt, da allgemeingültige Aussagen zur Qualität der Verbindung nur möglich sind, wenn sich der Bereich, bestehend aus Mittelwert ± Standardabweichung zweier Messungen, nicht überschneidet [138]. Zwischen den Membranen bestehen offensichtlich Unterschiede. So kann die Bondverbindung im Mittel um 95% verbessert werden, wenn anstatt 2 μmMembranen it4ip Membranen weiß eingesetzt werden. Da die gezeigten Bereiche um den Mittelwert sich aber überschneiden, ist keine allgemeingültige Aussage möglich. Für die folgenden Bersttests werden Millipore und it4ip Membranen weiß verwendet. Deren Bondfestigkeiten sind vergleichbar und es kann auf eine Anpassung der Ergebnisse verzichtet werden. Die Messergebnisse in einem und in zwei Bondschritten werden mit den 2 μm-Membran verglichen. Es zeigt sich, dass die Prozessierung in einem Bondschritt nicht zu geringeren Bondfestigkeiten als die Prozessierung in zwei Bondschritten führt. Durch ein lösemittelunterstützes Thermobondverfahren (vgl. Kapitel 4.2.3.1) mit einer Kontaktzeit von 5 min, lässt sich die Bondstabilität im Mittel um 72% verbessern. Bei einer Kontaktzeit von 7 min lediglich um 63%.

---

[30] Datengrundlage in Anhang G.1

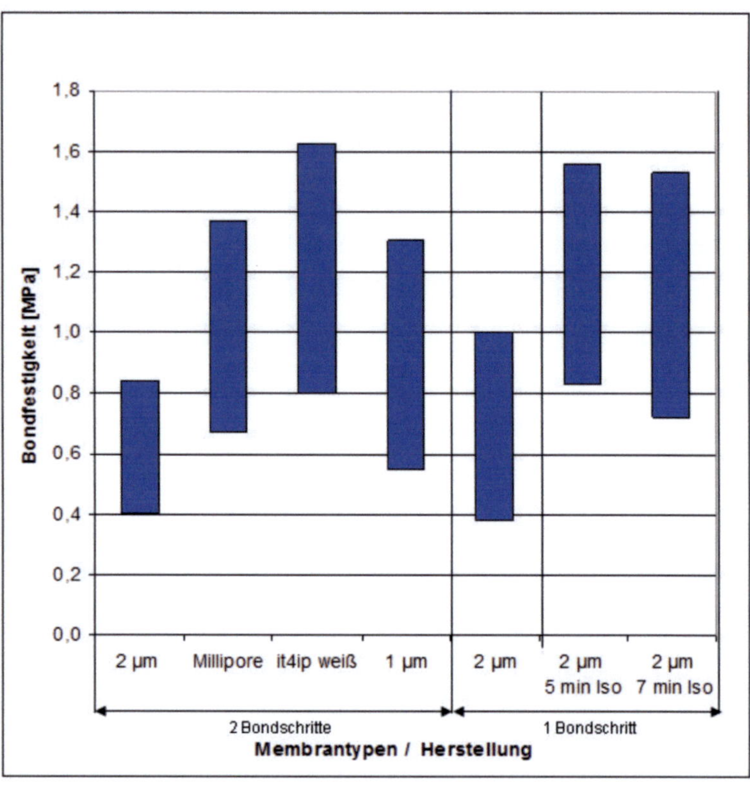

Abbildung 4.24: Bondfestigkeiten angegeben in Mittelwert ± Standardabweichung für verschiedene Membranen und Herstellungsstrategien. Zugprüflinge werden bei (134°C; 10 kN; 800s) gebondet.

Abbildung 4.25[31] zeigt Zugprüfungen mit verschiedenen Bondparametersets und einen Vergleich zu den Mikrofluidikchips. Bei allen Proben wird die Millipore Membran eingesetzt. Bei den Zugversuchen der über Glasübergangstemperatur gebondeten Bauteile, müssen drei von sechs Messwerten verworfen werden. Die Klebung reißt bei nicht repräsentativen Werten. Im Diagramm ist wiederum Mittelwert ± Standardabweichung der Bondfestigkeit gezeigt. Im Diagramm er-

---

[31] Datengrundlage in Anhang G.2

kennt man, dass es für die Parametersets keine Überschneidungen in dem durch die Standardabweichung begrenzten Raum um den Mittelwert gibt. Die Bondfestigkeiten bei (138°C; 13 kN; 800s) ist besser als diejenige von Zugprüflingen gebondet bei (134°C; 10 kN; 800s). Im Mittel erhöht sich die Bondfestigkeit um 142%. Über Glasübergangstemperatur gebondete Zugprüflinge zeigen eine noch höhere Bondfestigkeit. Im Mittel verbessert sich die Bondfestigkeit gegenüber (134°C; 10 kN; 800s) um 286%, gegenüber (138°C; 13 kN; 800s) um 59%. Mikrofluidikchips und Zugprüflinge verhalten sich vergleichbar. Der Mittelwert der Messungen weicht um 17% ab.

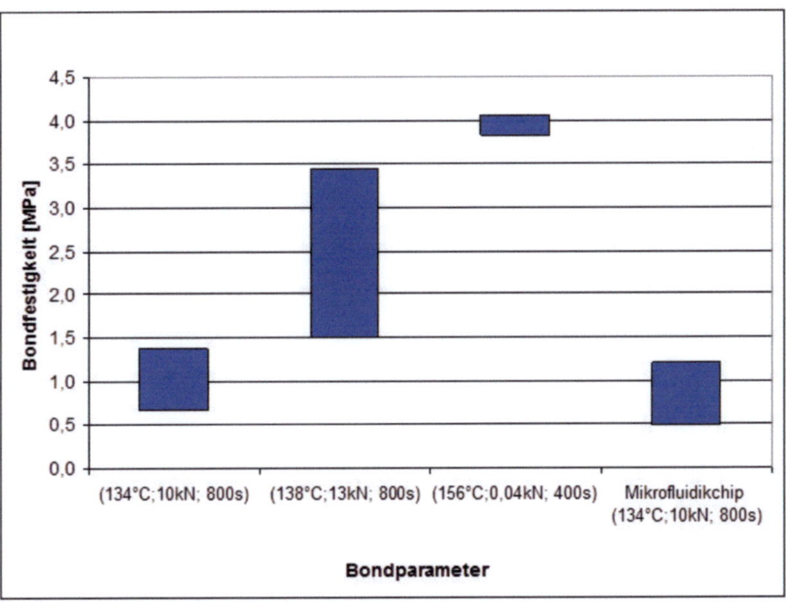

Abbildung 4.25: Bondfestigkeiten als Mittelwert ± Standardabweichung für verschiedene Parametersets und im Vergleich zu Mikrofluidikchips.

Tabelle 6 vergleicht die gemessene mittlere Bondfestigkeit mit Literaturwerten. Üblicherweise wird in der genannten Literatur allerdings PMMA gebondet, welches aufgrund fehlender Alternativen hier zum Vergleich verwendet werden muss. Bondparameter von (134°C; 10 kN; 800s) sind im Rahmen dieser Arbeit die untere Grenze der eingesetzten Bondparameter. Die mittlere Bondfestigkeit dieses Parametersets, entspricht bereits annähernd bekannten Literaturwerten für Polycarbonat. Bei einer Optimierung des Bondprozesses unterhalb der Glasübergangstemperatur wird die mittlere Bondfestigkeit im Vergleich zu Polycarbonat um 141%, im Vergleich zu PMMA immerhin um 65% erhöht. Über der Glasübergangstemperatur wird im Vergleich zu PMMA eine Verbesserung um 83% erreicht. Beim lösemittelunterstützen Thermobonden zeigen sich noch deutliche Potentiale im Vergleich zu Literaturwerten.

Die hier ermittelten Bondfestigkeitswerte für (138°C; 13 kN; 800s) mit 1,5-3,45 MPa entsprechen einem Druck von 15-34,5 bar. Zieht man einen Vergleich mit der Flussraten-Druck-Relation in Abbildung 4.23, sollten diese Bauteile mit Flussraten > 40 ml/min defektfrei betrieben werden können. In der Anwendung zeigt sich jedoch, dass dies nicht der Realität entspricht.

Tabelle 6: Vergleich der mittleren Bondfestigkeit zwischen Literaturwerten und Messwerten. Die Messwerte für das lösemittelunterstütze Thermobonden stammen aus ersten Versuchen und zeigen noch deutliche Verbesserungspotentiale.

Mittlere Bondfestigkeit [MPa]	Literatur[32]	Gemessen[33]
Unter Glasübergangstemperatur	1,03 (PC) 1,5 (PMMA)	1,02 (134°C) 2,48 (138°C)
Über Glasübergangstemperatur	2,15 (PMMA)	3,94
Lösemittelunterstützt	23,5 (PMMA) 34,6 (COC)	1,19

4.2.5.4 Bersttests

Um möglichst realitätsnahe Bondfestigkeiten zu ermitteln, werden zusätzlich Bersttests mit den Mikrofluidikchips durchgeführt. Mit Hilfe der Bersttests kann der maximale Relativdruck ermittelt werden, dem ein Bauteil standhält. Insgesamt werden 113 Mikrofluidikchips getestet. Als Medium wird ebenfalls Wasser eingesetzt. Der Aufbau für die Bersttests ist großteils analog zum Druckmessaufbau (vgl. Kapitel 4.2.5.2 und Anhang E). Die Mikrofluidikchips werden allerdings rückwärtig nicht an die Spritzenpumpe angeschlossen [137]. Stattdes-

---

[32] Für die entsprechenden Referenzen wird auf Kapitel 4.2.5.1 verwiesen. Materialien in Klammern.

[33] Als Membran wurde wo möglich die Millipore Membran als Referenz ausgewählt, da diese in den Mikrofluidikchips für die Stammzelldifferenzierung Version Eins verbaut ist.

sen werden die Ausgangsschläuche des Mikrofluidikchips nach dem Befüllen abgeklemmt. Im Rahmen der Bersttests werden entsprechend nur zwei Spritzen und zwei Drucksensoren eingesetzt [137]. Es werden zwei Harvard Apparatus PHD Ultra Spritzenpumpen eingesetzt, jeweils eine pro Fluidikkreislauf. Die Spritzengröße, Schlauchlängen und Schlauchdurchmesser spielen im Rahmen der Bersttests eine untergeordnete Rolle, da der Druck langsam im Chip aufgebaut wird, bis die Bondverbindung nachgibt. Die Spritzengröße (60 ml- oder 5 ml-Spritzen) wird entsprechend je nach Qualität der Bondverbindung ausgewählt. Bei hohem Druck ist die Verwendung von schraubbaren Luer-Anschlüssen vorteilhaft. Können Steckverbindungen nicht vermieden werden, werden sie mit Klebstoff verstärkt.

Alle Versuche werden mit einer Flussrate von 0,5 ml/min durchgeführt. Die Daten werden mittels LabVIEW aufgezeichnet. Der Druck im Bauteil steigt zuerst langsam und gleichmäßig an und fällt beim Defekt der Bondverbindung rasch ab. Als Berstdruck wird der Maximaldruck gewählt und in einen Absolutdruck umgerechnet. Berstdrücke von $\leq 0,50$ bar (13 Messwerte) werden bei der Auswertung ausgeschlossen, da offensichtlich ein Fehlverhalten vorliegt. Von den ausgewerteten 100 Berstversuchen werden 95 mit Mikrofluidikchips zur Stammzelldifferenzierung in Version Eins und Zwei gemacht. Es werden Millipore und teilperforierte Membranen eingesetzt. Mit PDMS-Bauteilen werden fünf Berstversuche durchgeführt. Diese werden erst am Ende des Kapitels aufgegriffen.

Die Millipore und die teilperforierten Membranen werden analog zu Kapitel 4.2.5.3 bei Bondparametern von (134°C; 10 kN; 800s) verglichen, Anhang H.1. Die Messreihen bestehen aus vier beziehungsweise fünf Bersttests. Es zeigt sich, dass die Millipore Membran stärker streut, ansonsten sind die Berstdrücke vergleichbar. Eine Anpassung der Messwerte ist somit nicht erforderlich.

4.2.5.4.1 Einfluss der Bondparameter auf die Bondstabilität

Abbildung 4.26 zeigt alle Messwerte der Mikrofluidikchips zur Stammzelldifferenzierung. Die Messwerte werden in Gruppen dargestellt. In der Legende sind die Parameterfelder aufgeführt. Die Gruppen werden auf der Y-Achse aufsteigend, mit steigender angenommener Bondfestigkeit angetragen. (134°C; 10 kN; 800s) wird entsprechend an unterster Stelle angetragen. Die Langzeitbondversuche basieren auf einem Bondprozess bei (138°C; 13 kN; 800s) mit anschließender zweiter Stufe bei 120°C (vgl. Kapitel 4.2.1.3). Aus diesem Grund sind sie über den reinen (138°C; 13 kN; 800s) Bondversuchen angeordnet. 145 und 146°C werden zusammengefasst[34]. In der 150°C Gruppe sind die beiden höchsten Messwerte bei 0,4 bzw. 0,8 kN, die restlichen bei 1 kN gebondet. Ein Zusammenhang der Bondkraft zum Berstdruck lässt sich jedoch nicht erkennen.

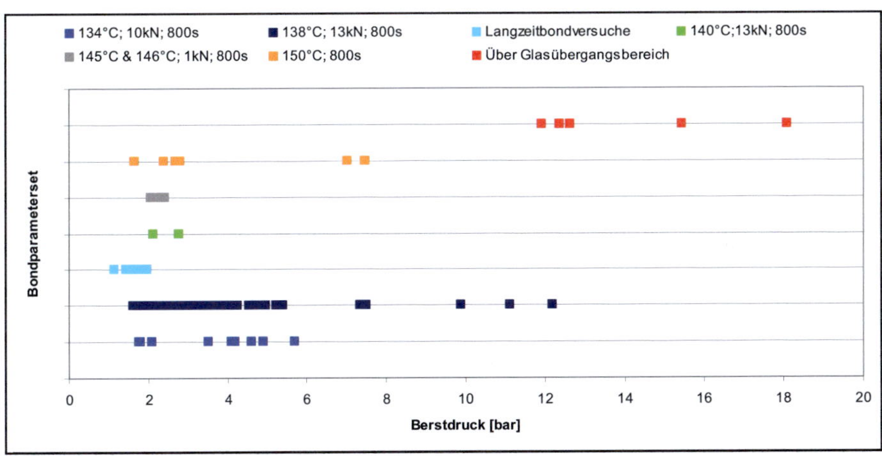

Abbildung 4.26: Absoluter Berstdruck der gemessenen Mikrofluidikchips zur Stammzelldifferenzierung. Die Messwerte sind in Gruppen nach den Bondparametern klassiert. Auf der Y-Achse werden die Gruppen mit aufsteigender erwarteter Bondfestigkeit angetragen.

---

[34] Im Rahmen der früher diskutierten Temperiergenauigkeit der Anlagen scheint dies zulässig.

Aus Abbildung 4.26 ist ersichtlich, dass die Messwerte stark streuen. Mit zunehmender Anzahl scheint die Streuung zudem zuzunehmen. Auffällig ist, dass beispielsweise ein Messwerte für (134°C; 10 kN; 800s) über dem Großteil der (138°C; 13 kN; 800s) Werten liegt. Betrachtet man wie oben den Mittelwert ± die Standardabweichung im Balkendiagramm ergibt sich Abbildung 4.27. Es kann lediglich gezeigt werden, dass über Glasübergangstemperatur gebondete Bauteile, deutlich höheren Berstdrücken standhalten, als alle anderen Gruppen. Mikrofluidikchips gebondet bei (134°C; 10 kN; 800s), (138°C; 13 kN; 800s) und (150°C; 0,4-1 kN; 800s) sind vergleichbar. Die Langzeitversuche sind im Mittel 45% schlechter als (138°C; 13 kN; 800s). Diese Bondstrategie sollte also verworfen werden, da sie zeitaufwendig ist und keine Verbesserung der Bondfestigkeit erlaubt. Beim Bonden unter Glasübergangsbereich mit (134°C; 10 kN; 800s) und (138°C; 13 kN; 800s) beträgt die Standardabweichung 40% beziehungsweise 60% des Mittelwertes. Im Vergleich dazu beträgt die Standardabweichung beim über Glasübergangstemperaturbonden lediglich 19% des Mittelwerts. Möglicherweise liegt bei den Mikrofluidikchips ein Einflussfaktor aus der Produktion vor, der bei Zugprüflingen nicht auftrat und bei höheren Temperaturen weniger ins Gewicht fällt. Die 64 Messwerte für (138°C; 13 kN; 800s) können vor diesem Hintergrund nochmals analysiert werden. Zuvor werden die Ergebnisse jedoch mit der Flussraten-Druck-Relation abgeglichen.

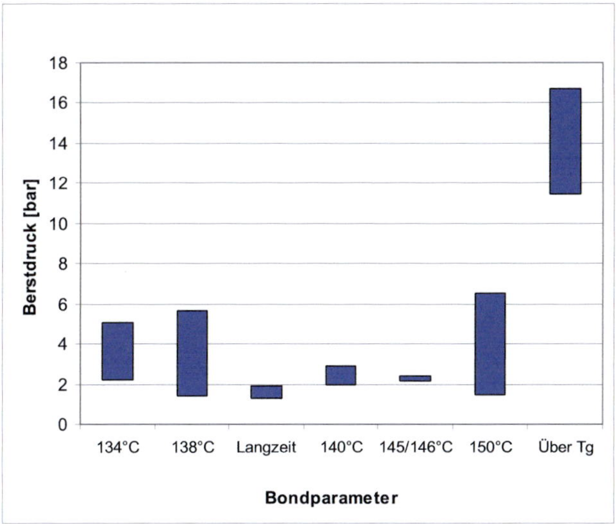

Abbildung 4.27: Mittelwert ± Standardabweichung von Bersttests bei verschiedenen Bondparametern. Auf der X-Achse werden die Gruppen mit aufsteigender erwarteter Bondfestigkeit angetragen.

In Abbildung 4.28 sind die Flussraten-Druck-Relation aus Kapitel 4.2.5.2 und Balken für verschiedene Parametersets gezeigt. Als Parametersets sind (134°C; 10 kN; 800s), (138°C; 13 kN; 800s) und bonden über der Glasübergangstemperatur angetragen. Der untere Grenzwert der Balkens stellt das 0,1-Quantil, der obere das 0,9-Quantil der jeweiligen Messreihe dar. Das heißt, dass sich in dem Bereich des Balkens jeweils 80%, also ein Großteil der Messwerte befinden. Jeweils 10% der Messwerte liegen unter- und oberhalb des dargestellten Bereichs. Aus dem Vergleich ergibt sich, das Mikrofluidikchips gebondet bei (134°C; 10 kN; 800s) mit ≤ 2 ml/min betrieben werden sollten, um mit einer Wahrscheinlichkeit von 90% Defekten vorzubeugen. Im Mittel sind allerdings auch Flussraten von 15 ml/min defektfrei realisierbar. Bei (138°C; 13 kN; 800s) gebondete Mikrofluidikchips, können, bei einer Defektwahrscheinlichkeit von

10%, mit Flussraten von ≤ 3 ml/min betrieben werden. Im Mittel können sie e-benfalls mit Flussraten von 15 ml/min betrieben werden. Über Glasübergangs-temperatur gebondete Bauteile können, bei einer Defektwahrscheinlichkeit von 10% mit > 40 ml/min betrieben werden.

Nimmt man für den manuellen Betrieb eine Flussrate von 25 ml/min an, zeigt sich, dass Bauteile, die über Glasübergangstemperatur gebondet werden eine Defektwahrscheinlichkeit von 0% aufweisen. Solche Mikrofluidikchips können entsprechend bedenkenlos manuell befüllt und gespült werden. Werden die Mikrofluidikchips dagegen unter Glasübergangstemperatur gebondet, liegt die Defektwahrscheinlichkeit bei 84%. Ein manueller Betrieb von unter Glasüber-gangstemperatur gebondeten Mikrofluidikchips sollte entsprechend vermieden werden.

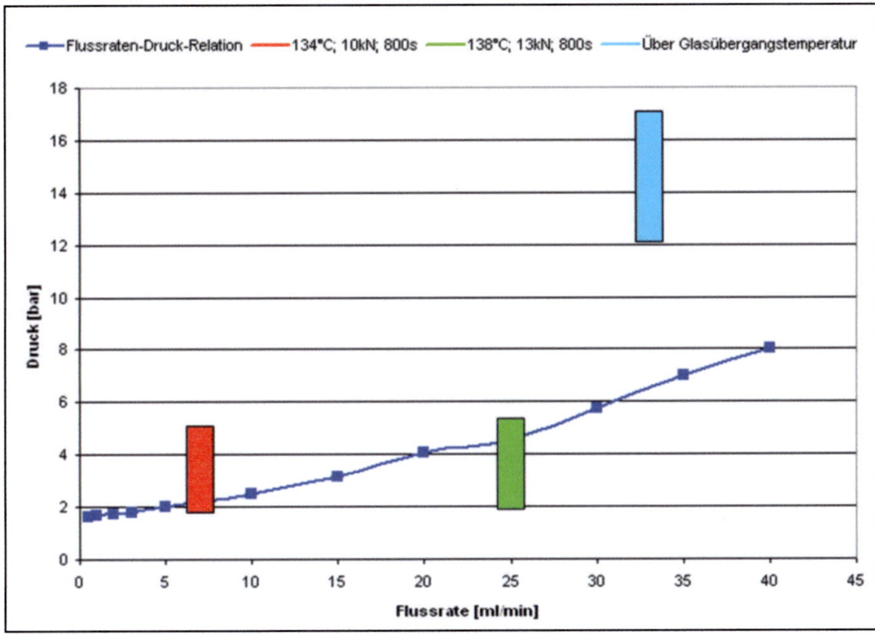

Abbildung 4.28: Flussraten-Druck-Relation im Vergleich zu Berstdrücken, dargestellt als Balken. Als Berstdrücke sind jeweils 80% der Messwerte für die Bondparameter (134°C; 10 kN; 800s), (138°C; 13 kN; 800s) und über Glasübergangstemperatur angetragen. Der untere Grenzwert der dargestellten Balken entspricht dem 0,1-Quantil, der obere dem 0,9-Quantil.

4.2.5.4.2 Einfluss der Planparallelität auf die Bondstabilität

Um den Einfluss der Planparallelität auf die Bondfestigkeit zu untersuchen werden die 64 Messwerte für (138°C; 13 kN; 800s) analysiert. Alle Bauteile werden nach dem Abformen vermessen (Messstellen Anhang B.2). Um ein Qualitätsmaß für die Planparallelität beim Thermobondprozess zu erhalten werden die Messstellen des Kammer- und Mischerteils die nach dem Zusammenbau aufeinander aufliegen ausgewählt. Insgesamt gibt es zehn solcher Stellen. Die Messwerte an diesen jeweils zehn Stellen werden summiert. Von den summierten

Messwerten wird nach Formel 4.2 die Abweichung der Bauteildicke berechnet. Der Berstdruck wird ins Verhältnis zur Abweichung der Bauteildicke des zusammengebauten Mikrofluidikchips vor dem Thermobondprozess gesetzt, Abbildung 4.29. Der Mittelwert der Abweichung der Bauteildicke beträgt 80 µm und ist in rot im Diagramm gezeigt. Man erkennt, dass sich Mikrofluidikchips mit hoher Bondfestigkeit unterhalb des Mittelwertes befinden. Allerdings weisen durchaus nicht alle Mikrofluidikchips mit einer geringen Abweichung der Bauteildicke, auch eine hohe Bondfestigkeit auf. Ein Balkendiagramm mit Mittelwert ± Standardabweichung der Werte wird in Abbildung 4.30 gezeigt. Es zeigt sich eine vergleichbare Bondfestigkeit mit einer größeren Streuung für überdurchschnittlich planparallele Mikrofluidikchips. Eine Verbesserung der Bondfestigkeit abhängig von der Planparallelität kann entsprechend nicht festgestellt werden. Die hier betrachteten Bauteile weisen im Mittel eine Abweichung der Bauteildicke von 50 µm im Kammerteil und 70 µm im Mischerteil auf.

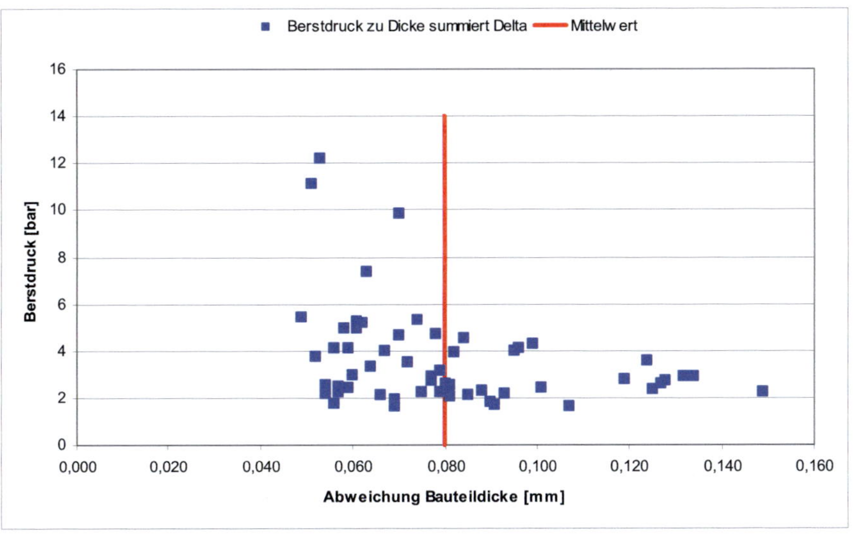

Abbildung 4.29: Berstdruck in Abhängigkeit von der Abweichung der Bauteildicke im zusammengebauten Mikrofluidikchip. Der Mittelwert der Abweichung der Bauteildicke ist in rot eingezeichnet.

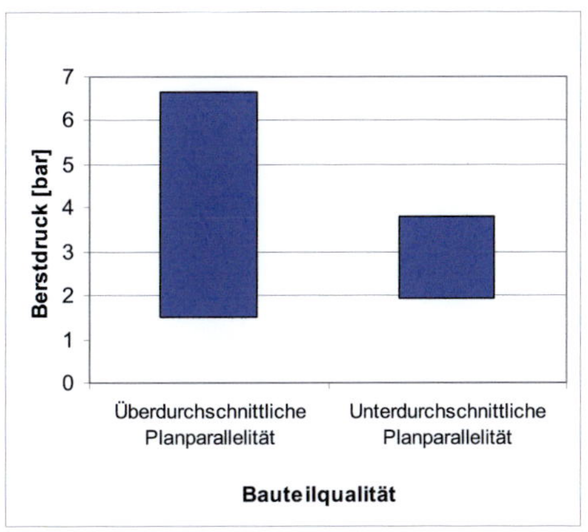

Abbildung 4.30: Berstdrücke als Mittelwert ± Standard für Bauteile mit überdurchschnittlicher und unterdurchschnittlicher Planparallelität vor dem Thermobondprozess.

4.2.5.4.3 Bondfestigkeit von PDMS-Bauteilen

Die fünf PDMS Mikrofluidikchips zeigen eine mittlere Bondfestigkeit von 0,358 ± 0,038 MPa. Hier beträgt die Standardabweichung prozentual lediglich 11% des Mittelwertes. Die getesteten Bondverbindungen zeigen also eine gleich bleibende Qualität. Im Vergleich zur Literatur liegt dieser Wert am oberen Ende dessen, was Sia & Whitesides (2003) [57] zusammenfassend für irreversible Bonds angeben. Gleichzeitig lässt sich die Bondverbindung nach dem Versuch gut lösen (vgl. Kapitel 5.4). Die hohen Bondfestigkeitswerte von Eddings et al. (2008) [102] von PDMS auf PDMS mit 0,67 MPa können allerdings nicht erreicht werden. Ein Vergleich zur Flussraten-Druck-Relation der Mikrofluidikchips zur Stammzelldifferenzierung zeigt, dass die Flussrate für Wasser auf 15 ml/min beschränkt werden sollte. Der Vergleich sollte allerdings aufgrund des anderen Materials und anderer Medien nicht als absolut angesehen werden. Mit Ethanol lässt sich beispielsweise eine Flussrate von 60 ml/min defektfrei realisieren [133]. Zum Vergleich: der Mikrofluidikchip wird bei dieser Flussrate ~400 mal pro Minute vollständig durchspült. Bei Verwendung der viskoseren Polymerisationslösungen, deckt sich der Wert von 15 ml/min allerdings mit Erfahrungen aus der Anwendung (vgl. Kapitel 5.4).

4.3 Endbearbeitung

Im folgenden Kapitel wird auf die Endbearbeitung der Mikrofluidikchips eingegangen. Neben der Herstellung des fluidischen Kontaktes zur Außenwelt, muss
im Rahmen der Endbearbeitung auch die Beobachtbarkeit der biologischen Vor-
gänge im Mikrofluidikchip sichergestellt werden. Zu Beginn werden die
Mikrofluidikchips zur Stammzelldifferenzierung in Version Eins und zwei betrachtet. Anschließend wird auf die Endbearbeitung des Mikrofluidikchips für
das Metabolic Engineering eingegangen. Das Kapitel schließt mit der Endbearbeitung des Mikrofluidikchips zur Herstellung von Porengradientenfilmen.

4.3.1 Endbearbeitung Mikrofluidikchips zur Stammzelldifferenzierung
      Version Eins

Bei diesen Mikrofluidikchips werden Adaptoren zum Kontakt mit der Außenwelt benötigt.
Diese werden zuerst auf den Mikrofluidikchip
geklebt. Die Anschlüsse werden in den bereits
aufgeklebten Adaptor eingeklebt. Zu Beginn
werden Adaptoren aus PMMA mit eingeklebten

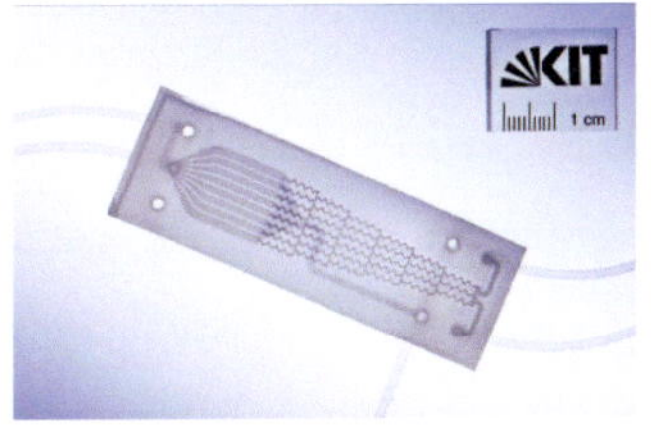

Kapillarstahlrohren verwendet [114]. Da an den Kapillarstahlrohren Bestandteile
der biologischen Nährlösung auskristallisieren [139], werden sie durch Kunst-
stoffschläuche ersetzt. Im Folgenden werden PSU-Schläuche der Firma LHG-
Laborgeräte Handelsgesellschaft mbH (Außendurchmesser 2,1 mm; Innendurchmesser 1,5 mm) integriert. Die Schläuche werden mit dem UV-Klebstoff
1187-M der Firma DYMAX Europe GmbH geklebt und mit UHU Sofortfest
nachgeklebt. An den Schläuchen kommt es während der Anwendung in ~30%
der Fälle zu einem Ausfall der Klebeverbindung [140]. Aus diesem Grund wer-

den Zugproben an einer Mikrozugprüfanlage (Mikrotester der Firma Microtronic GmbH) durchgeführt. Die maximale Belastung der eingebauten Komponenten beträgt 5 kg, danach bricht das Programm den Versuch ab. Es werden Zugprüfungen mit verschiedenen Materialien und Klebstoffen durchgeführt. Zudem werden Adaptoren mit Stufenbohrungen getestet. Diese zeigen vergleichsweise schlechtere Klebefestigkeiten und sind in der Herstellung komplizierter als andere Adaptoren. Adaptoren mit Stufenbohrungen sollten entsprechend nicht eingesetzt werden. Daneben werden Adaptoren aus PMMA und PC getestet. Als Schlauchmaterialien werden PSU und PA eingesetzt. Als Klebstoffe werden lediglich UV Klebstoffe getestet[35]. Neben dem 1187-M, werden die Klebstoffe 1120-M-UR und 1161-M ebenfalls von der Firma DYMAX Europe GmbH getestet. Ein Zugprüftestteil zeigt Abbildung 4.31. PMMA zeigt gemittelt über alle Versuche, eine schlechtere Verbindungsfestigkeit als PC. Adaptoren aus PC sind entsprechend vorteilhaft für die Verbindungsfestigkeit. Für diese ergibt sich für PA als Schlauchmaterial die höchste Verbindungsfestigkeit mit dem Klebstoff 1161-M. In dieser Kombination wird die Maximallast der Zugprüfanlage erreicht. Bei PSU-Schläuchen ist die Verbindung insgesamt schlechter. Im Mittel werden lediglich 3,2 kg erreicht. Bei Verwendung des Klebstoffes 1187-M zeigen sich für PSU-Schläuche und PC Adaptoren die besten Werte von 4,05 kg. Für Nachfolgende Mikrofluidikchips werden entsprechend PC Adaptoren verwendet. Die vorhandenen PSU-Schläuche werden mit dem Klebstoff 1187-M geklebt. Für den Mikrofluidikchip zur Stammzelldifferenzierung in Version zwei wird die Verwendung von PA-Schläuchen eingeplant (vgl. Kapitel 4.3.2). Weiterhin werden alle Verbindungen zu den Schläuchen mit UHU Sofortfest nachgeklebt. Durch die Optimierung verringert sich die Ausfallquote auf 14% [141].

---

[35] Ein 2-Komponenten-Epoxid-Klebstoff 353 ND zeigte bereits bei Vorversuchen geringere Festigkeiten als UV-Klebstoffe

Abbildung 4.31: Zugprüftestteil

Zur Sicherstellung der Beobachtbarkeit der Zellen im Mikrofluidikchip müssen diese poliert werden. Zum Polieren wird Schleifpapier mit Körnungen von P 800, P 1200, P 2500 und P 4000[36] sowie Acrylglas Polier & Repair Paste ohne Wachs von der Firma burnus GmbH eingesetzt. Mikrofluidikchips mit nicht optimierter Transparenz müssen im Schnitt ~20 min poliert werden [114]. In Ausnahmefällen kann auch eine Polierzeit von bis zu 1 h notwendig sein. Mikrofluidikchips abgeformt mit einer teilpolierten Substratplatte können in lediglich ~10 min mit Polierpaste glasklar poliert werden.

4.3.2 Endbearbeitung Mikrofluidikchips zur Stammzelldifferenzierung Version Zwei

Bei den Mikrofluidikchips zur Stammzelldifferenzierung in der zweiten Version werden die Anschlüsse seitlich am Mikrofluidikchips realisiert. Auf Basis der Zugprüfungen wird ein Polyamid Schlauch ausgewählt. Dieser wird von der Firma rct Reichelt Chemietechnik GmbH & Co

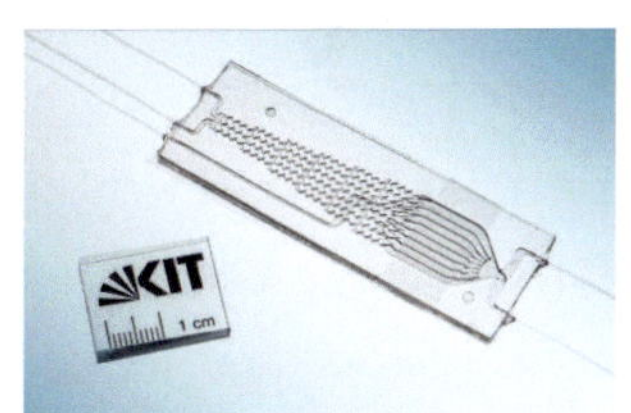

bezogen (Schlauchtyp: THOMAFLUID®-High-Med-PA-Schlauch für die Medizintechnik, halbstarr; Außendurchmesser: 0,63 mm; Innendurchmesser: 0,5 mm). Die Schläuche werden mit dem UV-Klebstoff 1161-M der Firma

---

[36] Nach FEPA – Standard

DYMAX Europe GmbH geklebt (vgl. Kapitel 4.3.1). Die Schläuche werden in die vorgesehenen Öffnungen eingeführt. Anschließend wird von außen ein Tropfen Klebstoff aufgebracht. Durch Kapillarkräfte wandert der Klebstoff am Schlauch entlang in die Öffnung des Mikrofluidikchips. Da sich die Klebstofffront teilweise sehr schnell bewegt, kann die Aushärtung mittels UV-Lampe bereits nach ~10 s gestartet werden. Alle Klebungen werden mit UHU Sofortfest nachgeklebt. Im Rahmen der Berstversuche ist die Ausfallrate für diese Klebestrategie < 2%.

Analog zur ersten Version muss die Beobachtbarkeit der Zellen sichergestellt werden. Mikrofluidikchips mit glasklarer Transparenz, abgeformt mit Chrom- oder geschliffenen Stahlsubstratplatten mit geringer Oberflächenrauheit, sind ohne Polieren für hochauflösende Zellmikroskopie verwendbar (vgl. Kapitel 5.3.1).

4.3.3 Endbearbeitung Mikrofluidikchips für das Metabolic Engineering

Bei dem Mikrofluidikchips für das Metabolic Engineering werden die Anschlüsse zu Beginn analog zum Mikrofluidikchip zur Stammzelldifferenzierung in Version Eins realisiert. Entsprechend werden PC Adaptoren und PSU-Schläuche eingesetzt. Im Rahmen einer NMR-Analyse werden neben den PSU-Schläuchen auch die sonst eingesetzten PA-Schläuche

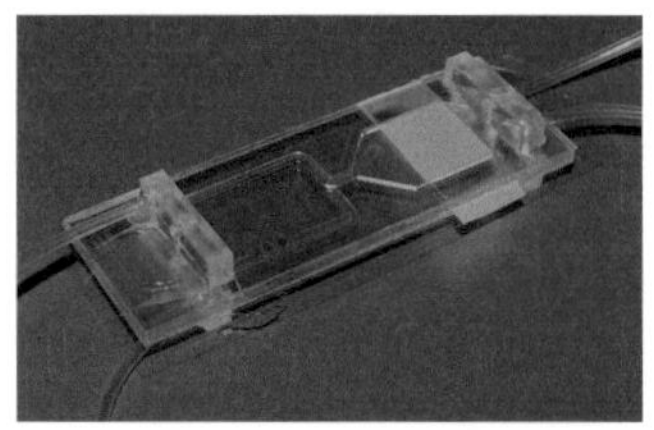

(vgl. Kapitel 4.3.2) analysiert. Es zeigt sich, dass die Hauptkomponente der PSU-Schläuche kein PSU sondern eine nicht näher bestimmbare aliphatische Substanz ist [49]. Für die PA-Schläuche ergibt sich ein vergleichbares Bild. Der Schlauch ist nicht wie zu erwarten in Chloroform löslich. Es ist nicht möglich PA überhaupt mit Sicherheit nachzuweisen. Lediglich eine Vielzahl von

Weichmachern kann detektiert werden [49][37]. Beide Schlauchmaterialien sind als biologisch bedenklich einzuschätzen [49]. Als Schlauchmaterial wäre PTFE vorzuziehen. Dieses lässt sich beispielsweise über Quetschverbindungen befestigen, da es sich kaum kleben lässt [49].

Für die Mikrofluidikchips wird ein anderer Ansatz gewählt. PTFE Schläuche der Firma rct Reichelt Chemietechnik GmbH & Co (Schlauchtyp: Thomafluid®-PTFE-Chemieschlauch; Außendurchmesser: 3,5 mm; Innendurchmesser: 2,5 mm) werden auf einen Schraubverbinder aus PVDF (Typ: Thomafluid®-Mini-Einschraubstück), ebenfalls von der rct Reichelt Chemietechnik GmbH & Co aufgesetzt. Die Schraubverbinder werden anschließend in Adaptoren mit passender Gewindebohrung geschraubt. Bei Bedarf können zusätzlich Dichtringe eingesetzt werden[38]. Abbildung 4.32 zeigt einen angepassten Adaptor mit den Schraubverbindern und PTFE Schläuchen. Die Schraubverbindungen mit Dichtringen sind bis zu einer Flussrate von 25ml/min vollständig dicht. Fertigungstechnisch günstiger, können auf der Oberseite der Mikrofluidikchips auch kleinere Adaptoren mit durchgängiger Gewindebohrung eingesetzt werden[39].

Analog zu den Mikrofluidikchips zur Stammzelldifferenzierung muss die Beobachtbarkeit der Zellen sichergestellt werden. Mikrofluidikchips die an der Wickert mit teilpolierter Stahlsubstratplatte abgeformt werden, werden lediglich 5 min mit Polierpaste poliert. Damit sind hochauflösende Zellaufnahmen möglich.

---

[37] Eine entsprechende Nachfrage bei rct Reichelt Chemietechnik GmbH & Co trägt nicht zur Klärung der Materialzusammensetzung bei.

[38] Hinweis durch Dipl.-Ing. Marc Schneider

[39] Idee und Unterstützung bei der Umsetzung durch Dipl.-Ing. Marc Schneider.

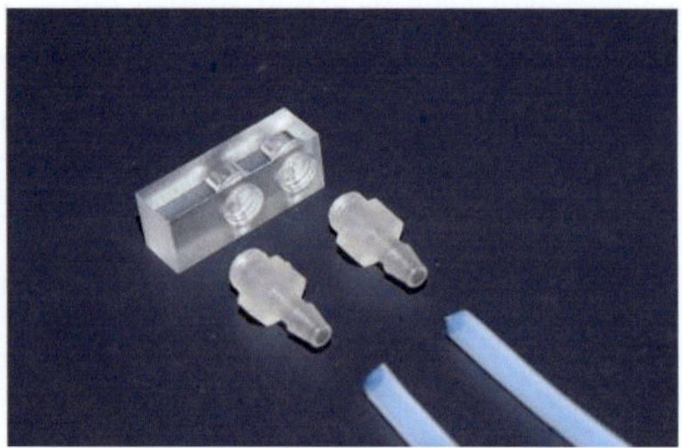

Abbildung 4.32: Adaptoren mit einer Gewindebohrung für Schraubverbinder zum Anschluss an einen PTFE Schlauch. Links sind alle Komponenten einzeln gezeigt.

4.3.4 Endbearbeitung Mikrofluidikchip zur Herstellung von Porengradientenfilmen

Zu Beginn werden Bauteile aus dem Aluminium-testwerkzeug (vgl. Kapitel 4.1.4) verwendet. Diese haben analog zum Mikrofluidikchip zur Stammzelldifferenzierung seitliche Anschlüsse. Die Anschlüsse werden mit dem PA-Schlauch der Firma Reichelt Chemietechnik GmbH & Co (vgl. Kapitel 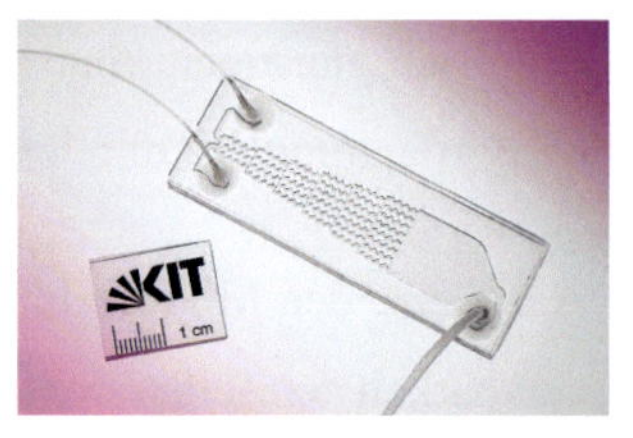 4.3.2) bestückt. Mit Hilfe des UV-Klebstoffes 1187-M der Firma DYMAX Europe GmbH kann eine Haftung am Glasobjektträger realisiert werden, die im Anschluss durch eine Klebung mit Silikon (beispielsweise mit DuroBond Silikon der Firma Henkel AG & Co. KGaA, Silikon FD plast A der Firma COMPACT Technology GmbH oder mit PDMS) ergänzt wird. Dieses Vorgehen ist jedoch langwierig, da eine Aushärtezeit von mindestens 12 h an Luft (für die beiden Silikone) oder im Ofen (für PDMS) erforderlich ist. Die Verbindungsfestigkeit ist zudem gering und die Schläuche lösen sich leicht. Stattdessen wird der

Sekundenkleber Loctite 406 der Firma Henkel AG & Co. KGaA verwendet. Die Haltbarkeit des Klebstoffes ist ausgezeichnet. Allerdings härtet er nicht schnell genug aus. Dies führt bei 50% der Versuche zu einem Kanalverschluss im Mikrofluidikchip. Mit Hilfe des Silikonklebers BEST-Silikon 301[40] von der Firma Best Klebstoffe GmbH & Co KG kann eine hohe Verbindungsfestigkeit erreicht werden und es kommt nicht zum Kanalverschluss [132]. Da eine Aushärtezeit von 24 h notwendig ist, erweist sich allerdings auch hier eine Vorfixierung der Schläuche als unverzichtbar.

Aufgrund der beschriebenen Herausforderungen beim Bestücken der Mikrofluidikchips werden die angepassten Formeinsätze mit Anschlüssen durch den Mikrofluidikchip versehen (vgl. Kapitel 4.1.4). Bei diesen werden an den Zuflüssen PA-Schläuche und am Abfluss ein PSU-Schlauch [133] (vgl. Kapitel 4.3.1) der Firma LHG-Laborgeräte Handelsgesellschaft mbH integriert. Die Schläuche werden in Ethanol eingetaucht [133] und in die ausgestanzten Zugänge eingeführt. Durch die Elastizität des PDMS Mikrofluidikchips müssen die Schläuche nicht mehr vorfixiert werden. Die Schläuche werden mit BEST-Silikon 301 geklebt. Die Schläuche werden ihrerseits mit passenden Dosiernadeln der Firma EFD Nordson bestückt, welche mit UHU Sofortfest fixiert werden [133]. Der PSU-Schlauch weist einen Innendurchmesser von 1,5 mm auf. Dies führt zu einer Druckentlastung im Mikrofluidikchip in der Anwendung [133]. Daneben können durch den größeren Schlauch Luftblasen deutlich einfacher entfernt werden [133]. Die PA-Schläuche knicken beim Einbau leicht und sollten durch flexiblere Schläuche ersetzt werden [133].

Die Transparenz dieses Mikrofluidikchips ist bereits materialbedingt ausreichend. Es zeigt sich allerdings, dass die Mikrofluidikchips nach der Fertigstellung offen in einem klimatisierten Labor gelagert werden sollten [133]. Bei La-

---

[40] Hinweis von Dr. Thomas Hahn von der Christian Bürkert GmbH & Co. KG

gerung in geschlossenen Boxen, leidet die Qualität der Bondverbindung und es kommt vermehrt zu Bauteilausfällen [133]. Die Mikrofluidikchips werden grundsätzlich vor der Verwendung sieben Tage ausgelagert (vgl. Kapitel 2.2.2), um die Ausbildung der endgültigen mechanischen und elektrischen Eigenschaften [55] abzuwarten [133].

5 Anwendung des Mikrofluidikchips

Im folgenden Kapitel werden die Anwendungen der verschiedenen Mikrofluidikchips dargestellt. Da für die Hydrodynamik vorwiegend die Struktur der Mikrofluidikchips ausschlaggebend ist, werden die Mikrofluidikchips hier nach der Ähnlichkeit der Strukturierung angeordnet. Der Mikrofluidikchip für das Metabolic Enginnering ist den übrigen nachgeordnet, da in diesem Mikrofluidikchip kein Mikromischer integriert ist. Zu Beginn wird bauteilübergreifend eine Charakterisierung des Mikromischers gegeben. Anschließend werden die Anwendungen des Mikrofluidikchips zur Stammzelldifferenzierung in Version Eins und Zwei dargestellt. Gefolgt von der Herstellung von Porengradientenfilmen mit Hilfe des PDMS-Mikrofluidikchips. Die Anwendung des Mikrofluidikchips für das Metabolic Engineering ist abschließend zusammengefasst. Flussraten beziehen sich im Folgenden durchwegs, wie zuvor, auf die Flussrate pro Spritze. Die Anwendung der Mikrofluidikchips wird iterativ und fortlaufend in Zusammenarbeit mit den jeweiligen Kooperationspartnern verbessert. Anforderungen und Erkenntnisse aus der Anwendung werden sukzessive in der Herstellung der Mikrofluidikchips umgesetzt.

5.1 Charakterisierung Mikromischer

Klassisch unterscheidet man in der Hydrodynamik zwischen laminarer ($Re < 2300$) und turbulenter Strömung ($Re > 2300$). Im Makrobereich wurde die Transition von laminarer zu turbulenter Strömung umfangreich untersucht [142, 143]. Für Mikrokanäle wird dieser Übergangsbereich lediglich in einigen wenigen Arbeiten behandelt, da turbulente Strömungen in der Regel durch die Kanaldimensionen verhindert werden. Insbesondere für Mischprozesse in Mikrosystemen, welche bei laminarer Strömung vorwiegend über Diffusion realisiert werden, ist dieser Übergangsbereich von Interesse. Im Folgenden sind einige Veröffentlichungen zusammengefasst, die den Einfluss dieser Übergangsphase auf die Vermischbarkeit von Fluiden in Mikrosystemen analysieren. Mengeaud et al. (2002) [144] zeigen in 100 μm breiten Zickzackkanälen diffusionsbedingte (vgl. Kapitel 2.4) Mischung für Re < 80 mit einem Mischgrad von 80%. Erhöht man die Reynoldszahl, kann die Mischung durch Faltung von Flüssigkeitsströmen an den Zickzackstrukturen, bis zu einem Mischgrad von 98,6% verbessert werden. Diese Ergebnisse können in vergleichbaren Studien am IMT im Vorfeld dieser Arbeit bestätigt werden [145]. Pannella et al (2012) [146] erreichen eine 80%-ige Mischung durch Sekundärflusseffekte bereits bei Reynoldszahlen von 70 in einem fluidisch optimierten Mikromischer. Im Folgenden wird eine Mischung bei höheren Reynoldszahlen, im Vergleich zur diffusiven Mischung bei niedrigen Reynoldszahlen, als konvektive Mischung bezeichnet. Zusammenfassend lässt sich sagen, dass Vermischung in Mikrosystemen entweder klassisch durch Diffusion und in Sonderfällen auch durch Konvektion erreicht werden kann. Sowohl diffusive wie auch konvektive Mischung treten bei laminarer Strömung auf. Die Mischbarkeit durch Diffusion hängt von der angelegten Flussrate und dem Diffusionskoeffizienten[41] der gelösten Stoffe ab (vgl. Formel 2.5). Diffusive Mischung wird in der Regel in Mikrokaskadenmischern eingesetzt [10, 11]. Sie ist lediglich bei niedrigen Flussraten möglich, da die Verweilzeit im Kanal ausreichen muss, um eine homogene Mischung mittels Diffusion sicherzustellen. Die Diffusionskoeffizienten vieler biologisch interessanter Stoffe sind zudem nicht bekannt. Konvektive Mischung hängt lediglich von der Reynoldszahl ab, sie wird durch eine Zunahme von Sekundärströmungseffekten [146, 147] bei höheren Flussraten ausgelöst.

---

[41] Der Diffusionskoeffizient kann bei Bedarf über die Temperatur beeinflusst werden (vgl. Formel 2.3 und 2.4). Bei steigender Temperatur steigt auch der Diffusionskoeffizient. Allerdings wird zumindest in biologischen Experimenten die anzulegende Temperatur in der Regel durch die eingesetzten Zellen determiniert.

Im Rahmen dieser Arbeit werden lediglich Mikrokaskadenmischer mit sechs Kaskaden und zwei Einlässen eingesetzt. Solche Mikromischer, bilden bei homogener Vermischung der Fluide pro Kaskade, einen linearen Verlauf des Gradients am Ende der letzten Mischerkaskade aus. Dieser präferierte Verlauf des Gradients wird als linearer Gradient bezeichnet. Die in diesem Kapitel diskutierten Untersuchungen[42], basieren alle auf einem Mikrokaskadenmischer mit sechs Kaskaden, zwei Einlässen und einer Kanalhöhe von 680 μm. Dieser Mikromischer wird im Mikrofluidikchip zur Stammzelldifferenzierung Version Zwei und den Mikrofluidikchips zur Herstellung der Porengradientenfilme eingesetzt. Turbulenzen sollten im vorliegenden Mikromischer bei der Verwendung von Wasser, ab einer Flussrate von 112 ml/min auftreten und sind somit nicht relevant. Erste Untersuchungen mit dem Mikromischer im diffusiven Bereich werden im Rahmen der Anwendung des Mikrofluidikchips zur Stammzelldifferenzierung in Version Eins durchgeführt [148] (vgl. Kapitel 5.2).

Zur Charakterisierung des Mikromischers wird neben zahlreichen Flussversuchen, die rein visuell beobachtet werden, die μLIF[43] (Englisch: microscopic-Laser-Induced-Fluorescent) Technik [149] eingesetzt. Die μLIF-Technik erlaubt die Visualisierung von Fluidströmen über Fluoreszenzpartikel. Alle Untersuchungen werden entweder mit Wasser, Ethanol oder Isopropanol als Testflüssigkeit durchgeführt. Ethanol und Isopropanol werden gewählt um Luftblasen zu vermeiden. Tabelle 7 fasst die Dichte und die Viskosität der Testflüssigkeiten und der Polymerisationslösungen zur Herstellung der Porengradientenfilme zusammen. Bei Flussversuchen werden Rhodamin B (Diffusionskoeffizient

---

[42] Hydrodynamische Untersuchungen werden mit Unterstützung von Hr. Rodrigo Segura, Dr. Massimiliano Rossi und Prof. Dr. Christian Kähler vom Institut für Strömungsmechanik und Aerodynamik von der Universität der Bundeswehr, München durchgeführt.

[43] μLIF Messungen werden am Institut für Strömungsmechanik und Aerodynamik von der Universität der Bundeswehr, München durchgeführt und ausgewertet. Die Interpretation erfolgt in Gesprächen mit Dr. Massimiliano Rossi.

420 µm²/s [150]) und Methyl Blue (Diffusionskoeffizient: 300 µm²/s [151]) zum Färben von Lösungen verwendet. Die Ergebnisse werden photographisch dokumentiert. Bei den µLIF-Messungen wird Rhodamin B als Fluoreszenzmarker verwendet. Das Versuchsprotokoll der µLIF-Technik ist in der Literatur beschrieben [146]. Die Messungen werden mit Hilfe eines Leica M165 FC Fluoreszenzmikroskops, ausgestattet mit einer Imager sCMOS Kamera (LaVision GmbH), realisiert. Bei allen Untersuchungen werden die Mikrofluidikchips mit einer Harvard Apparatus Spritzenpumpe entweder vom Typ PHD 2000 oder PHD Ultra betrieben. Auf diese Pumpen werden zwei Spritzen aufgebaut, die mit identischer Flussrate entleert werden. Das beobachtete diffusive Verhalten muss unter Einbeziehung des Diffusionskoeffizienten interpretiert werden. Das konvektive Verhalten hängt lediglich von der Reynoldszahl ab. Daher können die Ergebnisse von einer Testflüssigkeit näherungsweise auf eine andere Flüssigkeit skaliert werden:

$$Re_1 = Re_2 \tag{5.1}$$

$$Q_1 = \frac{\delta_2}{\delta_1} \frac{\eta_1}{\eta_2} Q_2$$

Re	Reynoldszahl	[ ]
ρ	Dichte	[kg/m³]
Q	Flussrate	[m³/s]
η	Dynamische Viskosität	[Pas]

Im Folgenden wird zu Beginn die Charakterisierung des Mikromischers bei Injektion eines Fluids mit zugesetzten Substanzen dargestellt, anschließend wird auf die Verwendung des Mikromischers mit zwei verschiedenen Fluiden eingegangen.

Tabelle 7: Dichte und Viskosität der Testflüssigkeiten und Polymerisationslösungen (vgl. Kapitel 5.4). Die Viskosität der Polymerisationslösungen wird aus Literaturwerten der Einzelkomponenten [152-155] geschätzt.

Testflüssigkeiten	Dichte [g/ml]	Viskosität [mPas]
Wasser (20°C)	0,998	1,002
Ethanol (20°C)	0,786	2,4
Isopropanol (20°C)	0,789	1,2
Polymerisationslösung 1 (25°C)	0,916[44]	29[45]
Polymerisationslösung 2 (25°C)	0,854[44]	7[45]

5.1.1 Charakterisierung mit einer Testflüssigkeit

In der biologischen Anwendung wird der Mikromischer in der Regel mit nur einem Fluid betrieben [10-12, 14, 57, 148]. Dem Fluid werden wechselnde biologische Substanzen, wie beispielsweise Morphogene, zur Untersuchung der Stammzelldifferenzierung zugesetzt. Abbildung 5.1 zeigt µLIF-Messungen mehrerer Flussraten im Mikromischer mit Isopropanol. Die Flussrichtung verläuft von links nach rechts. Das Rhodamin B wird bei diesem Versuch am unteren Mischereinfluss injiziert. Oben sieht man die Ergebnisse des Versuchs für

---

[44] Messwert, gemessen von M. Eng. Junsheng Li.

Flussraten von 0,001 ml/min, 1 ml/min und 20 ml/min. Die Farben stellen die normalisierte Konzentration von Rhodamin B graphisch dar. Das Balkendiagramm unten zeigt die normalisierte Rhodaminkonzentration am Ende der letzten Mischerkaskade. Die Untersuchungen zeigen, dass für Isopropanol und Rhodamin B Flussraten von 0,001 ml/min benötigt werden, um diffusiv einen favorisierten linearen Gradienten zu etablieren. Erhöht man die Flussrate, zeigt sich ein schlechtes oder kein Konzentrationsprofil, bis konvektive Mischvorgänge einsetzen. Diese können ab einer Flussrate von 5 ml/min beobachtet werden. Für Flussraten > 15 ml/min wird ein favorisierter linearer Gradient durch konvektive Mischung erreicht. Ergänzende Aufnahmen mit durchgängigen Flussraten von 1-25 ml/min mit Ethanol, angefärbt mit Methyl Blue, zeigt Anhang I.1. Bei Skalierung der Ergebnisse aus den oben erläuterten Versuchen mittels Formel 5.1 sollte sich für Wasser bei einer Flussrate zwischen 5 ml/min und 7 ml/min ein linearer Gradient etablieren lassen. Untersuchungen mit Wasser, angefärbt mit Methyl Blue, werden in PDMS-Mikrofluidikchips, abgeformt aus dem Testwerkzeug, durchgeführt. Ab 7 ml/min wird ein linearer Gradient etabliert, Anhang I.2. Bei ausgewählten Bildern wird die Farbintensität mittels ImageJ gemessen, wodurch ein Einfluss des Konstruktionsfehlers im Mischerteil (vgl. Kapitel 4.1.5.1) auf den Gradienten ausgeschlossen werden kann.

Abbildung 5.2 zeigt eine Zusammenfassung über den relevanten Flussratenbereich. Mit einer Flussrate von 0,001 ml/min wird ein linearer Gradient durch Diffusion erzeugt, bei 1 ml/min findet keine Vermischung statt. Für eine Flussrate von 20 ml/min stellt sich ein linearer Gradient durch Konvektion ein. Der vorliegende Mikromischer hat dementsprechend das Potential in zwei Modi mischen zu können. Zum einen kann, wie in der Literatur beschrieben, ein linearer Gradient mittels Diffusion bei niedrigen Flussraten eingestellt werden. Zum an-

---

[45] Geschätzt aus Literaturwerten der Einzelkomponenten.

deren kann bei hohen Flussraten, unabhängig vom Diffusionskoeffizienten des gelösten Stoffes, ein linearer Gradient mittels Konvektion eingestellt werden.

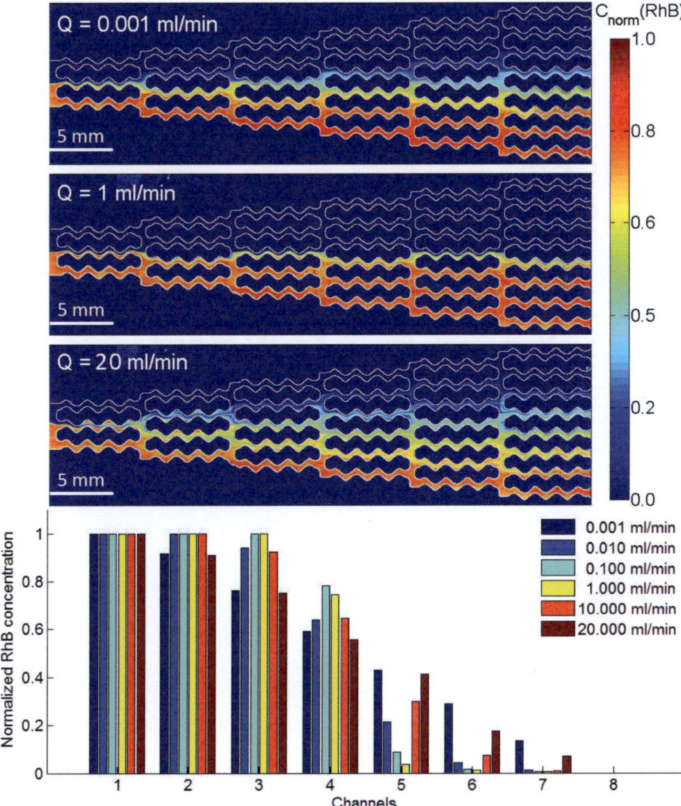

Abbildung 5.1: μLIF-Messungen mit Rhodamin B und Isopropanol im Mikrokaskaden-mischer. Die Flussrichtung verläuft von links nach rechts. Das Rhodamin wird am unteren Einfluss zugefügt. Oben ist das Mischverhalten des Mikrokaskadenmischers bei verschiedenen Flussraten dargestellt. Die Farben veranschaulichen die normalisierte Rhodaminkonzentration. Das Balkendiagramm unten zeigt die normalisierte Rhodaminkonzentration am Ende der letzten Kaskade. [46]

---

[46] Die Graphik wurde von Dr. Massimiliano Rossi zur Verfügung gestellt.

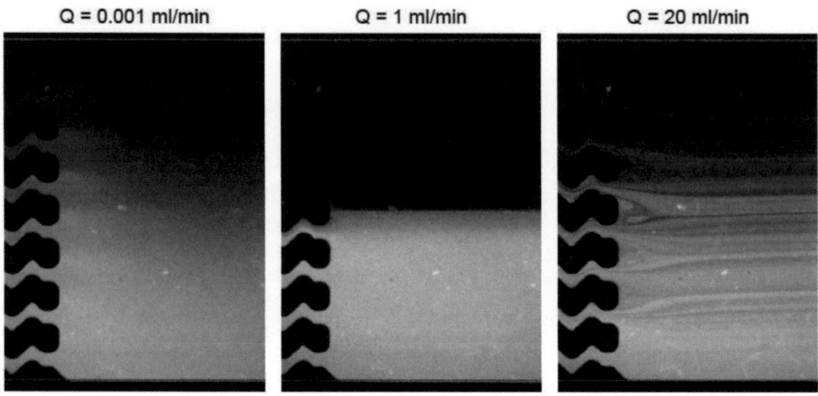

Abbildung 5.2: µLIF-Messung mit Isopropanol und Rhodamin B für verschiedene Flussraten. Die Flussrichtung verläuft von links nach rechts, das Rhodamin wird in den unteren Mischereinfluss injiziert. Für eine Flussrate von 0,001 ml/min wird diffusive Mischung beobachtet (links), bei einer Flussrate von 1 ml/min kann keine Vermischung erreicht werden (mitte). Bei einer Flussrate von 20 ml/min stellt sich ein linearer Gradient durch Konvektion ein.[47]

5.1.2 Charakterisierung mit zwei Testflüssigkeiten bei abweichender Viskosität und Dichte

Neben der in Kapitel 5.1.1 betrachteten Verwendung des Mikromischers mit einem Fluid, ist es natürlich auch möglich den Mikromischer mit zwei verschiedenen Fluiden zu betreiben. Dies ist beispielsweise zur Herstellung der Porengradientenfilme (vgl. Kapitel 5.4) notwendig. Burdick et al. (2004) [23] beschreiben ebenfalls die Verwendung eines Mikrokaskadenmischer mit unterschiedlichen Fluiden. Sie beobachten bei langsamen Flussraten „*too much mixing*" [23] und eine Minimierung der Extremwerte des Gradienten und führen

---

[47] Die Graphik wurde von Dr. Massimiliano Rossi zur Verfügung gestellt.

diesen Effekt auf die verschiedenen Viskositäten der Fluide zurück. Andere Autoren versuchen infolgedessen die Verwendung von Fluiden mit abweichenden Viskositäten zur Herstellung von Hydrogelen zu vermeiden [22].

Für verschiedene Viskositäten kann das zu erwartende Verhalten des Mikromischers über das Analogon zum Ohm'schen Gesetz hergeleitet werden. Abbildung 5.3a) zeigt die erste Kaskade des Mikromischers, dargestellt als elektronisches Netzwerk. Erhöht sich die dynamische Viskosität eines Fluids F_1, so steigt der hydrodynamische Widerstand nach Formel 2.7. In Kanal 1 befindet sich lediglich F_1 (vgl. Kapitel 2.4), entsprechend steigt der Widerstand R_1. Da U_0 konstant ist, muss die Stromstärke I_1 fallen. Analoges gilt für Kanal 2. F_1 braucht also, salopp ausgedrückt: mehr Platz und fließt mit einer geringeren Flussrate als F_2, welches eine niedrigere Viskosität besitzt. Der Gradient verschiebt sich demzufolge in Richtung von F_2. Untersuchungen hierzu werden mit Zuckerwasser durchgeführt. Mit der Menge des gelösten Zuckers lässt sich die Viskosität bei verschiedenen Temperaturen exakt einstellen [156]. Es werden eine 43%-ige und eine 56%-ige Zuckerlösung verwendet, damit ergeben sich Viskositäten von 7 mPas beziehungsweise 29 mPas[48]. Die niederviskose 43%-ige Zuckerlösung wird mit Rhodamin B angefärbt. Abbildung 5.3b) zeigt einen Mikrokaskadenmischer im Betrieb mit den Zuckerlösungen bei einer Flussrate von 3 ml/min. Die Verschiebung des Gradienten ist gut erkennbar. In der ersten Kaskade benötigt die höherviskose, transparente Flüssigkeit beispielsweise zwei von drei Zickzackkanälen. Die gefärbte niederviskose Lösung kann nur in einem Zickzackkanal beobachtet werden. Eine Verschiebung beider Extremwerte des Gradienten ist bei Fluiden mit verschiedenen Viskositäten somit nicht möglich.

---

[48] Die Viskositäten der Zuckerlösungen, werden auf die geschätzten Viskositäten der Polymerisationslösungen angepasst.

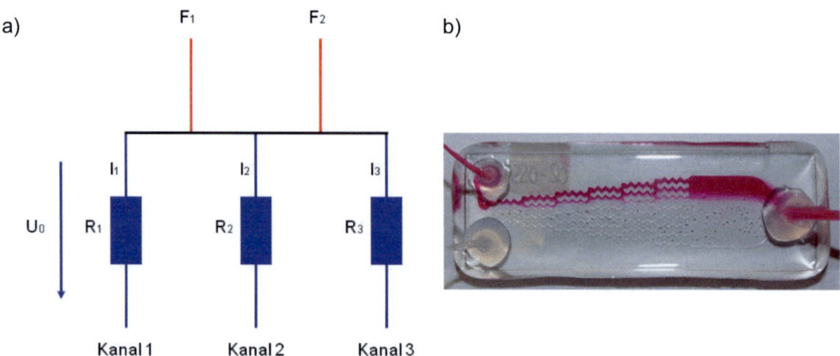

Abbildung 5.3: Verteilung der Flüssigkeitsströme im Mikrokaskadenmischer bei abweichenden Viskositäten. a) Der Einfluss in die erste Kaskade, dargestellt als analoges elektronisches Netzwerk. Flussrichtung von oben nach unten. b) Betrieb des Mikromischers mit zwei Zuckerlösungen mit abweichender Viskosität bei einer Flussrate von 3 ml/min. Flussrichtung von links nach rechts. Das höherviskose Fluid (nicht angefärbt) hat einen höheren hydrodynamischen Widerstand und braucht dadurch, salopp ausgedrückt: mehr Platz, dadurch verschiebt sich der Gradient in Richtung des niederviskosen Fluids (angefärbt mit Rhodamin B).

Für eine variierende Dichte der Fluide wird kein Effekt erwartet, da in Mikrosystemen die Masse üblicherweise eine untergeordnete Rolle spielt [1] (vgl. Kapitel 2.4). Schon bei den Versuchen mit den Zuckerlösungen, welche neben einer abweichenden Viskosität auch eine abweichende Dichte haben, fällt allerdings auf, dass die Lösungen sich bei Flussraten < 1ml/min nicht mehr in erwarteter Weise verhalten. Abbildung 5.4 zeigt einen Mikrokaskadenmischer betrieben mit einer Flussrate von 0,0025 ml/min. Das niederviskose Fluid dringt mit fallender Flussrate immer weiter auf die Seite des hochviskosen Fluids vor. In der ersten Kaskade zeigt sich noch das erwartete Bild: ein Kanal führt die gefärbte niederviskose Lösung, zwei sind transparent. Aufgrund der steigenden Anzahl der Zickzackkanäle pro Kaskade fällt die Flussrate mit steigender Kaskadennummer ab. In der dritten Kaskade kann man in Abbildung 5.4 bereits drei Kanäle mit gefärbter Lösung beobachten und nur zwei transparente. Für die Polymerisationslösungen (vgl. Kapitel 5.4) wird vergleichbares beobachtet. Die Polymerisationslösungen sind mit Rhodamin B beziehungsweise Methyl Blue eingefärbt. Bei Flussraten von 1ml/min, Abbildung 5.5a), fließen die beiden Lösungen in der ersten Kaskade im mittleren Kanal nebeneinander. Bei einer reduzierten Flussrate von 0,1 ml/min, Abbildung 5.5b), erscheinen die Polymerisationslösungen in der Draufsicht vermischt. Beobachtet man den Chip allerdings von der Seite, Abbildung 5.5c) und d) so erkennt man, dass die Polymerisationslösungen geschichtet sind. Die rote Flüssigkeit (niederviskos und geringere Dichte) befindet sich oben. Wird der Mikrofluidikchip bei laufender Spritzenpumpe umgedreht, steigt die rot gefärbte Polymerisationslösung wiederum nach oben, Abbildung 5.5e). Im Rahmen einer µLIF-Messung wird Wasser und Isopropanol, versetzt mit Rhodamin B, in einen Mikrokaskadenmischer injiziert. Abbildung 5.6 zeigt die letzte Mischerkaskade und die anschließende Reaktionskammer bei verschiedenen Flussraten. Unterhalb der Aufnahmen werden Prinzipzeichnungen des Querschnitts durch die Reaktionskammer gezeigt. Das Isopropanol ist in rot, das Wasser in blau dargestellt. Für eine Flussrate von 0,001 ml/min verteilt sich das Isopropanol gleichmäßig auf dem Wasser. Bei höheren Flussraten von 1 ml/min ergibt sich eine keilförmige Schichtung der Fluide. Bei 20 ml/min treten konvektive Effekte auf. Um den Einfluss der Dichte auf die Schichtung nochmals zu verifizieren, wird der gleiche Versuch mit einem senkrecht gerichteten Mikrofluidikchip wiederholt[49]. Die Ergebnisse und ein Schema der Versuchsdurchführung zeigt Abbildung 5.7.

---

[49] Vorschlag Dr. Pavel Levkin

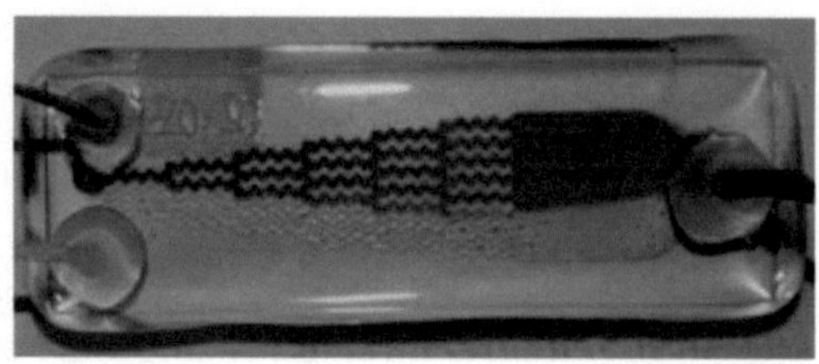

Abbildung 5.4: Betrieb des Mikrokaskadenmischers mit zwei Zuckerlösungen bei einer Flussrate von 0,0025 ml/min. Die niederviskose, gefärbte Lösung, dringt auf die Seite der höherviskosen, transparenten Lösung vor.

Zusammenfassend lässt sich feststellen, dass der Konzentrationsgradient sich durch die Verwendung von Fluiden mit abweichenden Viskositäten verschieben lässt. Zudem kann bei Fluiden mit abweichender Dichte und Viskosität ein verändertes Mischverhalten beobachtet werden. Bei niedrigen Flussraten, schichten sich die Fluide übereinander und bilden keinen Gradienten in Querrichtung aus. Erhöht man die Flussrate, ergibt sich eine keilförmige Schichtung der Fluide in Querrichtung.

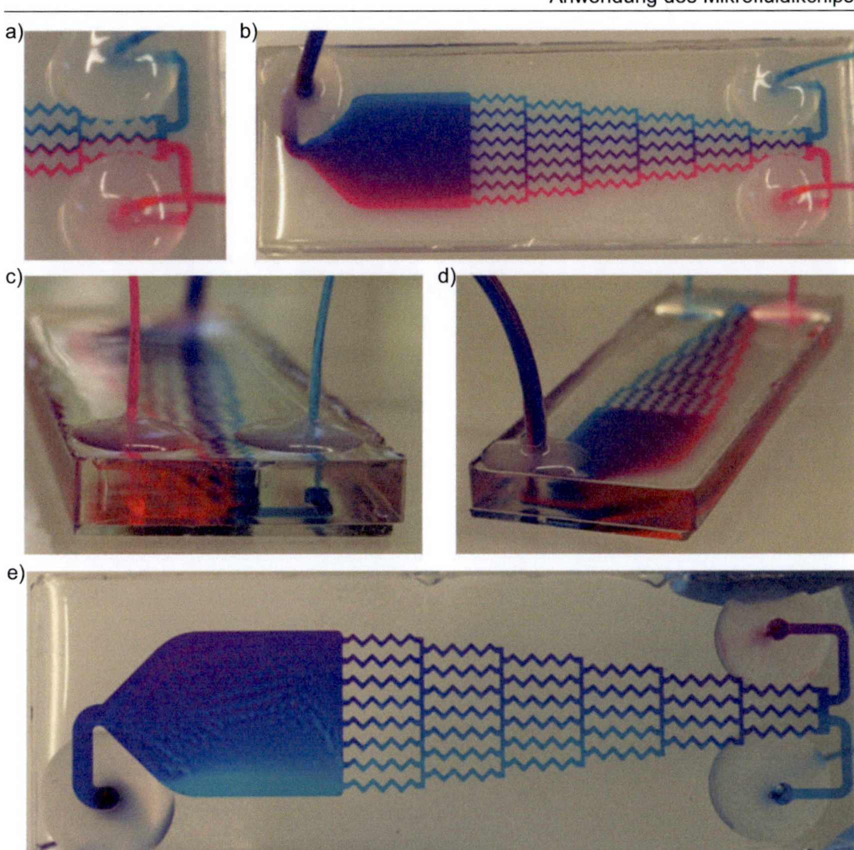

Abbildung 5.5: Untersuchung des Verhaltens der Polymerisationslösungen im Mikrofluidikchip. Die Polymerisationslösungen sind mit Rhodamin B beziehungsweise Methyl Blue eingefärbt. a) Bei einer Flussrate von 1 ml/min sind die Polymerisationslösungen in der ersten Kaskade im mittleren Kanal nebeneinander angeordnet. b) Bei einer reduzierten Flussrate von 0,1 ml/min, erscheinen die Polymerisationslösungen vermischt, beispielsweise in der ersten Kaskade im mittleren Kanal. c) und d) zeigen Aufnahmen des Mikrofluidikchips von der Seite ebenfalls bei einer Flussrate von 0,1 ml/min. Hier kann man erkennen, dass sich die Flüssigkeiten nicht vermischen, stattdessen schichtet sich die rote Flüssigkeit (niederviskos und niedrigere Dichte) auf die blauen Flüssigkeit (hochviskos und höhere Dichte). e) dreht man das Bauteil, weiterhin bei einer Flussrate von 0,1 ml/min um, so erkennt man, dass die rote Flüssigkeit nach oben steigt.

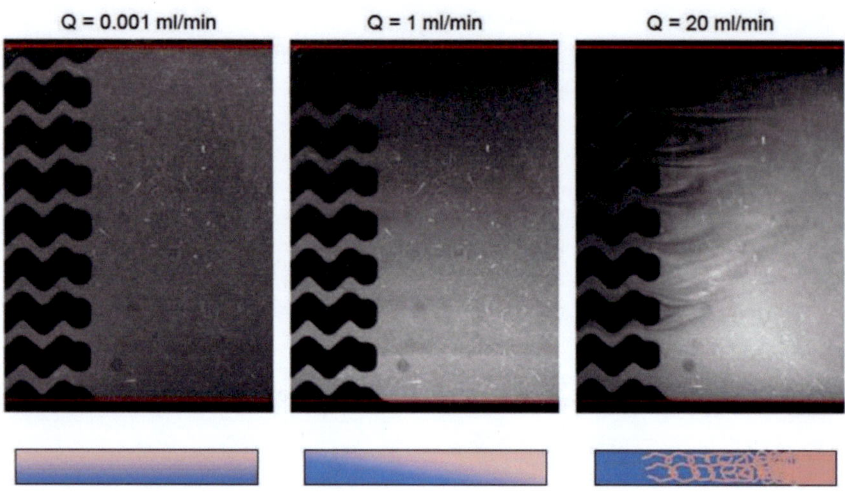

Abbildung 5.6: µLIF-Messung mit Wasser und Isopropanol, markiert mit Rhodamin B für verschiedene Flussraten. Die Flussrichtung verläuft von links nach rechts. Isopropanol und Rhodamin werden in den unteren Mischereinfluss injiziert. Unterhalb der Aufnahmen werden Schemazeichnungen des Querschnitts durch die Reaktionskammer gezeigt. Für eine Flussrate von 0,001 ml/min schichten sich die beiden Fluide auf (links), bei einer Flussrate von 1 ml/min ergibt sich eine keilförmige Schichtung der Fluide (mittig). Bei einer Flussrate von 20 ml/min treten konvektive Effekte in Erscheinung (rechts).[50]

---

[50] Die Graphik wurde von Dr. Massimiliano Rossi zur Verfügung gestellt.

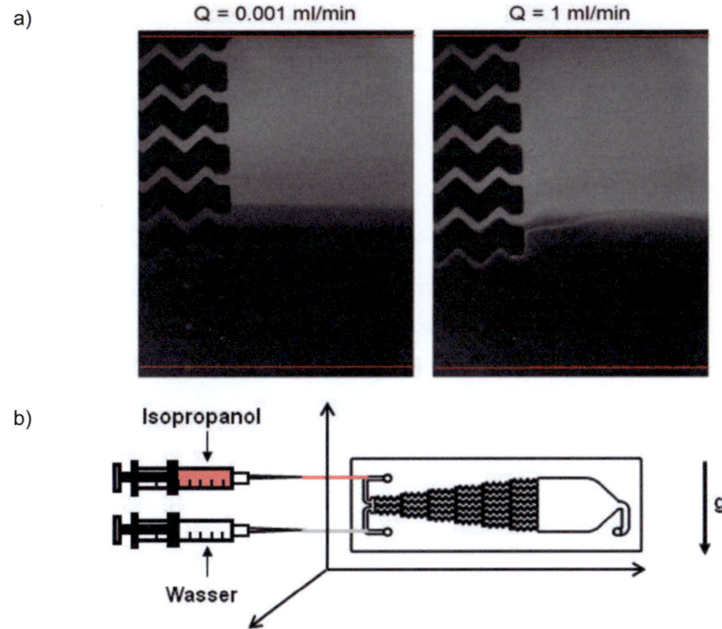

Abbildung 5.7: µLIF-Messung mit Wasser und Isopropanol, markiert mit Rhodamin B im senkrecht positionierten Mikrofluidikchip. Die Flussrichtung verläuft von links nach rechts. Isopropanol (geringere Dichte) und Rhodamin werden in den oberen Mischer-einfluss injiziert. a) Bei beiden Flussraten verbleibt das Isopropanol oben im Mikroflui-dikchip und zeigt keine Schichtung wie bei horizontaler Lagerung des Mikrofluidik-chips. Der Einfluss der Dichte auf die Gradientenausbildung ist dadurch deutlich er-kennbar. b) Prinzipskizze des Versuchsaufbaus.

5.2 Anwendung Mikrofluidikchip zur Stammzelldifferenzierung Version Eins

Der experimentelle Aufbau der Mikrofluidik- 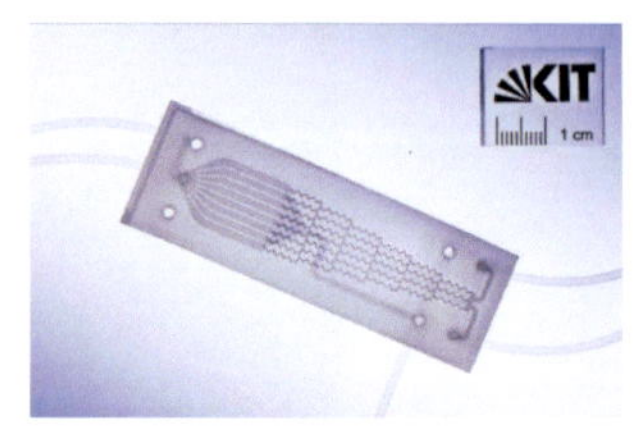
chips zur Stammzelldifferenzierung in Version
eins während der Anwendung wird in Anhang
E.1 gezeigt [114]. Der Mikrofluidikchip wird mit
Hilfe von zwei Spritzenpumpen betrieben und an
diese über Schläuche und Drei-Wege-Hähne an-
geschlossen. Zur Durchführung des Versuchs wird der Mikrofluidikchip zuerst
mit 96%-igem Ethanol und UV-Licht sterilisiert und mit PBS-Lösung (Englisch:
Phosphate Buffered Saline) gespült [148]. Die Membran wird mit Poly-L-Lysin
beschichtet [148]. Der Mikrofluidikchip wird mit Nährlösung gefüllt und die
Zellen werden injiziert. Während einer Inkubation über Nacht, adhärieren die
Zellen auf der Membran. Anschließend werden die Zellen für 24 h über eine
Pumpe mit Nährlösung versorgt. Nun beginnt das eigentliche Experiment. Der
Gradient wird im Mikromischer etabliert und tritt durch Diffusion durch die per-
forierte Membran mit den Zellen in Kontakt. Die Zellen werden anschließend
fixiert und mit Hilfe eines Fluoreszenzmikroskops analysiert [148]. Um den
Aufbau des Mikrofluidikchips zu erproben, werden im Folgenden HeLa-Zellen
anstatt der sensitiven Stammzellen eingesetzt. Während der Versuche wird ein
Versteifungsquader aus PMMA reversibel zwischen die Adaptoren des Mikrofluidikchips befestigt, um Biegebelastungen vorzubeugen (vgl. Kapitel 3.2.1).
Es zeigt sich, dass zur Vermeidung von Luftblasen eine Erstbefüllung des
Mikrofluidikchips mit Ethanol günstig ist. Der Mikrofluidikchip muss zudem
zum Entlüften mit höheren Flussraten von $\geq$ 2ml/min befüllt werden, um Leckage zu vermeiden. Im Folgenden wird zu Beginn die Untersuchung des Mikromischers im diffusiven Bereich dargestellt, anschließend werden die Zellkultivierung und die Untersuchung der Zellreaktion auf einen Gradienten des Wnt-

Signalwegaktivators BIO (6-bromoindirubin-39-oxime) erläutert. Das Kapitel schließt mit der Untersuchung der Zellreaktion bei einem Morphogengradienten.

5.2.1 Charakterisierung des Mikromischers im diffusiven Bereich

Die Ausbildung des Gradienten wird mit Hilfe von BSA[51] (Englisch: Bovin Serum Albumin) mit angekoppeltem Fluoreszenzfarbstoff Fluoresceinisothiocyanat (FITC) untersucht [148]. Abbildung 5.8 zeigt die durchgeführte Untersuchung für drei ausgewählte Flussraten. Die Flussrichtung verläuft von unten nach oben. Das BSA-FITC wird in den linken Mischereinfluss injiziert. Mit Hilfe eines Fluoreszenzmikroskops werden Aufnahmen des etablierten Gradienten angefertigt, Abbildung 5.8a). Der Intensitätsverlauf wird mit ImageJ gemessen, für jeden Kanal gemittelt und im Vergleich zum theoretischen, linearen Konzentrationsprofil dargestellt, Abbildung 5.8b) [148]. Für eine Flussrate von 0,005 ml/min nähert sich der Gradient dem linearen Konzentrationsprofil an. Für 0,01 ml/min und 0,04 ml/min ist der Gradient S-förmig.

---

[51] BSA wird häufig als Proteinstandard eingesetzt und kann durch die Ankopplung von Fluoreszenzfarbstoffen einfach beobachtet werden.

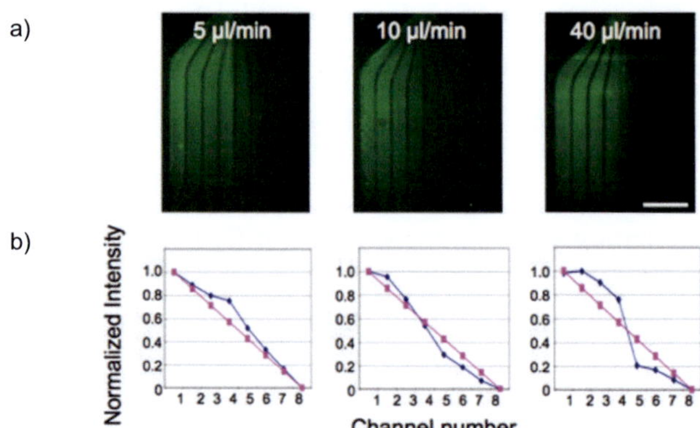

Abbildung 5.8: Ausbildung des Gradienten durch Diffusion von BSA mit angekoppeltem Fluoreszenzfarbstoff [148][52]. a) Fluoreszenzaufnahmen des Mikrofluidikchips bei verschiedenen Flussraten. Die Flussrichtung verläuft von unten nach oben. Das BSA-FITC wird in den linken Mischereinfluss injiziert. (Maßstab 5 mm) b) Gemessene normalisierte Intensität pro Kanal gemittelt über jeden Kanal im Vergleich zum pink dargestellten theoretischen linearen Konzentrationsprofil.

Zur Validierung der Ergebnisse wird eine mathematische Modellrechnung genutzt, wobei die Diffusionszeit über den halben Kanal nach Formel 2.5 und die Verweilzeit in der ersten Zickzackkaskade verglichen werden. Ist die Diffusionszeit geringer, sollte eine homogene Vermischung durch Diffusion in jeder Kaskade möglich sein, Formel 5.2.

---

[52] Die aus der Veröffentlichung [148] entnommenen Abbildungen wurden von M. Sc. Chorong Kim im Rahmen ihrer Promotionsarbeit (KIT 2012) erarbeitet.

$$t_D = \frac{d^2}{D} \leq \frac{VB}{Q} = t_V \tag{5.2}$$

t_D	Diffusionszeit	[s]
d	Diffusionsweg	[m]
D	Diffusionskoeffizient	[ ]
V	Volumen der Zickzackkaskade	[mm³]
B	Ordnungsnummer der Kaskade	[ ]
Q	Flussrate pro Spritze	[ml/min]

Der Diffusionskoeffizient von BSA-FITC wird aus dem Diffusionskoeffizienten von BSA abgeleitet [148]. Mit Hilfe der Abschätzung zeigt sich, dass die Verweilzeit in der ersten Kaskade für BSA-FITC nicht ausreichend ist, um eine homogene Mischung durch Diffusion sicherzustellen. Proteine mit höherem Diffusionskoeffizienten ab 350 µm²/s oder geringere Flussraten von ≤ 1 µl/min für FITC-BSA sollten einen vollständig linearen Gradienten erzeugen.

5.2.2 Zellkultivierung

Vor den Untersuchungen der Zellreaktion wird gezeigt, dass HeLa-Zellen bis zu sechs Tage in den Mikrofluidikchips kultiviert werden können. Auch nach sechs Tagen sind die Zellen ausgebreitet, zeigen also Zellfortsätze und proliferieren. Abbildung 5.9 zeigt HeLa-Zellen, angefärbt mit verschiedenen Fluoreszenzfarbstoffen direkt nach der Injektion, nach 16 Stunden, nach 4 Tagen und nach 6 Tagen Kultivierung. Durch die erfolgreiche Kultivierung über sechs Tage hinweg wird das Langzeitkultivierungspotential des Mikrofluidikchips gezeigt.

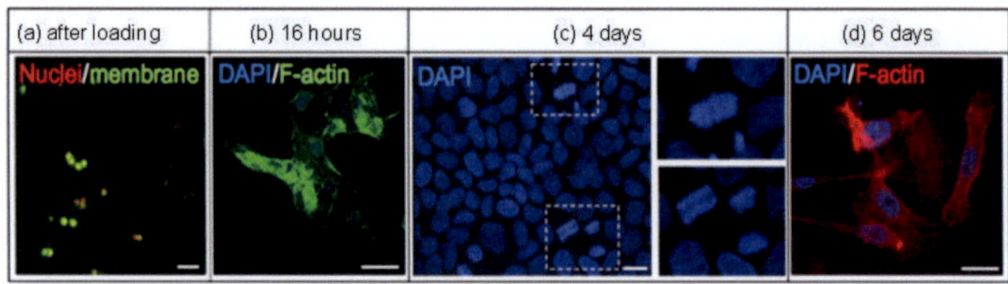

Abbildung 5.9: HeLa-Zellen im Mikrofluidikchip zur Stammzelldifferenzierung in Version eins, entnommen aus Kim et al. (2012) [148][53]. Die Zellen werden mit verschiedenen Fluoreszenzfarbstoffen gefärbt. (Maßstab (a), (b) 50 μm; (c), (d) 20 μm) (a) Direkt nach der Injektion. (b)-(d) Nach 16 Stunden, vier Tagen und sechs Tagen Kultivierung.

5.2.3 Untersuchung der Zellreaktion mit einem BIO-Gradienten

Für erste Zelluntersuchungen soll das vergleichsweise kleine Protein BIO (6-bromoindirubin-39-oxime) eingesetzt werden. BIO aktiviert den so genannten Wnt/beta-Catenin-Signalweg von Zellen [148]. Die Aktivierung kann über eine temporäre Akkumulation von beta-Catenin im Zellkern nachgewiesen werden. Für BIO ist kein Diffusionskoeffizient bekannt, lediglich die molekulare Masse und die Struktur [157]. Der Diffusionskoeffizient wird über die Stokes-Einstein-Gleichung (Formel 2.3) und die Wilke-Chang-Korrelation (Formel 2.4) geschätzt. Hierzu wird eine Dichte von 1,8 g/cm³ und ein molares Volumen von 197,3±7cm³/mol für BIO berechnet [158]. Zur Berechnung wird von einem kugelförmigen Molekül ausgegangen. Bei der Schätzung ergeben sich Diffusionskoeffizienten zwischen 500 μm²/s und 1009 μm²/s für einen Temperaturbereich von 20-40°C. Der Mikrofluidikchip wird in aller Regel mit einer Heizplatte auf 37°C temperiert, da er aufgrund der umfangreichen Peripherie nicht im

---

[53] Die aus der Veröffentlichung [148] entnommenen Abbildungen wurden von M. Sc. Chorong Kim im Rahmen ihrer Promotionsarbeit (KIT 2012) erarbeitet.

Inkubator gelagert werden kann. Um potentiellen Abweichungen im Gradienten vorzubeugen, wird der niedrigste Schätzwert von 500 $\mu m^2/s$, berechnet auf Basis der Raumtemperatur von 20°C und konservativer Annahmen, für die Abschätzung der Flussrate verwendet. Bei einer Flussrate von 0,0025 ml/min pro Spritze ergibt sich die Diffusionszeit zu 40 s während die Verweilzeit in der ersten Kaskade 56 s beträgt. Bei dieser Flussrate sollte sich dementsprechend ein linearer Gradient durch diffusive Mischung etablieren lassen. Vergleicht man das Modell mit den µLIF-Messungen für Rhodamin B, zeigt sich, dass das Modell durch die konservativen Annahmen Falsch-Positive-Fehler[54] zuverlässig vermeidet. Während µLIF-Messungen einen linearen Gradienten ab Flussraten von < 0,005 ml/min zeigen, sagt die Modellrechnung einen linearen Gradienten ab Flussraten von < 0,003 ml/min voraus.

Für die Reaktion der HeLa-Zellen auf den BIO-Gradienten wird ein Grenzwert der BIO-Konzentration erwartet, ab dem die Zellen die temporäre Akkumulation im Zellkern zeigen. Es werden 5µM BIO gelöst in DMSO (Dimethylsulfoxid) und pures DMSO mit einer Flussrate von 0,0025 ml/min in den Mikromischer injiziert. Die Zellen werden gleichzeitig in der Zellkammer mit einer Flussrate von 0,0068 ml/min mit Nährmedium versorgt. Die genannten Flussraten sind an das abweichende Volumen zwischen Zellkammer und geradlinigen Kanälen des Mischerteils angepasst. Bei diesen Flussraten können die Scherkräfte, welche auf die Zellen wirken, vernachlässig werden [148]. Das Experiment ist in drei Phasen untergliedert [148]. Zuerst wird der Gradient bei gleichzeitiger Perfusion der Zellkammer über sechs Stunden stabilisiert, anschließend werden die Pumpen gestoppt und die Zellen werden im Rahmen einer vierstündigen so genannten statischen Inkubation mit dem BIO-Gradienten in Kontakt gebracht. Das

---

[54] Falsch-Positiv-Fehler: das Modell zeigt eine homogene Mischung an, während dies in der Realität nicht auftritt. Falsch-Positiv-Fehler werden aus dem Bereich der medizinischen Tests kommend auch als Fehlalarm bezeichnet.

BIO diffundiert hierbei durch die Poren der Membran, wie in Abbildung 5.10 gezeigt, und kann somit mit den Zellen in Kontakt treten. Es folgt eine dritte, 14-stündige Phase in der die Perfusion in beiden Kammern fortgesetzt wird. Die Zellen haben dementsprechend weiterhin mittels Diffusion Kontakt zum Gradienten [148]. Im Rahmen der Experimente zeigt sich, dass die Zellen, trotz Abformung mit der teilpolierten Platte und einer glasklaren Transparenz über der Zellkammer nach dem Polieren, nicht hochauflösend mit dem Mikroskop (Axio Observer.Z1 der Firma Carl Zeiss Microscopy GmbH) beobachtet werden können. Aus diesem Grund wird nach dem Fixieren der Zellen der Mikrofluidikchip geöffnet, die Membran wird vorsichtig entnommen und mit einem Fluoreszenzmikroskop analysiert. Zur Analyse der Zellreaktion werden insgesamt 40 Mikroskopaufnahmen mit 632 Zellen analysiert [148]. Ab dem fünften Kanal, entsprechend einer Konzentration von 2,9 µM, kann das beta-Catenin auch im Zellkern nachgewiesen werden [148]. Abbildung 5.11a) zeigt die relative Anzahl der beta-Catenin-positiven Zellen pro Kanal bei Kontakt der Zellen mit BIO durch Diffusion. Der erste Kanal weist eine BIO-Konzentration von null auf, der achte die höchste Konzentration von 5µM. Im Rahmen der Experimente kann gezeigt werden, dass im Mikrofluidikchip der Kontakt der Zellen zum Gradienten über Diffusion, wie in Abbildung 5.10 gezeigt, funktioniert. Die Kontaktfläche der Zellen zum Gradienten ist im Diffusionsmodus eingeschränkt. Die Zellen werden lediglich von unten mit dem Gradienten kontaktiert, wodurch sie möglicherweise eine geringere Konzentration von BIO wahrnehmen, als eigentlich im entsprechenden geradlinigen Kanal des Mischerteils vorliegt [148]. Die Zellreaktion ist zudem prozentual gering, sogar im achten Kanal mit der höchsten Konzentration von BIO sind < 50% der Zellen beta-Catenin -positiv.

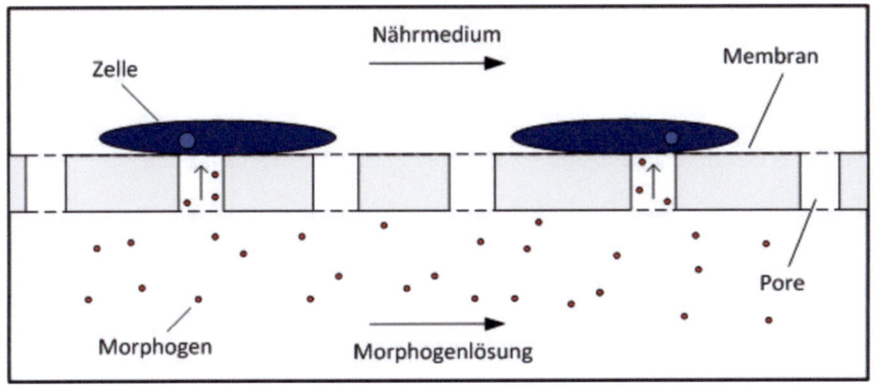

Abbildung 5.10: Längsschnitt durch den Mikrofluidikchip im Bereich der Zellkammer. Kontakt einer Lösung im Mischerteil, hier gezeigt eine Morphogenlösung, mit den Zellen in der Zellkammer mittels Diffusion durch die Poren der Membran.

Aus diesem Grund wird der Mikrofluidikchip in einem so genannten Konvektionsmodus verwendet [148]: Hierzu werden der Einlass der Zellkammer und der Auslass des Mikromischers geschlossen. Die Flüssigkeiten werden durch den Mischereinfluss injiziert, gelangen durch die Membran in die Zellkammer und verlassen den Mikrofluidikchip über den Zellabfluss, Abbildung 5.11b). Im Konvektionsmodus werden die Zellen mit dem Gemisch aus dem Mischerteil umströmt [148]. Da eine verbesserte Zellreaktion erwartet wird, wird die BIO-Konzentration von 5 µM auf 2 µM verringert [148]. Die Zellen werden wie zuvor analysiert. Abbildung 5.11b) zeigt die Anzahl beta-Catenin -positiver Zellen angetragen über die Kanalnummer. Der Grenzwert wird zu einer geringeren Konzentration von 0,57 µM in Kanal drei verschoben [148]. Diese BIO-Konzentration zeigt eine gute Übereinstimmung mit Vergleichsexperimenten in Well-Platten [148]. Die Zellreaktion kann im Konvektionsmodus deutlich verbessert werden. Während eine BIO-Konzentration von 2 µM im Diffusionsmodus zu < 2% beta-Catenin-positiven Zellen führt, werden im Konvektionsmodus 84% positive Zellen erreicht [148]. Vorteilhaft an dem vorliegenden

Mikrofluidikchip ist, dass sich der Wechsel zwischen den Modi durch einfaches Umschalten der im experimentellen Aufbau integrierten Drei-Wege-Hähne bewerkstelligen lässt. Bei Bedarf ist es dementsprechend auch möglich, nur einen Teil des Gesamtexperimentes im Konvektionsmodus durchzuführen.

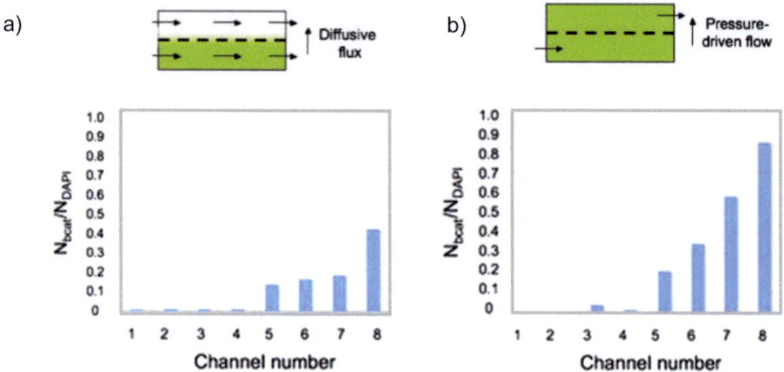

Abbildung 5.11: Relative Anzahl beta-Catenin-positiver Zellen für die acht Kanäle des Mikromischers, mit schematischer Darstellung der Betriebsmodi des Mikrofluidikchips, entnommen aus Kim et al. (2012) [148][55]. An Kanal acht liegt jeweils die höchste Konzentration an. a) Relative Anzahl beta-Catenin-positiver Zellen bei Kontakt durch Diffusion. Es werden Lösungen mit 0µM und 5µM BIO injiziert. b) Relative Anzahl beta-Catenin-positiver Zellen bei Kontakt im Konvektionsmodus. Es werden Lösungen mit 0µM und 2µM BIO injiziert.

5.2.4 Untersuchung der Zellreaktion mit dem Morphogen Wnt

In weiteren Experimenten wird die Einsetzbarkeit des Mikrofluidikchips mit Morphogenen und mit einem Morphogengradienten mit entgegenwirkendem Inhibitorgradienten getestet [148]. Als Morphogen wird rekombinantes Wnt3a

---

[55] Die aus der Veröffentlichung [148] entnommenen Abbildungen wurden von M. Sc. Chorong Kim im Rahmen ihrer Promotionsarbeit (KIT 2012) erarbeitet.

eingesetzt. Wnt reguliert die Stammzelleigenschaften einiger adulter Stammzellnischen. Die Auswertung erfolgt wiederum über die Beobachtung des beta-Catenins. In einem ersten Experiment werden in einen Mischereinlass 500 ng/ml Wnt3a gelöst. Die relative Anzahl der beta-Catenin-positiven Zellen ist in Abbildung 5.12 in blau dargestellt. Die hohe Konzentration aktiviert den Wnt-Signalweg moderat im ganzen Mikrofluidikchip. Ab Kanal fünf nimmt die Anzahl der beta-Catenin-positiven Zellen konzentrationsabhängig zu. Die höchste Konzentration von Wnt3a liegt an Kanal acht an. In einem weiteren Experiment wird am anderen Mischereinlass zusätzlich rekombinantes Dkk-1 als Inhibitor des Wnt-Signalwegs injiziert. Die sich ergebende relative Anzahl der beta-Catenin-positiven Zellen mit einem Wnt3a/Dkk-1 Gegengradienten ist in Abbildung 5.12 in rot dargestellt. Die höchste Konzentration von Wnt3a und die niedrigste Konzentration von Dkk-1 liegt an Kanal acht an. Bei Kombination mit dem Inhibitor nimmt die relative Anzahl der beta-Catenin-positiven Zellen abhängig von der Dkk-1-Konzentration drastisch ab. Der Mikrofluidikchip ist dementsprechend auch für die Verwendung von Morphogenen geeignet. Des Weiteren kann ein Morphogengradient mit einem Gegengradienten seines Inhibitors kombiniert werden [148].

Während der mehr als 21 durchgeführten Experimente zeigt sich, dass die Membran beim Öffnen des Mikrofluidikchips immer am Kammerteil haftet. Diese Seite der Membran kann vor dem zweiten Thermobondschritt gereinigt werden und zeigt den Einfluss des Reinigungsschrittes auf die Bondfestigkeit. Für alle später gebondeten Bauteile wird demzufolge eine beidseitige Reinigung der Membran durchgeführt.

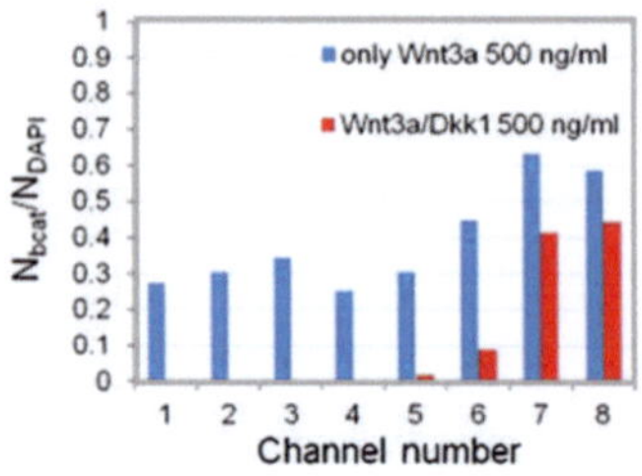

Abbildung 5.12: Relative Anzahl beta-Catenin-positiver Zellen, entnommen aus Kim et al. (2012) [148][56]. Injektion von rekombinantem Wnt3a in blau dargestellt. Die höchste Konzentration Wnt3a findet sich in Kanal acht. Gleichzeitige Injektion des Inhibitors Dkk-1 in den anderen Mischereinlass in rot dargestellt.

---

[56] Die aus der Veröffentlichung [148] entnommenen Abbildungen wurden von M. Sc. Chorong Kim im Rahmen ihrer Promotionsarbeit (KIT 2012) erarbeitet.

5.3 Anwendung Mikrofluidikchip zur Stammzelldifferenzierung Version Zwei

Im folgenden Kapitel wird auf die Anwendung der Mikrofluidikchips zur Stammzelldifferenzierung in Version zwei eingegangen. Der Versuchsablauf bei Verwendung des Mikrofluidikchips zur Stammzelldifferenzierung in Version zwei entspricht dem von Version eins. Zu Beginn

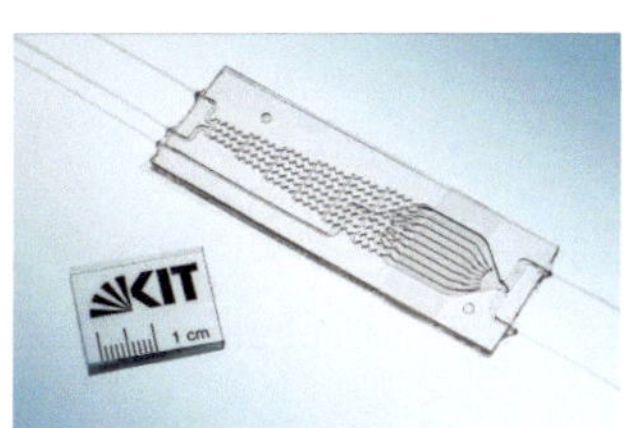

wird die Optimierung der Zellbeobachtung im Mikrofluidikchip beschrieben. Anschließend werden die Ergebnisse der Kultivierung von Stammzellen dargestellt.

5.3.1 Optimierung der Zellbeobachtung

Wie sich in der Anwendung des Mikrofluidikchips zur Stammzelldifferenzierung in Version eins zeigt, können die Mikrofluidikchips mit dem am ZI II vorhandenen Equipment (Axio Observer.Z1 und Objektiv beispielsweise 25-fach: LD LCI Plan-Apochromat 25x/0,8 Imm Korr DIC M27, beides von der Firma Carl Zeiss Microscopy GmbH) nicht im Mikrofluidikchip analysiert werden. Im Folgenden wird das vorhandene 25-fach Objektiv beispielhaft ausgewählt, da eine 25-fache Objektivvergrößerung zur Beobachtung der Zellen mindestens notwendig ist [159]. Der Arbeitsabstand des Objektivs liegt bei 0,57 mm [160], anders ausgedrückt: sind die Zellen bei optimalen optischen Voraussetzung geometrisch $\leq 0,57$ mm vom Objektiv entfernt, können sie beobachtet werden [161-163]. Für optimale optische Voraussetzungen sollte als Material lediglich Immersionsmedium oder Glas eingesetzt werden. Befindet sich ein anderes Material im Strahlengang, reduziert sich der real mögliche Arbeitsabstand zum Teil beträchtlich [161]. Die optische Weglänge wird nach folgender Formel berechnet:

$$l_{optisch} = n \cdot l_{geometrisch} \tag{5.3}$$

$l_{optisch}$	Optische Weglänge	[m]
n	Brechungsindex	[ ]
$l_{geometrisch}$	Geometrische Weglänge	[m]

Wird nun anstatt Glas (n ≈ 1,5), Luft (n ≈ 1) in den Strahlengang eingebracht, reduziert sich die optische Weglänge auf 67% bei ansonsten gleichem Aufbau. Abbildung 5.13 zeigt einen Schnitt durch die Zellkammer des Mikrofluidikchips in Version zwei inklusive relevanter Abmessungen. Da bereits die Kammerhöhe den maximalen Arbeitsabstand übersteigt, ist eine Zellanalyse im Mikrofluidikchip mit dem vorhandenen Objektiv nicht möglich [161, 163].

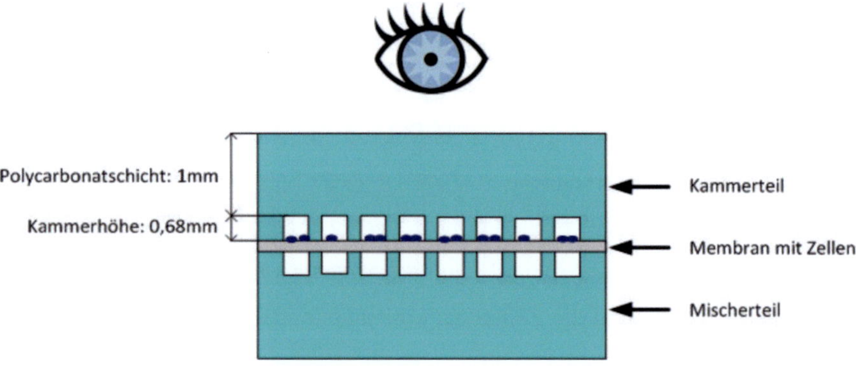

Abbildung 5.13: Schnitt durch die Zellkammer des Mikrofluidikchips mit den sich ergebenden Abmessungen im Mikrofluidikchip.

Die Versuche werden demzufolge mit einem Objektiv mit größerem Arbeitsabstand durchgeführt. Es wird das Objektiv LD Plan-Neofluar 40x/0,6 Korr M27 ebenfalls von der Firma Carl Zeiss Microscopy GmbH ausgewählt[57]. Der Arbeitsabstand des Objektivs beträgt 2,9 mm. Einflüsse der Oberflächenrauhigkeit, z.B. durch Kratzer auf der Oberfläche des Mikrofluidikchips aus Polycarbonat (Brechungsindex = 1,586 [164]) sollten sich durch das Aufbringen von Immersionsöl weitgehend ausgleichen lassen (Brechungsindex = 1,518 [165]), da die Brechungsindizes ähnlich sind [166]. Abbildung 5.14 zeigt die Ergebnisse der ersten Untersuchung. Bei den Aufnahmen oben sind Zellen und sogar Zellfortsätze mit Hilfe des LD Plan-Neofluar-Objektivs durch 1 mm Polycarbonat beobachtbar, dazu werden Mikrofluidikchips mit glasklarer Transparenz verwendet (vgl. Kapitel 4.1.2). Für die Aufnahme rechts wird der Mikrofluidikchip 5 min manuell mit Polierpaste poliert, wodurch eine moderate Verbesserung der Qualität der Mikroskopaufnahme erkennbar ist. Unten werden im Vergleich dazu Aufnahmen aus einem Mikrofluidikchip gezeigt, der mit der teilpolierten Substratplatte abgeformt wurde (vgl. Abbildung 4.2a). Für die Aufnahme rechts wird der Mikrofluidikchip mit einem durchsichtigen Klebeband zur Verbesserung der Oberflächenqualität beklebt[58]. Das Klebeband wirkt aufgrund eines vergleichbaren Brechungsindizes wie das Immersionsöl. Bei dem glasklaren Mikrofluidikchip oben sind die Zellen klar erkennbar und scharf, während sie bei Verwendung der teilpolierten Substratplatte verschwommen sind. Die durchgeführte Optimierung der Transparenz hin zu einer glasklaren Transparenz zeigt einen deutlichen positiven Effekt. In weiteren Untersuchungen wird gezeigt, dass für die Analyse der Zellen die Befüllung der Mikrofluidikchips mit Nährmedium erforderlich ist[59], da Luft die optische Weglänge verkürzt. Bei

---

[57] Die Auswahl erfolgt mit Betreuung und Unterstützung durch PD Dr. Timo Mappes

[58] Hinweis von Hr. Gert Sonntag Carl Zeiss Microscopy GmbH

[59] Hinweis durch PD Dr. Timo Mappes

stark verunreinigten Bauteilen mit hoher Oberflächenrauheit können nach einer Polierzeit von 60 min hochauflösende Aufnahmen generiert werden. Die Qualität der Aufnahmen aus den glasklaren Mikrofluidikchips kann allerdings nicht erreicht werden. Zusammenfassend lässt sich sagen, dass bei Mikrofluidikchips mit glasklarer Transparenz hochauflösende Zellmikroskopie mit dem LD Plan-Neofluar-Objektiv ohne Nachbehandlung der Oberfläche möglich ist, dadurch können Zellen auch während des laufenden Experiments beobachtet und analysiert werden. Untersuchungen zur Kultivierbarkeit von Zellen, wie beispielsweise in Kapitel 5.2.2 und 5.3.3 dargestellt, können dadurch in einem einzigen Mikrofluidikchip durchgeführt werden.

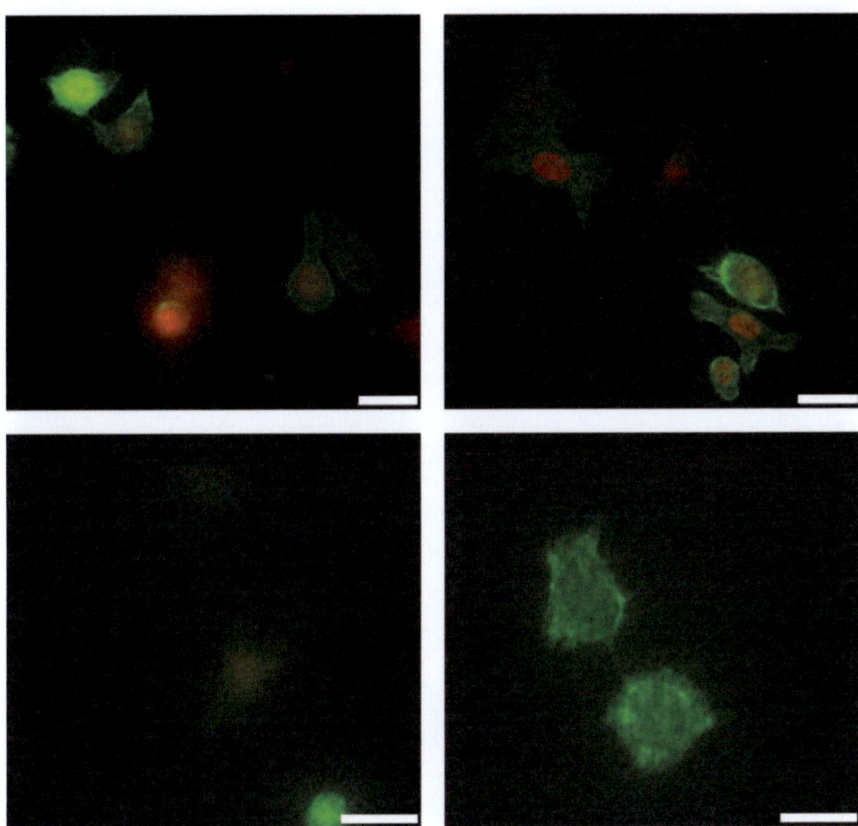

Abbildung 5.14: Hochauflösende Mikroskopaufnahmen von HeLa-Zellen im Mikrofluidikchip aufgenommen mit dem LD Plan-Neofluar-Objektiv durch 1 mm Polycarbonat (Maßstab 20 μm)[60]. Oben: in einem glasklaren Mikrofluidikchip (vgl. Kapitel 4.1.2). Auf beiden Aufnahmen sind die Zellfortsätze der Zellen beobachtbar. Links: mit nicht poliertem Mikrofluidikchip. Rechts: nach 5 min polieren mit Polierpaste. Unten: in einem Mikrofluidikchip abgeformt mit teilpolierter Substratplatte an der WUM 02 (vgl. Abbildung 4.2a). Links: unbehandelt. Rechts: beklebt mit einem durchsichtigen Klebeband.

---

[60] Die Abbildung wurde von M. Sc. Chorong Kim zur Verfügung gestellt.

5.3.2 Stammzellkultivierung

Die Kultivierbarkeit von Stammzellen im Mikrofluidikchip wird mit embryonalen Mäusestammzellen gezeigt. Die Stammzellen werden in einem Nährmedium mit LIF (Englisch: Leukemia Inhibitory Factor) kultiviert. LIF ist ein Differenzierungsinhibitor und verhindert entsprechend die Differenzierung der Stammzellen. Die Stammzellen werden mit einer Flussrate von 0,005 ml/min mit Nährlösung versorgt. Der Mikrofluidikchip wird mittels einer Heizplatte auf 37°C temperiert. Die Stammzellen sind auch nach neun Tagen Kultivierung im Mikrofluidikchip lebendig und proliferieren. Abbildung 5.15 zeigt eine Stammzellkolonie die im Kammerteil des Mikrofluidikchips kultiviert wird, jeweils nach einem, drei, fünf und sieben Tagen. Im Rahmen dieser Experimente kann das Langzeitpotential des Mikrofluidikchips zur Kultivierung von Stammzellen gezeigt werden.

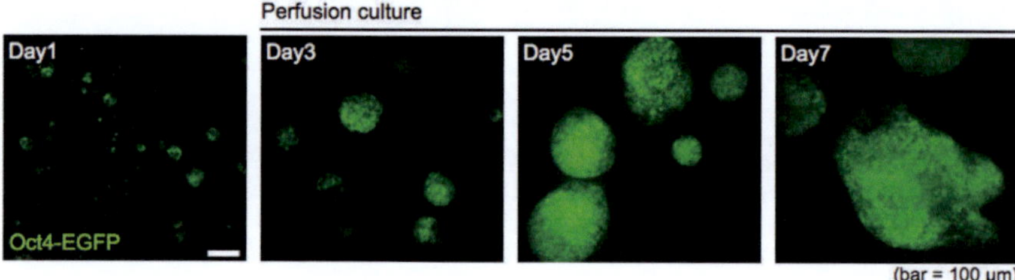

Abbildung 5.15: Stammzellkolonie kultiviert im Kammerteil des Mikrofluidikchips. Gezeigt sind Fluoreszenzaufnahmen der Kolonie nach einem, drei, fünf und sieben Tagen (Maßstab: 100 µm)[61].

---

[61] Die Abbildung wurde von M. Sc. Chorong Kim zur Verfügung gestellt und im Rahmen ihrer Promotionsarbeit (KIT 2012) erarbeitet.

5.4 Anwendung Mikrofluidikchip zur Herstellung von Porengradientenfilmen

Der experimentelle Aufbau zur Herstellung eines Porengradientenfilms ist schematisch in Anhang J.1 dargestellt. Um einen Gradienten über die Porenmorphologie zu erhalten, werden zwei verschiedene Polymerisationslösungen in den Mikrofluidikchip injiziert. Im Mikromischer entsteht ein 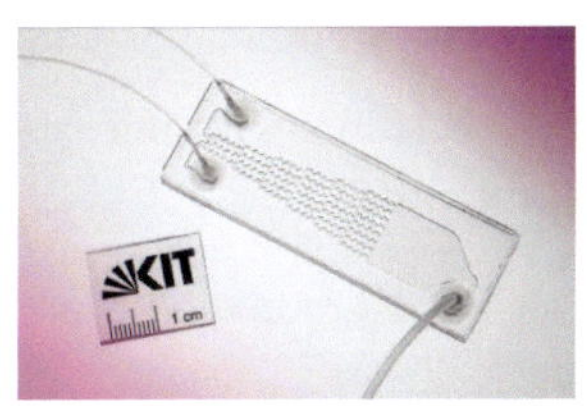 Gradient über die beiden Lösungen, der in der Reaktionskammer zur Verfügung gestellt wird. Die beiden verwendeten Lösungen bestehen zu 50% aus Monomeren und zu 50% aus Alkohol (Porogenen) [167]. Der Monomeranteil setzt sich aus 30% Ethylenglycoldimethacrylat (EGDMA) und 20% Butylmethacrylat (BMA) zusammen, außerdem wird 1% Photoinitiator zugesetzt. Der Alkohol ist der variierende Anteil in den Polymerisationslösungen und determiniert die Porenmorphologie [167]. Cyclohexanol erzeugt eine nanoporöse Oberfläche mit einem Porendurchmesser im Bereich einiger zehn Nanometer [130]. 1-Decanol erzeugt eine mikroporöse Oberfläche mit einem Porendurchmesser von ~1,2 µm [130]. Die Lösung, welche Cyclohexanol enthält, wird im Folgenden als Lösung 1 bezeichnet. Die Lösung, welche 1-Decanol enthält, wird als Lösung 2 bezeichnet. REM-Aufnahmen der entstehenden Oberflächen bei Verwendung von Lösung 1 beziehungsweise Lösung 2 werden in Anhang J.1 gezeigt. Mischt man die beiden Lösungen, variiert die Porengröße abhängig vom Mischverhältnis [130]. Lösung 2 wird bei den Versuchen mit 0,1% Rhodamin B versetzt, um die Lösungen im Mikrofluidikchip unterscheiden zu können. Alle Chemikalien werden von der Firma Sigma-Aldrich Co. LLC bezogen. Der Mikrofluidikchip wird während des Versuchs direkt unter einer UV-Lampe (OAI Modell 30 deep-UV collimated light source (San Jose, CA) ausgerüstet mit einer 500 W HgXe Lampe) positioniert. Der Gradient im Mikrofluidikchip wird visuell überprüft.

Sobald sich der Gradient in der Reaktionskammer etabliert hat, werden die Spritzenpumpe aus- und die UV-Lampe angeschaltet. Das UV-Licht hat eine Wellenlänge von 260 nm und eine Intensität von 12 mW/cm². Der PDMS-Teil des Mikrofluidikchips kann nun vorsichtig entfernt werden. Die Oberfläche des Polymerfilms wird mit einem Stickstoffstrahl getrocknet, anschließend wird der Polymerfilm zur Entfernung der Porogene über Nacht in Methanol eingelegt. Der Porengradientenfilm steht nun zur potentiellen Verwendung auf dem Glasobjektträger zur Verfügung. Die im Rahmen dieser Arbeit erzeugten Filme werden mit Gold beschichtet, um deren Morphologie mittels REM-Aufnahmen analysieren zu können. In der Biologie werden Mikrokaskadenmischer üblicherweise mit nur einem Fluid betrieben [10-12, 14, 57, 148]. Die Verwendung von Mikromischern mit zwei Fluiden kann zu Beschränkungen bei der Gradientenformierung führen [22, 23], deswegen wird im Folgenden das Verhalten des Mikromischers aufbauend auf den Erkenntnissen aus Kapitel 5.1, bei Verwendung der Polymerisationslösungen charakterisiert. Polymeroberflächen mit abweichenden Eigenschaften werden üblicherweise zwischen zwei Glasobjektträgern mit Abstandhaltern aus Kaptonfolie hergestellt [130]. Da die Polymerfilme im Rahmen dieser Arbeit im vorliegenden Mikrofluidikchip hergestellt werden, muss das Fabrikationsprotokoll angepasst und bei Bedarf optimiert werden. Zum Abschluss des Kapitels wird die Erzeugung von Porengradientenfilmen bei optimiertem Versuchsablauf dargestellt.

5.4.1 Charakterisierung des Mikromischers mit Polymerisationslösungen

Da die Diffusionskoeffizienten der Porogene in den Monomerlösungen nicht bekannt sind, werden diese am IBG 2 mittels NMR-Analyse gemessen. Für Cyclohexanol ergibt sich in Lösung 1 ein Diffusionskoeffizient von 260 µm²/s, für 1-Decanol in Lösung 2 ergibt sich ein Diffusionskoeffizient von 290 µm²/s. Mit

Hilfe des mathematischen Modells aus Kapitel 5.2.1 wird die Grenzflussrate für einen diffusiven linearen Gradienten auf 0,0025 ml/min abgeschätzt. Die Diffusionskoeffizienten der Porogene in den Monomerlösungen liegen damit unter den bekannten Werten für Rhodamin B mit 420 μm^2/s [150] in wässrigen Lösungen. Diffusion ist also auch in den Polymerisationslösungen ein vergleichsweise langsamer Prozess.

Wie im Rahmen der Charakterisierung des Mikromischers dargestellt, beeinflussen die Viskosität und die Dichte die Etablierung des Gradients im vorliegenden Mikrofluidikchip (vgl. Kapitel 5.1).

Für die Viskosität der Lösungen liegen lediglich grobe Abschätzungen [168] vor (vgl. Tabelle 7), dementsprechend wird das Verhalten der Lösungen in Flussversuchen untersucht. Abbildung 5.16 zeigt beispielhaft Aufnahmen bei einer Flussrate von 3 ml/min (oben) und 7 ml/min (unten). Analog zu Abbildung 5.3 ist das Fluid mit der geschätzten geringeren Viskosität, Lösung 2, mit Rhodamin B eingefärbt. Eine Verschiebung des Gradienten wie bei den Zuckerlösungen in Abbildung 5.3, kann hier allerdings nicht beobachtet werden. Anhang J.3 zeigt den gleichen Versuch, wenn Lösung 1 mit Methyl Blue eingefärbt wird. Eine Verschiebung kann auch hier nicht beobachtet werden. Im gesamten gestesteten Flussratenbereich kann von 0,001-40 ml/min keine Gradientenverschiebung beobachtet werden, demzufolge wird angenommen, dass die Schätzung der Viskosität, aus der Viskosität der Einzelkomponenten, ein stark fehlerhaftes Bild zeigt und die Viskosität der Lösungen eher vergleichbar ist.

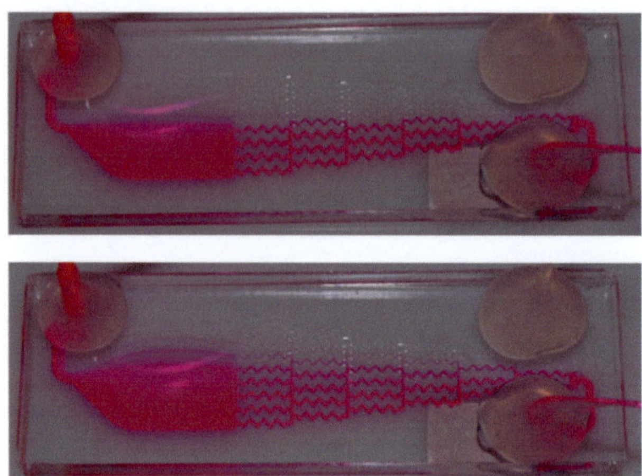

Abbildung 5.16: Flussversuche mit Polymerisationslösungen. Lösung 2 (geringere ge-schätzte Viskosität) ist mit Rhodamin B gefärbt. Oben eine Flussrate von 3 ml/min unten von 7 ml/min. Das erwartete Verhalten von Flüssigkeiten mit verschiedenen Viskositäten, eine Verdrängung des Fluids mit niedrigerer Viskosität, kann nicht beobachtet werden.

Die Polymerisationslösungen weisen allerdings unterschiedliche Dichten auf, Tabelle 7., weswegen eine weitere µLIF-Messung mit den Polymerisationslö-sungen durchgeführt wird. Die Ergebnisse sind in Abbildung 5.17 dargestellt. Wie bei früheren Versuchen ist Lösung 2 mit Rhodamin B angefärbt. Die Mes-sung zeigt, dass bei einer Flussrate von 0,001 ml/min und 0,25 ml/min eine Schichtung der Polymerisationslösungen auftritt. In beiden Fällen entsteht eine keilförmige Schichtung. Wie erwartet findet sich Lösung 2 (geringere Dichte) auf Lösung 1 (höhere Dichte). Bei einer Flussrate von 10 ml/min können kon-vektive Effekte beobachtet werden. Die Unterschiede zu der Messung mit I-sopropanol und Wasser lassen sich über das geringere Dichteverhältnis der bei-den Fluide erklären. Während sich für Isopropanol und Wasser ein Dichtever-hältnis von ~1,3 ergibt, beträgt das Dichteverhältnis von Lösung 1 zu Lösung 2 lediglich ~1,1. Bei weiterer Reduktion der Flussrate wird dementsprechend eine gleichmäßige Verteilung von Lösung 2 auf Lösung 1 erwartet.

Eine weitere Besonderheit bei der Versuchsdurchführung zur Herstellung von Porengradientenfilmen ist das notwendige Stoppen der Spritzenpumpe zur Polymerisation. Im Rahmen ergänzender Flussversuche wird festgestellt, dass sich auch hierbei die Lösungen aufschichten, sobald die Pumpe ausgestellt wird. Von oben betrachtet wirkt die Schichtung wie eine Vermischung der Lösungen. Anhang J.4 zeigt Aufnahmen eines solchen Versuchs. Zur besseren Visualisierung wird auch Lösung 1 eingefärbt.

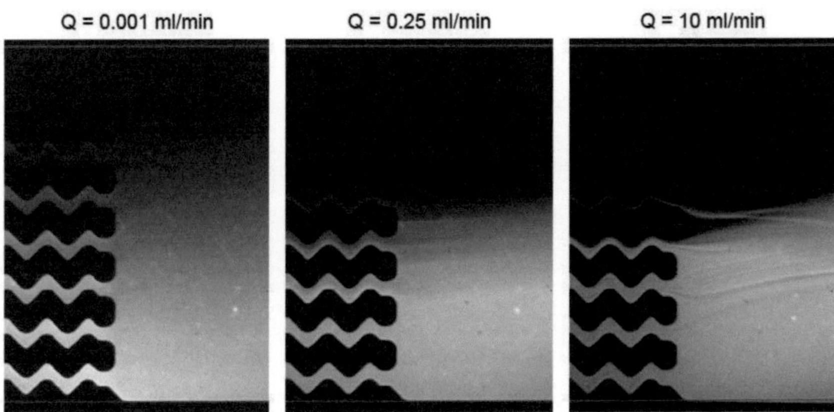

Abbildung 5.17: µLIF-Messung mit den Polymerisationslösungen. Lösung 1 (höhere Dichte) wird in den im Bild oberen Einfluss injiziert. Lösung 2 (geringere Dichte), gefärbt mit Rhodamin B, wird in den unteren Einfluss injiziert. Bei 0,001 ml/min (links) und 0,25 ml/min (mitte) schichtet sich Lösung 2 keilförmig auf Lösung 1. Bei 10 ml/min kann man konvektive Effekte beobachten. [62]

Überträgt man diese Ergebnisse auf den Polymerfilm, bedeutet dies, dass sich eine keilförmige Verteilung der Porenmorphologie im Querschnitt durch den

---

[62] Die Graphik wurde von Dr. Massimiliano Rossi zur Verfügung gestellt.

Polymerfilm einstellen sollte. Da Lösung 2 die geringere Dichte aufweist und eine mikroporöse Oberfläche ausbildet, sollten oben tendenziell mehr Mikroporen und unten tendenziell mehr Nanoporen beobachtbar sein. Die exakte Ausprägung der Keilform ist von der verwendeten Flussrate abhängig. In Abbildung 5.18 wird eine Analyse des Querschnitts durch einen Polymerfilm mit jeweils acht äquidistanten Messstellen in fünf Messreihen mit einem Abstand von jeweils 100 µm gezeigt. Dieser Polymerfilm wird mit einer Flussrate von 7,5 ml/min hergestellt. Wie erwartet, zeigt sich auch hier eine keilförmige Aufteilung der Polymerisationslösungen anhand der sich ergebenden Porenmorphologie. Dreht man den Mikrofluidikchip während der Polymerisation um, so sollten unten tendenziell mehr Mikroporen und oben tendenziell mehr Nanoporen beobachtbar sein. Eine REM-Analyse eines durch den Glasobjektträger polymerisierten Polymerfilms zeigt Anhang J.5.

Im Rahmen der durchgeführten Experimente mit den Mikrofluidikchips, hergestellt mit dem PMMA–Formwerkzeug, zeigt sich, dass sich die Bondverbindung häufig an den Zu- oder Abflüssen des Mikrofluidikchips löst. Aus diesem Grund werden bei dem angepasstem Aluminiumformwerkzeug die Zu- und Abflüsse weiter entfernt vom Rand realisiert (vgl. Kapitel 4.1.4). Bei Verwendung des PMMA-Formwerkzeugs zeigt sich zudem, dass entstehende Luftblasen schlecht aus dem Mikromischer entfernt werden können. Nach der Umstellung auf den angepassten Aluminiumformeinsatz werden beim ersten Befüllen durchwegs alle Luftblasen aus dem Mikrofluidikchip gespült.

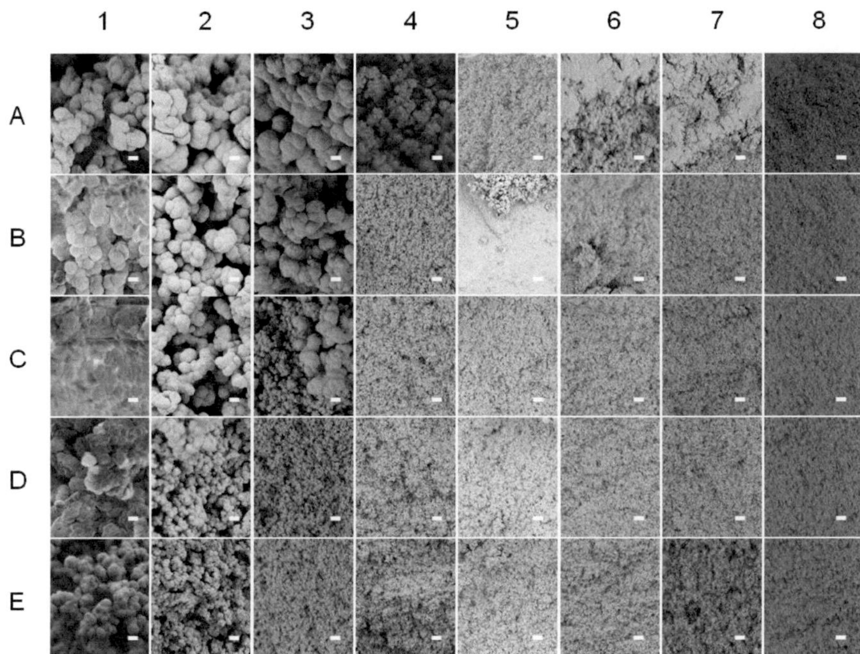

Abbildung 5.18: REM-Analyse eines Querschnitts durch den Polymerfilm erzeugt mit einer Flussrate von 7,5 ml/min. Die Aufnahmen werden jeweils an acht äquidistanten Messstellen (1-8) in fünf Messreihen (A-E) mit einem Abstand von ~100 μm zueinander angefertigt (Maßstab: 1 μm).[63]

5.4.2 Anpassung der Herstellung von Porengradientenfilmen im Mikrofluidikchip

Polymerfilme werden üblicherweise zwischen zwei Glasobjektträgern mit Abstandhaltern aus Kaptonfolie hergestellt [130]. Die maximal verwendete Schichtdicke des Polymers beträgt dabei 100 μm [169]. Da im vorliegenden Mikrofluidikchip die Reaktionskammer eine Höhe von 680 μm aufweist, wird

---

[63] Die Graphik wurde von M. Eng. Junsheng Li zur Verfügung gestellt.

der Ablauf des Polymerisationsprozess genauer untersucht: hierzu wird ein PDMS-Bauteil lose auf einen modifizierten Glasobjektträger aufgelegt, als Polymerisationslösung wird Lösung 1 verwendet, da diese bei Polymerisation eine weißliche Färbung annimmt, die visuell beobachtet werden kann. Der Aufbau wird durch den Glasobjektträger jeweils für 30 s belichtet. Die Polymerisation wird während der Belichtung beobachtet, danach wird der Aufbau geöffnet und der Härtegrad des Polymerfilms mit einem Metallstab geprüft. Der Polymerisationsprozess hängt von der Belichtungszeit ab: Nach 30 s ist die Lösung noch vollständig flüssig. Nach 90 s Belichtungszeit ist die oberste Ebene an der UV-Lampe ausgehärtet. Erst nach einer Belichtungszeit von 300 s ist der Film auch auf der anderen Seite auspolymerisiert. Eine Belichtung durch das PDMS-Bauteil hindurch führt zu einem analogen Ergebnis, negative Effekte durch die PDMS-seitige Bestrahlung werden nicht festgestellt. Da die PDMS-seitige Oberfläche des Films genutzt werden soll, sollte diese auch zuerst ausgehärtet werden. Aus diesem Grund wird die Bestrahlung im Folgenden immer durch das PDMS-Bauteil hindurch realisiert.

Während erster Experimente zur Herstellung von Porengradientenfilmen zeigt sich, dass das PDMS-Bauteil trotz guter Bondstabilität, nach der Herstellung des Polymerfilms einfach gelöst werden kann. Die Filme weisen in > 30% der Fälle allerdings keine ausreichende Haftung zum Glasobjektträger auf. Da die Haftung der Filme auf dem Glasobjektträger zur REM-Analyse und für die spätere Verwendung der Filme in biologischen Versuchen notwendig ist, werden chemisch modifizierte Glasobjektträger eingesetzt, welche die Haftung des Films auf dem Glas erhöhen [130].

5.4.3 Herstellung von Porengradientenfilmen mit optimiertem Versuchsprotokoll

Um die Einsetzbarkeit des Mikrofluidikchips als Werkzeug zur Herstellung von Porengradientenfilmen zu zeigen, werden bei einer Flussrate von 0,25 ml/min und 7,5 ml/min jeweils drei Membranen hergestellt und anschließend mittels REM-Aufnahmen analysiert. Die Belichtung erfolgt jeweils durch das PDMS-Bauteil hindurch. Um die Schichtung der Polymerisationslösungen nach dem Stoppen der Spritzenpumpe möglichst reproduzieren zu können, werden Spritzenpumpe und UV-Lampe synchron geschaltet. Die Spritzenpumpe wird hierbei aus- und die UV-Lampe zur Polymerisation angeschaltet. Der Polymerfilm wird 15 min mit UV-Licht bestrahlt, um eine vollständige Aushärtung zu garantieren. Nach dem Öffnen der Mikrofluidikchips wird die Morphologie der Polymerfilme mittels REM-Aufnahmen analysiert. Abbildung 5.19a) zeigt REM-Aufnahmen eines Porengradientenfilms hergestellt mit einer Flussrate von 0,25 ml/min. Für die Aufnahmen werden die Polymerfilme 10 mm vom Einfluss in die Reaktionskammer entfernt, durchgeschnitten, Abbildung 5.19b). Der entstehende Querschnitt wird 50 µm unterhalb der Oberfläche analysiert. In Abbildung 5.19a) erkennt man, dass die Polymerfilme eine hochporöse Oberfläche mit Mikroporen am einen Ende und Nanoporen am anderen Ende aufweisen. Ein Gradient über die Porenmorphologie ist in Abbildung 5.19a) klar zu erkennen. Zur Charakterisierung des Porengradienten wird eine quantitative Analyse durchgeführt. Für jeweils drei Membranen werden die Poren- und die Kugelgrößen vermessen. Abbildung 5.19c) fasst die durchschnittlichen Werte jeweils für die beiden Flussraten zusammen. Bei Verwendung einer Flussrate von 0,25 ml/min ergeben sich im mikroporösen Bereich Kugelgrößen von ~0,98 µm bis ~1,85 µm. Die Kugeln haben eine durchschnittliche Größe von 1,45 µm. Die Porengröße variiert von ~0,62 µm bis ~1,69 µm mit einem Durchschnittswert von 1,05 µm. Im nanoporösen Bereich verteilt sich die Kugelgröße von

0,1-0,21 µm, bei einer Durchschnittskugelgröße von 0,16 µm. Die durchschnittliche Porengröße im nanoporösen Bereich beträgt ~0,13 µm. Die quantifizierten Ergebnisse in Abbildung 5.19c) rechts, zeigen einen deutlichen Gradienten über die Porenmorphologie. Bei Verwendung einer Flussrate von 7,5 ml/min kann allerdings kein Gradient festgestellt werden.

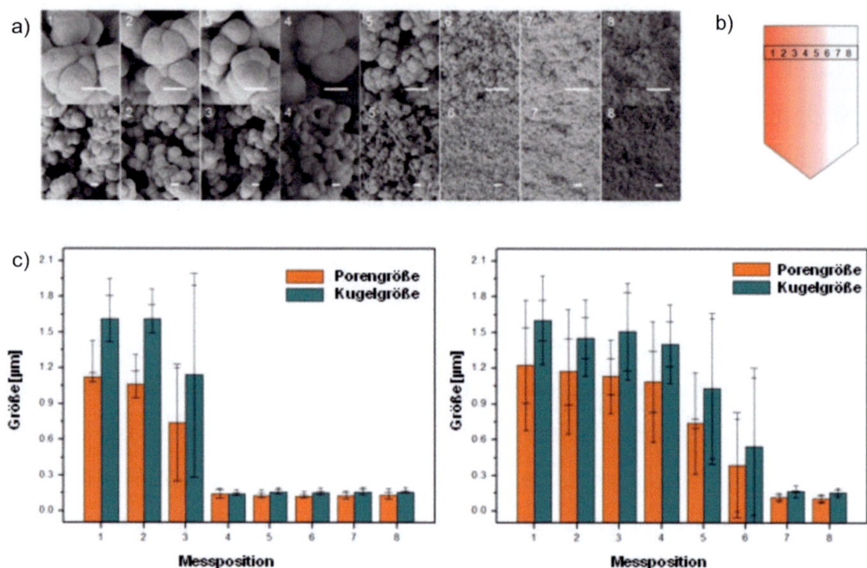

Abbildung 5.19: Auswertung der identisch hergestellten Porengradientenfilme. a) REM-Aufnahmen eines Porengradientenfilms hergestellt mit einer Flussrate von 0,25 ml/min (Maßstab: 1 µm). Die obere Zeile zeigt eine Vergrößerung der unteren. b) Messpunkte für die REM-Analyse auf dem Polymerfilm. c) Zusammenfassung der Messung von Poren- und Kugelgrößen aus REM-Aufnahmen von jeweils drei Polymerfilmen, hergestellt mit einer Flussrate von 7,5 ml/min (links) und 0,25 ml/min (rechts).[64]

---

[64] Die Graphik wurde von M. Eng. Junsheng Li zur Verfügung gestellt.

Zusammenfassend lässt sich sagen, dass mit Hilfe des entwickelten Mikrofluidikchips, bei Verwendung geeigneter Flussraten, ein Gradient der Porenmorphologie in einem Polymerfilm hergestellt werden kann. Durch Schichtungseffekte der Polymerisationslösungen können zudem, aufgrund von abweichender Dichte, Polymerfilme mit einer keilförmigen Verteilung der Porenmorphologie hergestellt werden.

5.5 Anwendung Mikrofluidikchip für das Metabolic Engineering

Der experimentelle Aufbau bei der Anwendung des Mikrofluidikchips für das Metabolic Engineering ist schematisch in Anhang K.1 dargestellt. Die Zellkammer des Mikrofluidikchips wird mit Hilfe einer Spritze beladen. Mikrofluidikchip und Spritzen sind über Schläuche und Drei-Wege-Hähne miteinander verbunden. Die zweite Kammer des Mik 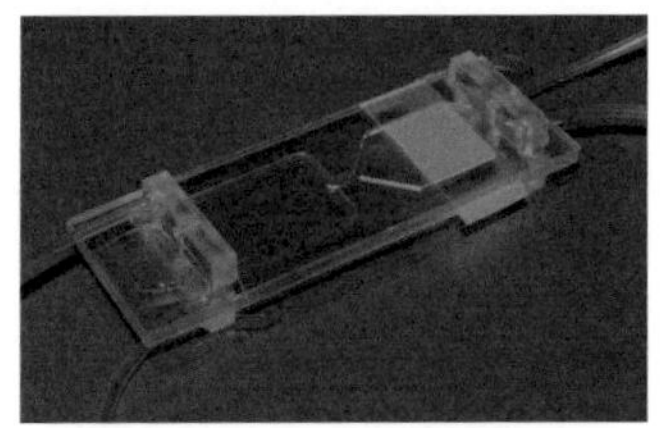 rofluidikchips wird mit einer Peristaltikpumpe betrieben, die ebenfalls über Schläuche und Drei-Wege-Hähne angeschlossen wird. Zur Durchführung des Versuchs wird der vollständige Mikrofluidikchip zuerst mit 70%-igem Ethanol gereinigt [170]. Die Kammer wird mit Nährmedium befüllt. Die Zellkammer wird zuerst mit Nährmedium gespült, anschließend werden die Pflanzenstammzellen in Zellsuspension mit Hilfe einer Spritze injiziert. Die Zellkammer wird dann verschlossen indem entweder die Drei-Wege-Hähne geschlossen oder die Schläuche mittels einer Klammer abgeklemmt werden. Die Zellen werden während des Experiments über die zweite Kammer versorgt, die mit einer Flussrate von 0,08 ml/min betrieben wird [170]. Der Austausch zwischen den Kammern findet über Diffusion durch die perforierte Membran statt. Die Produkte der Zellen werden ebenfalls über den zweiten Kammerkreislauf abgeleitet. Der Flüssig keitsstrom aus der zweiten Kammer wird in einem Auffangbehälter gesammelt [170]. Der Auffangbehälter wird jede Stunde ausgetauscht, in flüssigem Stickstoff tiefgefroren und für die folgenden NMR-Analysen ans IBG 2 überstellt. Der Mikrofluidikchip befindet sich während des Experiments unter einer Sterilbank, temperiert auf 26°C und wird mit Aluminiumfolie umwickelt, um eine Abdunklung zu erreichen. Die verwendeten BY-2 Tabakpflanzenstammzellen werden für gewöhnlich bei 26°C, im Dunkeln auf einem Horizontalschüttler mit 150 U/min kultiviert. Die Zellen können am Ende des Experiments mit Nährmedium aus der Zellkammer ausgespült und bei Bedarf nochmals hinsichtlich Vitalität, Mitoseindex und Zelllänge analysiert werden. Die beiden Kammern werden anschließend mit 70%-igem Ethanol und destilliertem Wasser gereinigt. Da Pflanzenstammzellen im Gegensatz zu Säugerzellen nicht adhärieren, können mit Hilfe eines einfachen Reinigungsschrittes alle Zellreste entfernt werden. Der Mikrofluidikchip kann nach der Reinigungsprozedur wieder verwendet werden [170].

Die Pflanzenstammzellen können im Mikrofluidikchip über ihren vollständigen Kultivierungszyklus von sieben Tagen kultiviert werden [170]. Damit wird das Langzeitkultivierungspotential für Pflanzenstammzellen im vorliegenden Mikrofluidikchip gezeigt. Abbildung 5.20 zeigt eine Aufnahme von Pflanzenstammzellen im Mikrofluidikchip. In ersten Experimenten wird nachgewiesen, dass die Zellen im Mikrofluidikchip eine ausreichende Überlebensrate von 75% haben. In etablierten Zellkulturen liegt die Überlebensrate im Vergleich dazu bei 95%. Bei Pflanzenstammzellen wird die Vitalität neben Färbeassays (Trypan Blue dye exclusion test) üblicherweise über die Häufigkeitsverteilung hinsichtlich Zellzahl pro Zellfaden bestimmt. Dazu wird die Anzahl der Einzelzellen pro Zellfaden in Mikroskopaufnahmen bestimmt. Im vorliegenden Mikrofluidikchip entspricht die Verteilung größtenteils der Verteilung in etablierten Zellkulturen [170]. Erste NMR-Analysen zeigen keinen Einfluss des Experimentators in dem abgeleiteten Medium [171]. Dafür können chemische Substanzen wie Sarkozyn, welches als Medikament gegen Schizophrenie eingesetzt wird, in geringen Mengen nachgewiesen werden [171].

Die Mikrofluidikchips können bei fehlerfreier Herstellung zwischen < 3 und >18 Tagen im Dauerbetrieb genutzt werden, bevor Leckage auftritt. In der Regel löst sich die Bondverbindung um die Kammern. Auch für Mikrofluidikchips welche mit lösemittelunterstütztem Thermobonden gedeckelt werden ist die Bondstabilität nicht einheitlich. Der eingesetzte PTFE-Schlauch ist aufgrund seiner geringen Flexibilität schlechter zu handhaben als früher verwendete hochflexible Silikonschläuche. Durch die geringe Flexibilität der Schläuche lösen sich die Schraubverbinder bei längerem Gebrauch aus den Gewindebohrungen der Adaptoren und müssen erneut befestigt werden. Der Austausch der Peristaltikpumpe durch eine Spritzenpumpe könnte hier möglicherweise Abhilfe schaffen.

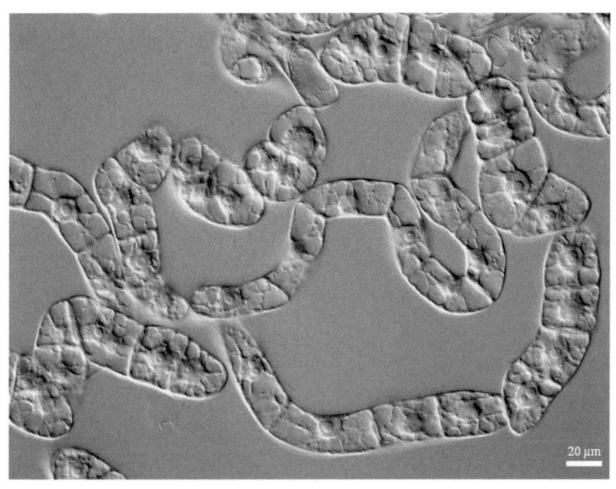

Abbildung 5.20: BY-2 Tabakpflanzenstammzellen kultiviert im Mikrofluidikchip für das Metabolic Engineering.[65]

---

[65] Diese Aufnahme wurde von Dr. Jan Maisch zur Verfügung gestellt.

6 Marktanalyse Mikrofluidikchip zur Stammzelldifferenzierung

Im Rahmen dieser Arbeit wird zudem eine Marktanalyse über den Mikrofluidikchip zur Stammzelldifferenzierung durchgeführt[66]. Die Marktanalyse gliedert sich in zwei Abschnitte, eine Primär- und eine Sekundärdatenanalyse. Bei der Primärdatenanalyse werden vorhandene Daten ermittelt und ausgewertet. Im Rahmen der Sekundärdatenanalyse werden eigene Daten aufgenommen und ausgewertet. Unter anderem dient die Marktstudie zur Bestimmung des Marktpotentials des Mikrofluidikchips zur Stammzelldifferenzierung[67]. Das Marktpotential ist die Anzahl von Einheiten eines Produktes, welche *„insgesamt abgesetzt werden könnten, wenn alle potentiellen Kunden über die erforderlichen Mittel (Kaufkraft) verfügten und ein Kaufbedürfnis bestünde"* [172]. Das Marktpotential eines Produktes wird nach folgender Formel berechnet:

$$P = V * A \qquad\qquad (6.1)$$

P	Marktpotential	[Stück/Jahr]
V	Potentieller Verbrauch pro Jahr	[Stück/Jahr]
A	Anzahl potentieller Abnehmer	[ ]

Neben der Ermittlung spezifischer, benötigter Größen für die Berechnung des Marktpotentials sollen im Rahmen der Sekundärdatenanalyse bisher unbekannte Anforderungen an den Mikrofluidikchip ermittelt und bestehende, offene Fragen

---

[66] Auf Basis der Marktanalyse wird der Mikrofluidikchip zur Stammzelldifferenzierung im Kunden-Newsletter RESEARCH TO BUSINESS des KIT vorgestellt.

[67] Die Marktanalyse wurde in Teilen in einer von mir betreuten Seminararbeit von Fr. Patricia Beuter durchgeführt. Der Fokus dieser Arbeit lag auf der Vorbereitung und Durchführung der Expertengespräche.

geklärt werden. Eine klassische Endkundenbefragung, mit einer Vielzahl von Interviews, ist im Rahmen dieser Arbeit nicht realisierbar, stattdessen sollen einige wenige Expertengespräche durchgeführt werden. Experten sind Menschen mit Überblickswissen über den fraglichen Bereich. Aufgrund ihres Wissens sind Experten dazu in der Lage, Aussagen über die allgemeinen zukünftigen Entwicklungen zu machen [173]. Im Folgenden wird zu Beginn auf die Primärdatenanalyse und anschließend auf die Sekundärdatenanalyse mit den durchgeführten Expertengesprächen eingegangen. Das Kapitel schließt mit der Berechnung des Marktpotentials, aus den gewonnen Daten.

6.1 Primärdatenanalyse

Marktzahlen für Mikrofluidikchips sind bis dato nicht verfügbar. Einen interessanten Einblick in die Absatzmöglichkeiten von Mikrofluidikchips bieten die Unternehmensdaten der ibidi GmbH [174]. Diese nimmt ihre Unternehmenstätigkeit 2001 als Ausgründung der TU München auf und vertreibt *„innovative functional cell-based assay technologies"* [174]. Das Unternehmen hat inzwischen ~50 Mitarbeiter, erwirtschaftet einen Jahresumsatz von 5 Mio €/Jahr, produziert in den USA und Deutschland und vertreibt seine Produkte weltweit. Neben eher einfachen Mikrofluidikchips werden allerdings auch Zelllinien, Instrumente und Software verkauft [174].

Im Rahmen der Primärdatenanalyse werden zudem länderspezifische Unterschiede analysiert. Mittels einer Suchabfrage im ISI Web of Knowledge wird ein Länderranking nach dem Forschungsaufkommen im Bereich der Stammzellbiologie erstellt [175]. Das Forschungsaufkommen erlaubt eine Einschätzung der Relevanz der entsprechenden Länder im Rahmen einer Vermarktung des Mikrofluidikchips. Als Markt besonders interessant sind die USA, Japan,

Deutschland, China und Großbritannien. Eine Liste der 14 Länder mit dem höchsten Forschungsaufkommen wird in Anhang L.1 gezeigt. Für diese 14 Länder wird die Gesetzeslage analysiert. Stammzellforschung, insbesondere an humanen embryonalen Stammzellen, gilt als ethisch bedenklich. Demzufolge ist sie in manchen Ländern, wie beispielsweise in Deutschland, nur eingeschränkt erlaubt oder in anderen, wie beispielsweise in Irland, sogar verboten [176, 177]. Eine Zusammenfassung wird in der Tabelle in Anhang L.1 gegeben. In Italien und der Schweiz soll Stammzellforschung an embryonalen, humanen Stammzellen verboten werden, damit reduziert sich die Liste auf 12 Länder, sollte der Mikrofluidikchip lediglich für diese Stammzellen eingesetzt werden. Weitere geplante oder bereits vorhandene Verbote sind nicht bekannt.

Zur Ermittlung des Marktpotentials wird unter anderem die Anzahl der Stammzellzentren benötigt. Weltweit sind für das Jahr 2004 139 Stammzellforschungszentren gelistet [178]. Aufgrund fehlender neuerer Studien wird im Folgenden auf die Studie des Minnesota Biomedical & Bioscience Networks [178] zurückgegriffen. In dieser Studie werden Gesellschaften gesammelt aufgelistet, so werden beispielsweise alle Max-Planck- und Fraunhofer-Institute zusammengefasst [178]. Für Deutschland sind in der genannten Studie lediglich drei Stammzellzentren genannt [178]. Das Robert-Koch-Institut[68] verzeichnet aktuell rund 40 Institute die Stammzellforschung mit humanen embryonalen Stammzellen betreiben [179]. Die Annahme von 139 Stammzellzentren weltweit, ist daher als äußerst konservativ anzusehen.

Als Vorbereitung für die Sekundärdatenanalyse müssen zudem passende Experten ermittelt werden. Es wird von einem Einsatz in der biologischen Forschung ausgegangen. Wissenschaftler, insbesondere solche auf höherer Ebene, haben in

---

[68] Das Robert-Koch-Institut ist in Deutschland nach dem Stammzellgesetz für die Genehmigung von Einfuhr und Verwendung humaner embryonaler Stammzellen zuständig.

der Regel einen guten Überblick über die institutseigenen Forschungsaktivitäten. Zudem sind Wissenschaftler über regelmäßige Konferenzen gut mit Fachkollegen vernetzt, weswegen ebendiese als Experten angesehen werden können. Die Auswahl der relevanten Stammzellforschungszentren erfolgt über eine Internetrecherche, ergänzt durch ein Gespräch mit dem Robert-Koch-Institut [179].

6.2 Sekundärdatenanalyse

Auf Basis von Primärdatenerhebung und ausführlichen Gesprächen[69] mit M. Sc. Chorong Kim und PD Dr. Dietmar Gradl, beide vom ZI II, wird ein Interviewleitfaden in deutscher und englischer Sprache erstellt. Der Fragebogen wird unter Beachtung gängiger Leitlinien zur Erstellung von Fragebögen (zusammengefasst beispielsweise in Aschemann-Pilshofer (2001) [180]) erstellt und im Folgenden sukzessive während der Expertengespräche angepasst. Insgesamt werden sechs Expertengespräche durchgeführt. Eine Liste der Experten findet sich in Anhang L.2. Keiner der Experten bricht das Gespräch während des Interviews ab. Alle sechs sind grundsätzlich bereit weitere Rückfragen zu beantworten. Zu drei Experten besteht nach dem Interview noch Kontakt per E-Mail zur Klärung von Fragen und Anregungen. Für Expertengespräche sind sechs Gespräche eine vergleichsweise geringe Anzahl. Aufgrund des offensichtlichen großen Interesses und der genutzten Möglichkeit für Rückfragen, sollte das sich ergebende Bild, nichtsdestotrotz, aussagekräftig sein.

Im Rahmen der Auswertung der Gespräche wird deutlich, dass bei einer Frage über die Wiederverwendbarkeit der Mikrofluidikchips eine Beeinflussung einiger Experten durch die genannte Preisspanne stattfindet. Dies muss bei der

---

[69] Durchgeführt von Fr. Patricia Beuter

Auswertung der Ergebnisse beachtet werden [180]. Im Folgenden werden die Ergebnisse aller geführten Gespräche zusammengefasst[70]. Zu Beginn werden die biologischen Erkenntnisse dargestellt, anschließend die wirtschaftlich relevanten Aussagen. Die Zusammenfassung schließt mit den genannten alternativen Anwendungsmöglichkeiten.

Als Goldstandard für die Untersuchung der Stammzelldifferenzierung werden Multiwellplatten angesehen. Mit diesen muss der vorliegende Mikrofluidikchip zur Stammzelldifferenzierung entsprechend verglichen werden. Als maximale Differenzierungsdauer werden Zeitangaben zwischen 21 [181, 182] und 60 Tagen [113] gemacht. Stammzelle wird als Überbegriff für eine Vielzahl verschiedener Zellen verwendet. Die Differenzierung einer Stammzelle läuft in vielen kleinen Schritten ab, eine exakte Definition wann eine Zelle tatsächlich differenziert ist, gibt es bis heute nicht [183]. Dies erklärt die Varianz in den gemachten Angaben. Für eine uneingeschränkte Einsetzbarkeit bei der Untersuchung der Stammzelldifferenzierung sollte demzufolge die Stabilität aller Verbindungen für einen Zeitraum von 60 Tagen ausreichen. Weitere Anforderungen an den Mikrofluidikchip ergeben sich aus den Gesprächen nicht. Nach Expertenmeinung sind alle adhärenten Stammzellen für den Mikrofluidikchip geeignet. Bei den meisten Stammzellen ist jedoch noch nicht klar, ob sie diesem Typ angehören oder nicht, dementsprechend muss nach Expertenaussage, die Kultivierbarkeit für jeden Zelltyp separat getestet werden. Im Diffusionsmodus des Mikrofluidikchips (vgl. Kapitel 5.2.3) treten die Zellen lediglich durch die Membran mit den Proteinen in Kontakt, dadurch ist die Kontaktfläche der Zellen zum Gradienten eingeschränkt. Untersuchungen zu möglichen Auswirkungen der eingeschränkten Kontaktfläche auf die Zellreaktion sind den Experten nicht bekannt. Die Einschätzungen hierzu gehen stark auseinander. Ein Experte ver-

---

[70] Da eine explizite Zuordnung bei kumulierten Aussagen nicht möglich ist, wird als Referenz auf Anhang L.2 sowie auf M. Sc. Chorong Kim und PD Dr. Dietmar Gradl verwiesen.

mutet, dass sich die Signalwirkung verringern könnte [184]. Dies korrespondiert mit dem selbst beobachteten Effekt während der durchgeführten Experimente mit BIO (vgl. Kapitel 5.2.3). Ein anderer Experte geht davon aus, dass die Zellen eher lokal an der Kontaktfläche differenzieren würden [113]. Grundsätzlich werden entsprechende Untersuchungen als interessant eingeschätzt, da der Diffusionsmodus damit den Gegebenheiten *in vivo* entspricht. Nachteilig schätzen die Experten die Volumenbegrenztheit des Mikrofluidikchips ein.

Als Preisspanne für den Mikrofluidikchip werden im Interview 70-100 €[71] genannt. Dies wird von den Experten als angemessen empfunden, wenn der Mikrofluidikchip dazu beiträgt spezifische Fragestellungen zu beantworten. Ein Einwegprodukt wird von den Experten klar bevorzugt. Die Reinigung von Materialien für biologische Versuche ist zeit- und wegen des hohen Chemikalienverbrauchs, kostenintensiv. Zudem besteht die Gefahr, dass Verunreinigungen zurückbleiben, welche das nächste Versuchsergebnis verfälschen können. Es wird allerdings auch angegeben, dass bei dem genannten Preis das Produkt mehrfach verwendbar sein sollte. Die entsprechenden Experten geben jedoch früher im Interview an, dass Kunststoffteile nicht wieder verwendet werden sollten. Offenbar liegt an dieser Stelle eine Beeinflussung der Antwort durch den vorgenannten Preis vor. Einige Experten werden nach der geschätzten benötigten Anzahl an Mikrofluidikchips in ihrem Institut gefragt. Die Antworten reichen von 40-50 Mikrofluidikchips/Jahr [113] bis 120-180 Mikrofluidikchips/Jahr [183]. Im Folgenden wird der Mittelwert aus diesen Angaben mit 93 Mikrofluidikchips/Jahr verwendet.

---

[71] Die angegebene Preisspanne wird auf Basis der kalkulierten Herstellungskosten am IMT bei fehlerloser Produktion geschätzt. Bei industrieller Fertigung sollten sich die Herstellungskosten deutlich reduzieren lassen.

Die folgenden alternativen Anwendungsmöglichkeiten werden von den Experten genannt:

- Versuche zur Virentransfektion von Stammzellen [184]. Bei dieser Art der Versuche werden Viren anstatt Morphogenen in den Mischer injiziert. Die Viren übertragen ihr Genmaterial auf die Zellen, welche im Anschluss analysiert werden.

- Des Weiteren wird die Pharmaindustrie als mögliche Zielgruppe genannt [183].

Insgesamt bewerten alle Gesprächspartner die Mikrofluidik als äußerst interessant für Versuche zur Stammzelldifferenzierung. Vier der sechs befragten Experten geben zum Abschluss des Gesprächs ungefragt an, den Mikrofluidikchip gerne testen zu wollen.

6.3 Berechnung des Marktpotentials

Um das Marktpotential aus den erhobenen Informationen berechnen zu können müssen einige Annahmen getroffen werden. Der Mikrofluidikchip wird als Einwegprodukt genutzt. Das Marktpotential kann somit aus der Anzahl der Stammzellzentren aus der Primärdatenanalyse und dem mittleren genannten Verbrauch aus der Sekundärdatenanalyse berechnet werden. Es ergibt sich ein Marktpotential von ~13.000 Mikrofluidikchips/Jahr. Bewertet mit der Preisspanne von 70-100 € pro Mikrofluidikchip ergibt sich somit ein Umsatzerlös von ~0,9-1,3 Mio €. Folgt man dem Institut für Mittelstandsforschung, Bonn, liegt ein Unternehmen mit diesem Umsatz genau an der Grenze von einem kleinen zu einem mittleren Unternehmen. Für kleine Unternehmen werden bis zu neun für mittlere bis zu 499 Mitarbeiter angenommen [185].

Zusammenfassend lässt sich sagen, dass eine Vermarktung des Mikrofluidikchips zur Stammzelldifferenzierung über ein separates Unternehmen oder alternativ auch im Rahmen von Kleinserienfertigungen am IMT wirtschaftlich durchaus interessant sein könnte.

7 Zusammenfassung und Ausblick

Im Folgenden werden die Ergebnisse dieser Arbeit bei der Entwicklung und Optimierung der Mikrofluidikchips für Anwendungen aus der Zellbiologie zusammengefasst. Im Anschluss wird ein Ausblick auf mögliche weitere Entwicklungen gegeben.

7.1 Zusammenfassung

Im Rahmen dieser Arbeit werden Mikrofluidikchips für die Untersuchung der Stammzelldifferenzierung, Mikrofluidikchips zur Gewinnung wertvoller Substanzen durch Metabolic Engineering und Mikrofluidikchips zur Herstellung von Porengradientenfilmen entwickelt, optimiert und angewendet. Insgesamt werden 504 einsatzfähige Mikrofluidikchips hergestellt. Im Rahmen der Entwicklung der Mikrofluidikchips kann Folgendes gezeigt werden:

- Langzeitkultivierbarkeit von embryonalen Stammzellen in Mikrofluidikchips hergestellt aus Polycarbonat

- Langzeitkultivierbarkeit von Pflanzenstammzellen in Mikrofluidikchips hergestellt aus Polycarbonat

- Beeinflussbarkeit von Zellen in einer Zellkammer mit einem Gradienten über eine perforierte Membran

- Abschöpfbarkeit von Zellprodukte über eine perforierte Membran und damit die Nutzbarkeit von Pflanzenstammzellen zur Produktion von wertvollen Substanzen

- Beobachtbarkeit von Zellen mit konventionell hochauflösenden lichtmikroskopischen Verfahren im Mikrofluidikchip während des laufenden Versuchs

- Reproduzierbare und massenfertigungstaugliche Herstellbarkeit von biokompatiblen Mikrofluidikchips im Stapelaufbau

- Herstellbarkeit der Mikrofluidikchips in kurzen Zyklen

- Verwendbarkeit von Aluminiumformeinsätze in Forschungsprojekten mit ~ 150 Abformungen als Alternative zu Messingformeinsätzen

- Herstellbarkeit von designunabhängigen, formschlüssigen Bondverbindungen in Polycarbonat

- Herstellbarkeit von Bondverbindungen belastbar mit einem Druck von > 10 bar in Polycarbonat

- Bondfestigkeit wird nicht von der Planparallelität beeinflusst

- Herstellbarkeit von Polymerfilmen mit einem Gradient über die Porenmorphologie in einem Mikrofluidikchip

- Massenfertigungstaugliche Herstellbarkeit von Mikrofluidikchips aus PDMS

- Diffusive und konvektive Mischbarkeit von Fluiden im vorliegenden Mikromischer

- Einsetzbarkeit des vorliegenden Mikromischers mit zwei verschiedenen Fluiden

- Beeinflussbarkeit der Fluide im vorliegenden Mikromischer durch deren Dichte

Im Rahmen einer Marktanalyse über den Mikrofluidikchip zur Stammzelldifferenzierung wird gezeigt, dass eine Vermarktung des Mikrofluidikchips wirtschaftlich gesehen durchaus interessant sein könnte und auf Seiten der Anwender Interesse bestünde.

Im Folgenden wird dargestellt wie diese Ergebnisse im Detail realisiert werden können. Die entwickelten Mikrofluidikchips zur Stammzelldifferenzierung und die Mikrofluidikchips für das Metabolic Engineering werden in Polycarbonat gefertigt, Mikrofluidikchips zur Herstellung von Porengradientenfilmen in PDMS. Im Folgenden wird zu Beginn auf die Herstellung und anschließend auf die Anwendung der Mikrofluidikchips eingegangen. Bei der Herstellung wird eingangs auf die Verwendung von Polycarbonat und anschließend auf die Verwendung von PDMS eingegangen.

Zur Abformung von Mikrofluidikchips in Polycarbonat sollte:

- Makrolon® GP clear 099 als Halbzeug verwendet werden

- Mit dem vorliegenden Messingformeinsatz, an der Heißprägeanlage WUM 02 bei einer Temperatur von 173°C, einer Prägekraft von 40 kN und einer Haltezeit von 700 s, bei einer Vorheiztemperatur von 190°C und einer Entformtemperatur von 134°C abgeformt werden

  → es entstehen 170 reproduzierbare fehlerlose Bauteile

- Mit dem vorliegenden Aluminiumformeinsatz, an den Heißprägeanlagen WUM 02 oder WUM 03 bei gleichen Prozessparametern und einer angepassten Endtemperatur des Kühlprozesses von 160°C abgeformt werden

→ es entstehen > 190 reproduzierbare, großteils transparente Bauteile

- Für kurze Zykluszeiten mit Hilfe eines Vorheizprozesses auf 130-140°C an der Wickert-Heißprägeanlage abgeformt werden

  → die Prozesszeit verkürzt sich von 58 min auf 14 min, allerdings weisen die Bauteile eine Abweichung über die Bauteildicke auf, die um 89% höher und die Planparallelität der Bauteile entsprechend schlechter ist, als bei Abformungen in längeren Zyklen

Die Poren im vorliegenden Messingformeinsatz lassen sich auf den vorhandenen Bleianteil zurückführen. Bei Verwendung des Aluminiumformeinsatzes lässt sich die Prozesszeit an der Heißprägeanlage WUM 02 um 19% reduzieren. Bei Verzicht auf Vakuum ist eine weitere Reduktion der Prozesszeit von 20% möglich. Im vorliegenden Fall kann auf einen Temperprozess der Halbzeuge vor dem Abformprozesses verzichtet werden. Dadurch reduziert sich die Durchlaufzeit bei der Herstellung der Mikrofluidikchips mindestens um 48 h.

Zur Herstellung von Mikrofluidikchips im Stapelaufbau in Polycarbonat mit guter Bondstabilität sollte beim Bondprozess:

- Immer eine Reinigung aller Substrate mit Isopropanol vor dem Bondprozess vorgesehen werden

- Über der Zellkammer der Mikrofluidikchips eine Polycarbonatschicht von mindestens 0,8 mm Dicke vorhanden sein

- Ab einer Abweichung der Bauteildicke von > 100 µm eine 1 mm starke Silikonfolie zum Ausgleich verwendet werden

- Ein Thermobondprozess über Glasübergangstemperatur angestrebt werden, hierzu sollte

  o Das abgeformte Bauteil vor dem Bondprozess mindestens 48 h bei 120°C getempert werden um eine Temperatur von 156°C, eine Bondkraft von 0,04 kN und einer Haltezeit von 400 s einsetzen zu können

  o Die Vorheiztemperatur im Bondprozess > 10°C über der Bondtemperatur liegen

  o Minimal eine Kraft von 0,04 kN eingestellt werden

  o Ein Schichtaufbau aus Stahlplatten mit 1 mm dicker Silikonfolie eingesetzt werden

  → es entstehen reproduzierbare Verbindungen ohne Strukturdeformation mit einer vollständig homogenen Verbindung zwischen den Materialien, die im Mittel mit 14 bar Druck beaufschlagt werden können, bei einer Flussrate von 40 ml/min eine Defektwahrscheinlichkeit von 0% aufweisen, auch bei -130°C in flüssigem Stickstoff beständig sind und eine Verbesserung der Bondfestigkeit gegenüber bei 134°C gebondeten Bauteilen von 286% aufweisen.

  o Ist aufgrund des Designs ein Thermobondprozess über Glasübergangstemperatur ausgeschlossen, wie beispielsweise bei den vorliegenden Kammerstrukturen mit einer Fläche von 322 mm² bei einer Höhe von 0,5 mm, sollte

    - Ein lösemittelunterstützter Thermobondprozess eingesetzt werden, wenn dieser ausreichend biokompatibel für die angestrebte Anwendung ist: dieser erhöht die Bondstabilität im Vergleich zu einem reinen Thermobondprozess bei gleichen Bondparametern um 72%

- Oder ein reiner Thermobondprozess unter Glasübergangstemperatur bei einer Temperatur von 138°C, einer Bondkraft von 13 kN und einer Haltezeit von 800 s: dieser erhöht die Bondstabilität im Vergleich zu Literaturwerten für Polycarbonat um 141%, im Vergleich zu bei 134°C gebondeten Bauteilen um 142%, die Flussrate sollte für eine Defektwahrscheinlichkeit von 10% auf $\leq$ 3 ml/min beschränkt werden

→ es entstehen Mikrofluidikchips mit formschlüssiger Verbindung, deren Einsatz allerdings beschränkt werden sollte, bei manueller Befüllung liegt die Defektwahrscheinlichkeit für unter Glasübergangstemperatur gebondete Mikrofluidikchips bei 84%[72], entsprechend sollten die Mikrofluidikchips nicht manuell, sondern lediglich mit Hilfe von Pumpen befüllt werden

- o Langzeitbonden sollte vermieden werden, da der Zeitaufwand mit ~3 h Bondzeit enorm ist und die Bondfestigkeit nicht erhöht werden kann

Ein formschlüssiger Thermobondprozess kann ab einer Temperatur von 134°C, einer Bondkraft von 10 kN und einer Haltezeit von 800 s realisiert werden. Ein eindeutiger Einfluss der Planparallelität auf die Bondfestigkeit kann bei Bauteilen mit einer mittleren Abweichung über die Bauteildicke von 50 μm beziehungsweise 70 μm für den Kammer- beziehungsweise Mischerteil nicht gezeigt

---

[72] Lösemittelunterstützte Thermobondverfahren wurden hier nicht charakterisiert.

werden. Alle gezeigten Bondstrategien können auch ohne Vakuum realisiert werden, was zu einer Prozesszeitverkürzung von bis zu 17% führt. Durch Designanpassungen, welche ein Bonden in einem Schritt ermöglichen, kann 50% Prozesszeit, gänzlich ohne negative Folgen für die Bondstabilität, eingespart werden. Bei Verwendung der ölbeheizten Heißprägeanlagen WUM 02 und 03 zum Thermobonden liegt die eingestellte Prozesstemperatur prinzipiell auch an der Bondfläche an. Grundsätzlich sollte immer eine teilperforierte Membran, hergestellt von der Firma it4ip s.a. eingesetzt werden.

Für eine möglichst hohe Biokompatibilität und Stabilität der Mikrofluidikchips sollte bei der Endbearbeitung:

- Der Anschluss über Adaptoren mit Gewindebohrungen, PVDF-Schlauchverbindern und PTFE-Schläuchen realisiert werden

- Polycarbonat als Material für die Adaptoren verwendet werden

- Ist kein Anschluss mittels PTFE-Schläuchen möglich sollte:

  o PA als Schlauchmaterial vor PSU bevorzugt werden

  o Der UV-Klebstoff auf das eingesetzte Schlauchmaterial angepasst werden

Bei Verwendung von PA-Schläuchen kann im Vergleich zu PSU-Schläuchen die Ausfallrate von 30% auf 2% reduziert werden. Zur Vermeidung von Luftblasen sollten zudem am Ausfluss des Mikrofluidikchips Schläuche mit größerem Innendurchmesser vorgesehen werden.

Zur Herstellung eines transparenten Mikrofluidikchips in Polycarbonat zur Beobachtung von lebenden Zellen im Mikrofluidikchip sollte

- Bei der Abformung:

  o Die Heißprägeanlage Jenoptik WUM 02 genutzt

  o Ein Formeinsatz mit geringer Oberflächenrauheit eingesetzt

  o Eine Substratplatte mit durchgängig geringer Oberflächenrauheit verwendet

  o Das Halbzeug mit Aceton angeätzt und

  o Die Entformbarkeit mittels Isopropanol erleichtert werden

  → Es entstehen glasklare Mikrofluidikchips mit reduzierter Restschichtdicke, diese muss kontrolliert werden, da über der Zellkammer eine Polycarbonatschicht von mindestens 0,8 mm Dicke vorhanden sein muss. Mögliche Abformfehler in Form von hochgezogenen Strukturen im Mikromischer, zeigen keinen Einfluss auf die Gradientenausbildung

- Beim Thermobonden:

  o Ein Schichtaufbau aus Materialien mit geringer Oberflächenrauheit eingesetzt werden

- Bei der Endbearbeitung:

  o Lediglich der Anschluss des Mikrofluidikchips an die Außenwelt realisiert und o Bei Bedarf der Mikrofluidikchip, jedoch ausschließlich mit Polierpaste, poliert werden

Auf eine lokale Optimierung der Transparenz der Substratplatte sollte grundsätzlich verzichtet werden. Alternativ können Mikrofluidikchips auch im üblichen Prozessablauf hergestellt und anschließend bis zu 1 h manuell poliert werden.

Zur Herstellung von PDMS-Mikrofluidikchips sollte:

- Beim Replizieren:

  o Der Standardgießprozess des Herstellers und

  o Ein Formeinsatz aus Aluminium mit einem Rand eingesetzt werden

- Beim Bonden:

  o Ein Beschichtungsverfahren mit Härter gewählt

  o Der Härter mittels einer Beschichtungswalze aufgebracht

  o Bei Verwendung von chemisch modifizierten Glasobjektträgern eine Stempeltechnik verwendet werden

  o Die Bauteile im Anschluss mindestens 60 min bei 65°C gebondet werden

- Bei der Endbearbeitung

  o Der Anschluss des Mikrofluidikchips an die Außenwelt nicht seitlich am Mikrofluidikchip realisiert werden

- o Der BEST-Silikon 301 Klebstoff verwendet werden

- o Am Ausfluss ein Schlauch mit größerem Innendurchmesser vorgesehen werden

- o Eine Lagerung der Mikrofluidikchips für sieben Tage vor Verwendung sichergestellt werden

→ es werden Mikrofluidikchips aus PDMS ohne die üblicherweise eingesetzte Plasmatechnik hergestellt. Die sich ergebende Bondfestigkeit der Mikrofluidikchips ist vergleichbar mit Literaturwerten.

Zum Nachweis der Langzeitkultivierbarkeit werden embryonalen Mäusestammzellen über neun Tage im Mikrofluidikchip kultiviert, Pflanzenstammzellen über ihren vollständigen Kultivierungszyklus von sieben Tagen.

Die Kontaktierung der Zellen mit einem Gradienten über eine perforierte Membran kann über den Nachweis der Zellreaktion von HeLa Zellen auf einen BIO-Gradienten beziehungsweise einen Wnt-Morphogengradienten gezeigt werden. Der Wnt-Gradient kann mit einem Dkk-1 Gegengradienten ergänzt werden. Bei Bedarf kann der Kontakt der Zellen zum Gradienten anstatt über Diffusion durch die Membran auch über Konvektion durch die perforierte Membran hergestellt werden.

Die Abschöpfbarkeit von Produkten der Pflanzenzellen im Mikrofluidikchip für das Metabolic Engineering wird durch den Nachweis von Sarkozyn im Rahmen einer NMR-Analyse gezeigt.

Die Beobachtbarkeit von Zellen im Mikrofluidikchip mittels konventionell hochauflösenden lichtmikroskopischen Verfahren wird durch Mikroskopaufnahmen, angefertigt mit Hilfe eines Objektivs mit größerem Arbeitsabstand und

Bauteilen mit einer glasklaren Transparenz gezeigt. Auf den Aufnahmen können durch ~1 mm Polycarbonat die Zellfortsätze der Zellen beobachtet werden. Mit Hilfe der durchgeführten Optimierung ist es nun beispielsweise möglich, Zellen in einem Mikrofluidikchip während Experimenten zur Langzeitkultivierbarkeit wiederholt zu analysieren. Bisher mussten die Experimente mehrfach durchgeführt werden, da der Mikrofluidikchip zur Analyse der Zellen geöffnet werden musste.

Die Herstellbarkeit von Porengradientenfilmen wird mittels REM-Analysen von drei identisch hergestellten Polymerfilmen gezeigt. Diese zeigen im nanoporösen Bereich Porengrößen von 0,13 µm im mikroporösen Bereich Porengrößen von 1,05 µm.

Ein Gradient mit einer linearen Konzentrationsverteilung kann im vorliegenden Mikromischer mit Kanaldimensionen von 400×680 µm bei Verwendung von Isopropanol und Rhodamin B bei Flussraten von $\leq 0,001$ ml/min mittels Diffusion und bei Flussraten von > 15 ml/min mittels Konvektion eingestellt werden. Der Mikromischer hat entsprechend das Potential in zwei Modi mischen zu können. Diese können je nach Anwendung gewählt werden.

Verwendet man den vorliegenden Mikromischer stattdessen mit zwei Fluiden kann bei abweichender Viskosität der Gradient verschoben werden. Bei abweichender Dichte der Fluide ergibt sich eine Schichtung in Abhängigkeit von der angelegten Flussrate und der Dichte der verwendeten Fluide. Dadurch können dreidimensionale Gradienten etabliert werden.

7.2 Ausblick

Für den Mikrofluidikchip zur Untersuchung der Stammzelldifferenzierung sollte grundsätzlich eine Vermarktung angestrebt werden. Aufgrund einer geringen, in der Expertenbefragung ermittelten Preissensitivität, wäre auch eine Auftragsfertigung am IMT mit vorhandenem Equipement vorstellbar. Zudem sollte ein neuer Formeinsatz ohne Konstruktionsfehler in Auftrag gegeben werden. Die Anschlüsse des Mikrofluidikchips sollten zukünftig über Adaptoren mit Gewindebohrungen, Schraubverbinder und PTFE-Schläuche realisiert werden, um Schlauchmaterial mit einer fragwürdigen Biokompatibilität zu vermeiden. Zudem sollten anwendungsseitig die Auswirkungen auf die Zellen in der Zellkammer bei konvektiver Mischung im Mikromischer untersucht werden. Auf biologischer Seite, sollten erste Differenzierungsexperimente mit Stammzellen durchgeführt werden.

Für die Weiterentwicklung des Mikrofluidikchips für das Metabolic Engineering sollte das lösemittelunterstützte Bondverfahren weiterentwickelt, oder alternative Bondverfahren getestet werden, da die bisher erreichte Bondstabilität nicht ausreichend ist. Die benötigte und die erreichbaren Bondfestigkeiten sollten entsprechend untersucht werden. Zudem sollte zukünftig eine übliche perforierte Membran mit einer Stärke von mindestens 50 µm eingesetzt werden. Für die biologische Anwendung sollten mindestens zwei der Mikrofluidikchips für das Metabolic Engineering verschalten werden um verschiedene Zelltypen hintereinander anordnen zu können. Im Anschluss sollte ein angepasstes Formwerkzeug konstruiert werden.

Für die weitere Optimierung der Mikrofluidikchips zur Herstellung von Porengradientenfilmen sollte anstatt des aktuell eingesetzten starren PA-Schlauchs am Einfluss der Mikrofluidikchips ein flexibler Schlauch verwendet werden. Zudem sollte die Eignung der erzeugten Polymerfilme mit einem Gradienten über die Porenmorphologie für Zellexperimente gezeigt werden.

Ferner sollten weitere Anwendungen für das entwickelte Baukastensystems der Mikrofluidikchips gefunden werden. Beispielhaft sei hier der Einsatz in Antibiotikascreeningtests genannt.

8   Veröffentlichungen

Ahrens, R., Gradl, D., Guber, A. E., Herrmann, D., Kashef, J., Kreppenhofer, K., Kim, C., Schneider, M., Wedlich, D. (alphabetische Ordnung): *Vorrichtung und Verfahren zur Untersuchung der Differenzierung von Zellen bei Kontakt mit einem Gradienten einer flüssigen Lösung aus mindestens einer biologisch wirksamen Spezies*, Deutsche und Europäische Patentanmeldung: DE102011102071 beziehungsweise EPA: 12003843.5-1521, Karlsruher Institut für Technologie. 2011.

Kim, C., Kreppenhofer, K., Kashef, J., Herrmann, D., Schneider, M., Gradl, D., Ahrens, R., Guber, A. E., Wedlich, D. *Simultaneous selective activation of Wnt/β-catenin signaling transduction in a gradient generating microfluidic chip.* In European Lab on a chip Congress of European Lab Automation, 2011. Hamburg, Deutschland.

Kreppenhofer, K., Kim, C., Schneider, M., Herrmann, D., Ahrens, R., Kashef, J., Gradl, D., Wedlich, D., Guber, A. E. *Polycarbonate Microfluidic Chip for Long-Term Cell Investigations.* In World Congress on Medical Physics and Biomedical Engineering, IFMBE Proceedings Volume 39. 2012. Beijing, China.

Kim, C., Kreppenhofer, K., Kashef, J., Gradl, D., Herrmann, D., Schneider, M., Ahrens, R., Guber, A. E., Wedlich, D. *Diffusion- and convection-based activation of Wnt/β-catenin signaling in a gradient generating microfluidic chip.* In: EMBL (European Molecular Biology Laboratory) Conference : Microfluidics 2012. Heidelberg, Deutschland.

Kreppenhofer, K., Kim, C., Schneider, M., Herrmann, D., Ahrens, R., Kashef, J., Gradl, D., Wedlich, D., Guber, A. E. *Microfluidic polycarbonate chip for long-term cell analyses.* In Biomedizinische Tagung (BMT) 2012 - 46. DGBMT Jahrestagung. 2012. Jena, Deutschland.

Kreppenhofer, K., Li, J.-S., Popp, L., Segura, R., Rossi, M., Kähler, C. J., Levkin, P. A., Guber, A. E. *Microfluidic Chip for Generating Gradient Polymer Films for Biological Applications.* In Eurosensors 2012. 2012. Krakau, Polen: Procedia Engineering.

Kim, C., Kreppenhofer, K., Kashef, J., Gradl, D., Herrmann, D., Schneider, M., Ahrens, R., Guber, A., Wedlich, D., *Diffusion- and convection-based activation of Wnt/b-catenin signaling in a gradient generating microfluidic chip.* Lab on a Chip, DOI: 10.1039/c2lc40172j, 2012

Anhang A   Mikrofluidikchip zur Stammzelldifferenzierung Version Eins

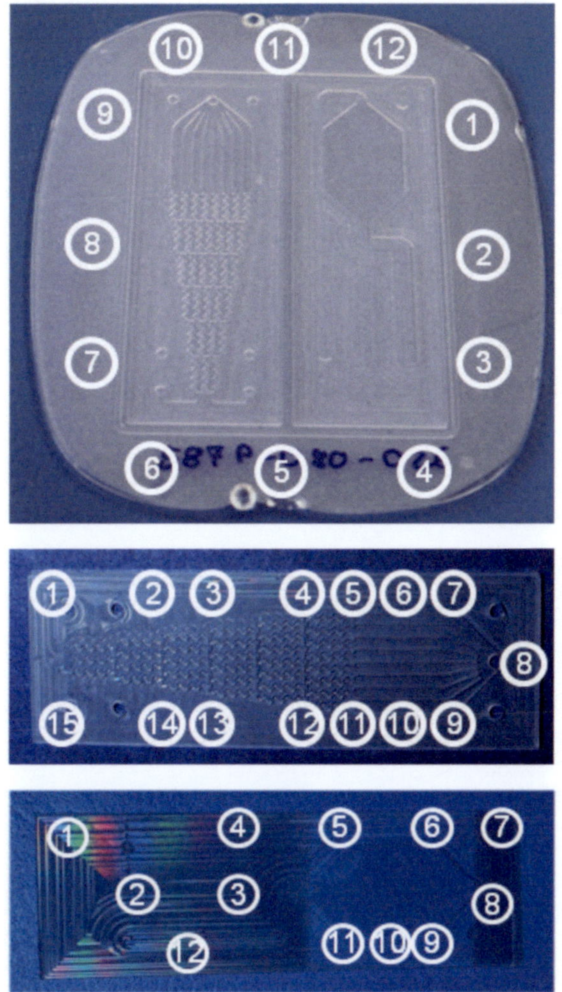

A.1: Messstellen auf dem abgeformten Bauteil (oben), dem Mischer- (mitte) und Kammerteil.

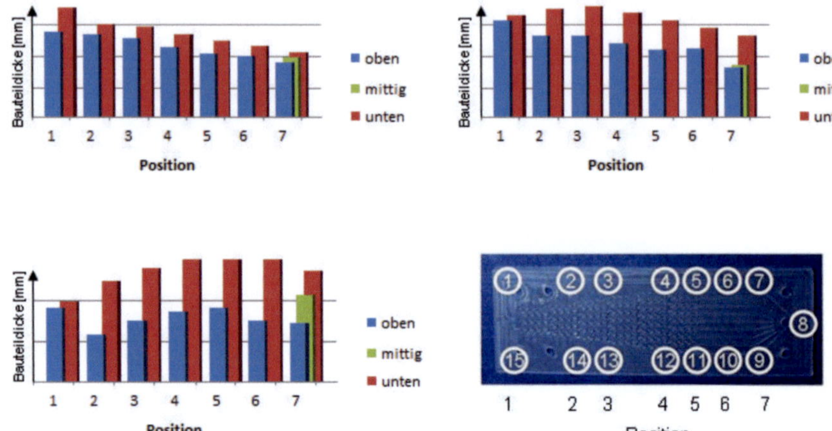

A.2: Säulendiagramme zur Darstellung der Bauteildicke des Mischerteils für drei Bauteile und zugehörige Messstellen (unten rechts). Die Benennung der Messreihen bezeichnet die vertikale Lage der Messpunkte: oben, mittig oder unten am Bauteil. Die horizontale Lage der Messpunkte auf dem Bauteil wird über die Positionen 1-7 im Diagramm erfasst. Messwert 8 wird mit den Messwerten 7 und 9 auf einer Position zusammengefasst. Die oberen Messwerte (blau) sind geringer als die unteren. Der horizontale Verlauf der Bauteildicke unterscheidet sich für die drei gezeigten Bauteile.

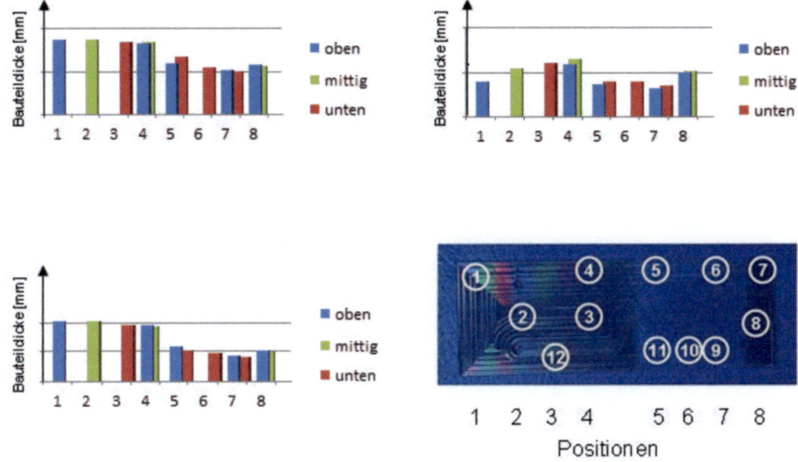

A.3: Säulendiagramme der Messwerte des Kammerteils für drei verschiedene Bauteile und zugehörige Messstellen (unten rechts). Die Benennung der Messreihen bezeichnet die vertikale Lage der Messpunkte: oben, mittig oder unten am Bauteil. Die horizontale Lage der Messpunkte auf dem Bauteil wird über die Positionen 1-7 im Diagramm erfasst. Man erkennt in allen Diagrammen, dass die Messwerte an der Zellkammer, entspricht den Positionen 5, 6 und 7, geringer sind als die übrigen Messwerte. Da an den Positionen 5, 6 und 7 der teilpolierte Bereich der Substratplatte liegt, ist das Ergebnis nicht unerwartet.

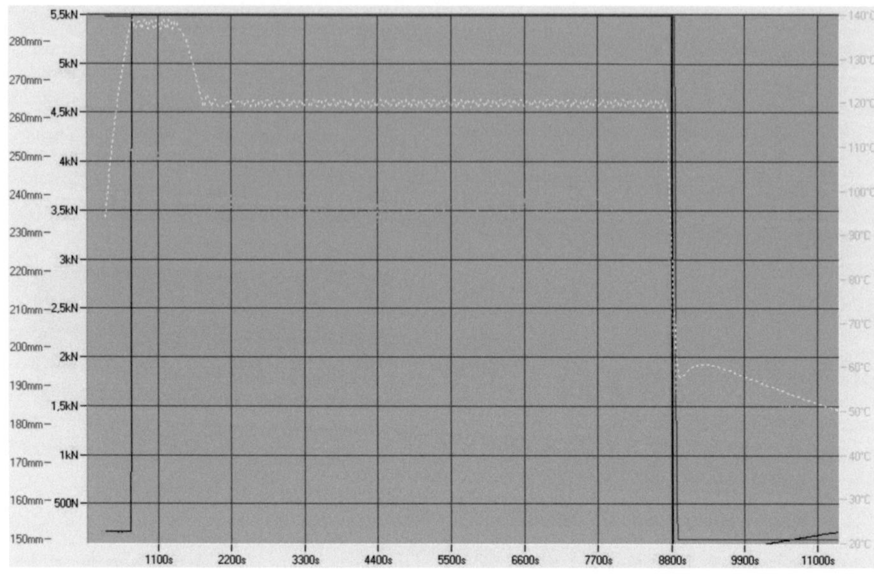

A.4: Prozessgraph eines Langzeitbondversuchs. Die Bondkraft ist in schwarz dargestellt, der Verfahrweg in blau und die Temperatur in weiß. Zu Beginn wird bei 138°C, 13 kN über 800 s gebondet. Die Vorheiztemperatur wird nach 680 s von 148°C auf 127°C reduziert. Anschließend wird bei 120°C für 2 h bei gleich bleibender Bondkraft gebondet.

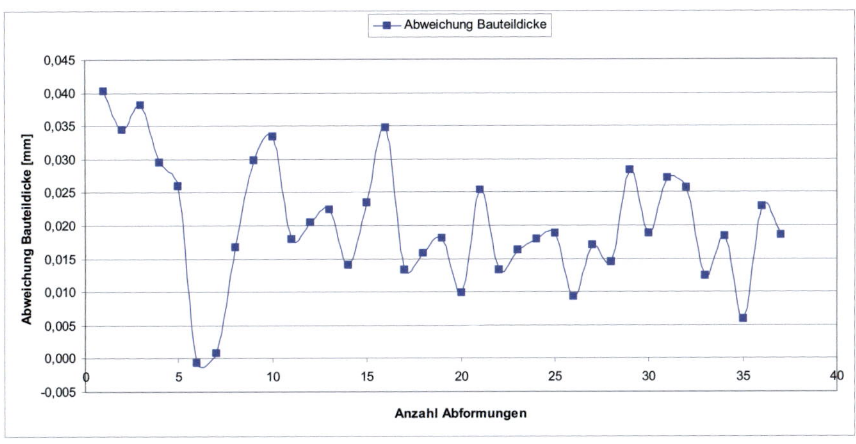

A.5: Abweichung der Bauteildicke an der Zellkammer im Vergleich zu den übrigen Messwerten, angetragen über die Anzahl an Abformungen mit der teilpolierten Substratplatte.

Anhang B   Mikrofluidikchip zur Stammzelldifferenzierung Version Zwei

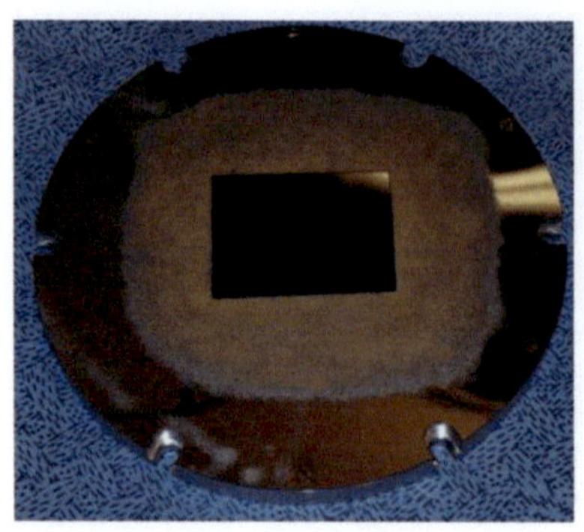 

B.1: Teilsandgestrahlte chrombeschichteten Substratplatte (links) zur Verwendung an der Wickert-Heißprägeanlage und teilpolierte Stahlsubstratplatte eingebaut in die Wickert-Heißprägeanlage.

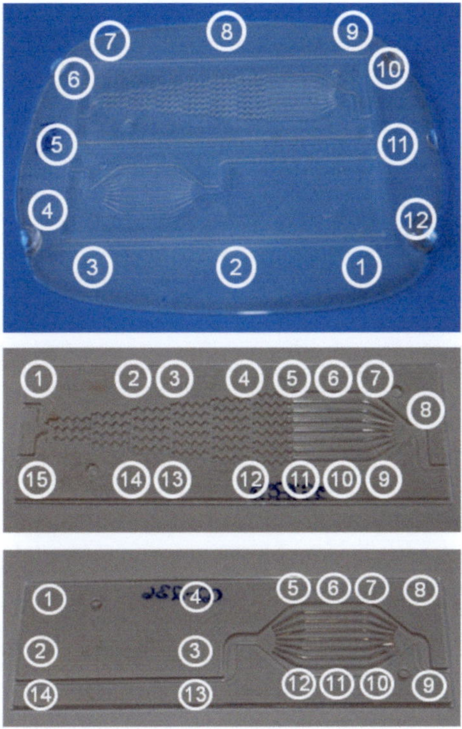

B.2: Messstellen auf dem abgeformten Bauteil (oben), dem Mischer- (mitte) und dem Kammerteil (unten).

Anhang C   Vergleich der Formeinsatzmaterialien Aluminium und Messing

Der folgende Vergleich von Formeinsatzmaterialien erhebt im werkstoffkundlichen Sinne keinen Anspruch auf Vollständigkeit. Es werden lediglich die im Rahmen der Abformung relevanten Eigenschaften betrachtet.

Im Rahmen dieser Arbeit werden zum Heißprägen Messing- und Aluminiumformeinsätze verwendet. Die Eigenschaften der Formeinsätze bei der Abformung bedingt durch die Materialwahl werden im Folgenden diskutiert. Die Darstellung basiert hauptsächlich auf Abformungen an den ölbeheizten Heißprägeanlagen WUM 02 und 03. In Abbildung C.1 sind der Messing- und der Aluminiumformeinsatz dargestellt. Der Messingformeinsatz wird aus Messing nach Euronorm 12164 (früher MS 58) hergestellt. Der Aluminiumformeinsatz wird aus hochfestem Aluminium gemäß Euronorm AW-7075, beziehungsweise DIN-Materialnummer: 3.4365, gefertigt.

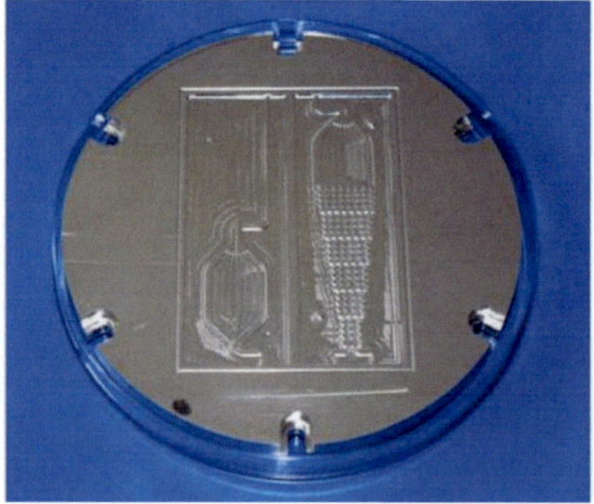

Abbildung C.1: Messingformeinsatz (links) und Aluminiumformeinsatz (rechts).

Beide Materialien lassen sich sehr gut durch spanende Verfahren bearbeiten und können auf optische Qualität gefräst werden [186]. Der Messingformeinsatz zeigt eine starke Lunkerbildung an Stellen mit erhöhtem Bleianteil (vgl. hierzu Kapitel 4.1.1.3). Der Aluminiumformeinsatz weist keine Poren auf (vgl. hierzu Kapitel 4.1.2). Da am IMT in aller Regel Messingformeinsätze oder Nickelformeinsätze aus dem LIGA-Verfahren eingesetzt werden, gibt es zu Aluminiumwerkzeugen keine Erfahrungswerte. Unter Umständen können also zeitintensive Prozessanpassungen notwendig werden. Aluminium hat gegenüber Messing eine höhere Wärmeleitfähigkeit. Bei 20°C ist die Wärmeleitfähigkeit von Aluminium 220 W/mK während die von Messing lediglich 142 W/mK beträgt [187]. Durch die Verwendung von Aluminiumformeinsätzen verkürzt sich die Prozesslaufzeit an der Heißprägeanlage WUM 02 um 19% von 80 min auf 65 min. Die Prozesszeitverkürzung ist vor allem auf den schnelleren Heizprozess zurückzuführen. Der Heizprozess nimmt 40-50% des Gesamtprozessablaufs in Anspruch. Der Kühlprozess inklusive Entformung lediglich 10-14%. Kupferformeinsätze lassen sich ebenfalls auf optische Qualität fräsen [186]. Die Wärmeleitfähigkeit liegt bei 399 W/mK [187]. Die Verwendung von Kupferformeinsätzen sollte also eine weitere Prozesszeitreduktion ermöglichen. Die Wärmeleitfähigkeit von Nickel liegt lediglich bei 84 W/mK bei 20°C [188]. Bei LIGA-Nickelformeinsätzen sollte sich also eine längere Prozesslaufzeit ergeben. Die Prozesszeit wird über die Wärmeleitfähigkeit in ein Diagramm angetragen, Abbildung C.2. Legt man beispielsweise einen linearen Trend durch die bekannten Werte für Aluminium und Messing, so ergibt sich die Prozesszeit von Kupfer zu 30 min, die von Nickel zu 91 min. Das Gewicht der Formeinsätze spielt bei der Handhabung, speziell beim Einbauen in die Anlage eine Rolle. Der Messingformeinsatz wiegt 765 g, während der Aluminiumformeinsatz 60% weniger, also lediglich 305 g wiegt. Der Einbau in die Abformanlage, speziell wenn der Formeinsatz an der oberen Platte eingebaut werden muss, wird dadurch vereinfacht. Aus eigener Erfahrung zeigt sich, dass der Messingformeinsatz bei erhöhter Temperatur von Aceton angegriffen wird. So kommt es beispielsweise zu irreversiblen Verfärbungen bei einer Temperatur von ~85°C und einer Kontaktzeit von < 1min.

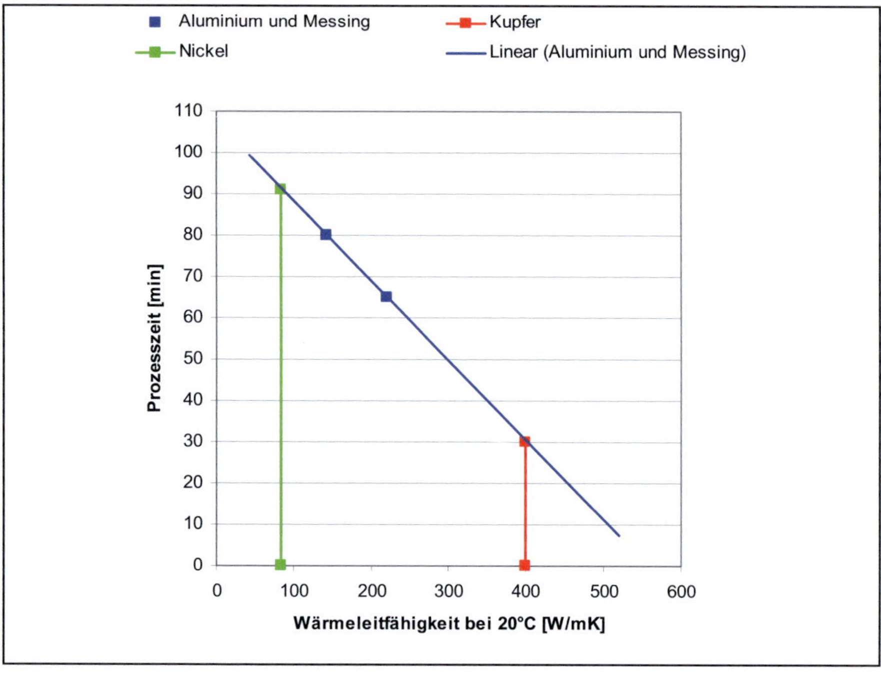

Abbildung C.2: Darstellung der Prozesszeit angetragen über die Wärmeleitfähigkeit. Die Erfahrungswerte für Aluminium und Messing können mit einem linearen Trend versehen werden. Die Prozesszeiten von Nickel und Kupfer werden über den linearen Trendverlauf geschätzt.

Die Vickershärte des Aluminium- und des Messingformeinsatzes werden während der Abformung wiederholt an der LEITZ Miniload gemessen. Die Vickershärte wird sowohl mit 100- als auch mit 500-pond-Gewichten gemessen, um zum einen die Oberflächenhärte und zum anderen die Gefügehärte zu messen [189]. Die Formeinsätze werden an drei bis sechs Messstellen entlang der

Längsseite der Struktur analysiert. Bei Messreihen mit 500-pond ist die Standardabweichung geringer, als bei 100-pond Messungen. Abbildung C.3 zeigt eine Auswertung der Härtemessungen nach Vickers für den Standardaluminiumformeinsatz und das Aluminiumtestwerkzeug. Gezeigt sind jeweils Mittelwerte. Die Standardabweichung wird über die Fehlerbalken dargestellt. Bei Aluminium korrespondieren die 100- und die 500-pond-Messung gut miteinander. Besonders auffällig ist die starke Reduktion der Vickershärte während der ersten sieben Abformungen. Die Reduktion liegt prozentual zwischen 16% und 27% für die beiden getesteten Aluminiumformwerkzeuge. Zum Vergleich wird ein Messingformwerkzeug ebenfalls härtegeprüft. Die sich ergebende Zunahme der Härte bei der Gefügemessung ist auf Messfehler durch manuelle Vermessung zurückzuführen. Bei Messingformeinsätzen zeigt sich keine nennenswerte Reduktion der Härte. Auffällig ist jedoch, dass die Oberflächenhärte um 22% höher ist, als die Gefügehärte. Abbildung C.4 zeigt alle Messreihen für Aluminium und zum Vergleich die Vickershärten von Messing. Die Vickershärte für die 137ste Abformung in Messing wird nicht mehr angezeigt. Man erkennt deutlich, dass die Messwerte des Standardaluminiumformwerkzeug und des Aluminiumtestwerkzeugs gut miteinander korrespondieren. Vor der ersten Abformung liegen Oberflächen- und Gefügehärte von Aluminium über der Oberflächenhärte des Messings. Zwischen der siebten und der 56sten Abformung liegt sie zwischen den beiden Werten der Messingformeinsätze. Nach 104 Abformungen ist die Vickershärte von Aluminium 9%, geringer als die Gefügehärte von Messing und beträgt lediglich noch 56% im Vergleich zur mittleren Härte vor der ersten Abformung. Auswirkungen der geringeren Härte auf das Abformergebnis lassen sich bislang nicht feststellen, können allerdings bei weiterer Abnahme der Vickershärte nicht ausgeschlossen werden.

In einer zusammenfassenden Betrachtung zeigt sich, dass weder Messing (Euronorm 12164) noch Aluminium (Euronorm AW-7075) dem jeweils anderen Material eindeutig überlegen ist. Aufgrund der besseren Oberflächenqualität, der einfacheren Handhabung und der deutlich verkürzten Prozesslaufzeit erscheint Aluminium für Forschungsarbeiten mit bis zu 150 Abformungen vorteilhafter. Im Rahmen dieser Studie konjugiert die beobachtete Abnahme der Vickershärte bei der Abformung mit Aluminium nicht. Das Langzeitverhalten von Aluminiumformeinsätzen bei mehr als 150 Abformungen bleibt zu untersuchen. Kupferformeinsätze könnten eine attraktive Alternative für weitere Prozesszeitreduktionen darstellen.

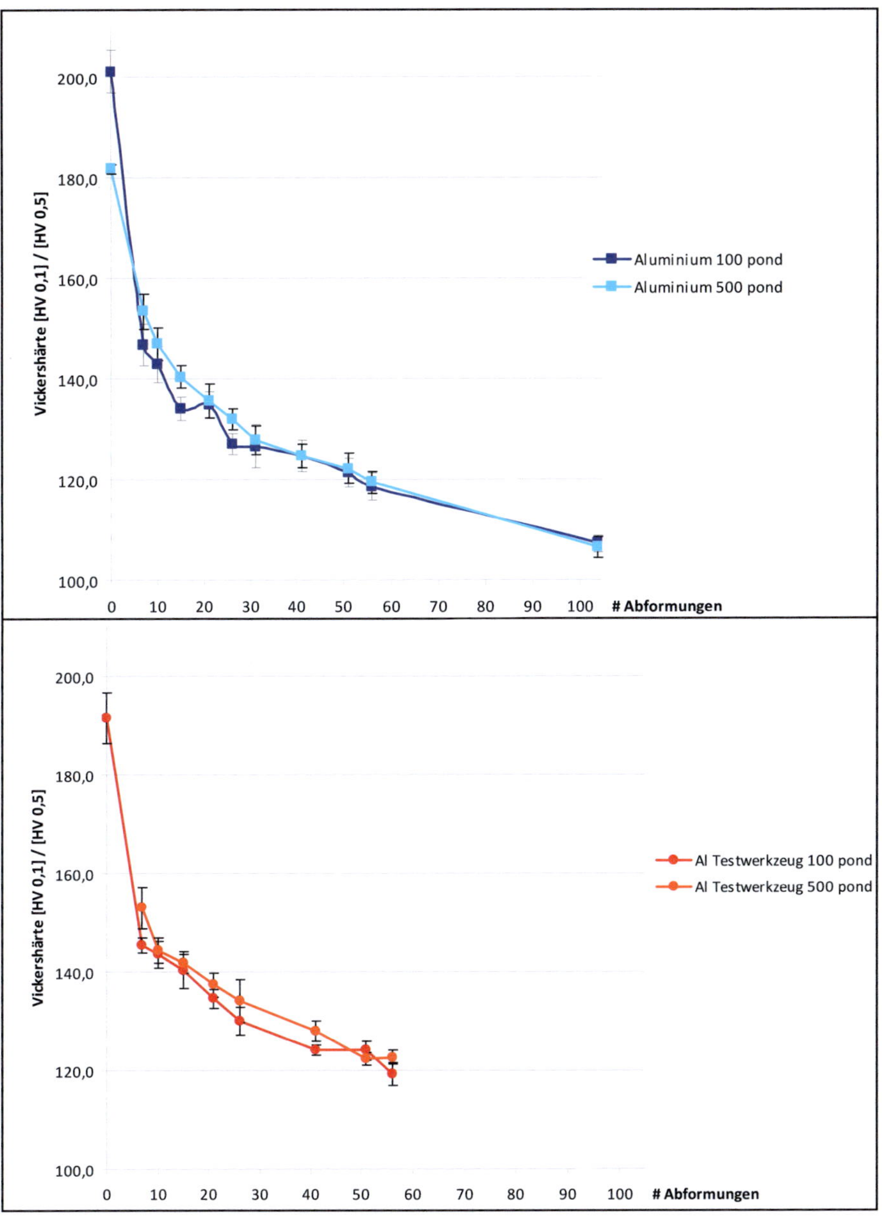

Aluminium 100 pond
Aluminium 500 pond
Al Testwerkzeug 100 pond
Al Testwerkzeug 500 pond

Abbildung C.3: Graphen der Ergebnisse der Härtemessung nach Vickers. Geprüft wird mit 100-pond und 500-pond, an drei bis sechs Messstellen. Dargestellt sind Mittelwerte ± Standardabweichung. Die Ergebnisse des Standardaluminiumformeinsatzes sind oben dargestellt, die des Aluminiumtestwerkzeuges unten. Man erkennt, dass die jeweiligen Messwerte der 100- und der 500-pond-Messung gut miteinander korrespondieren.

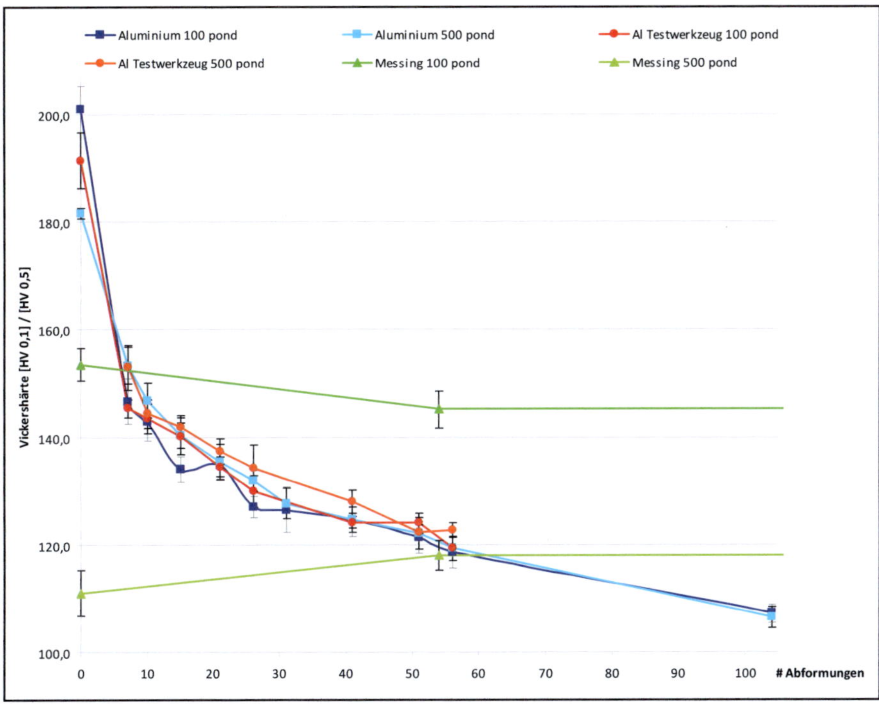

Abbildung C.4: Graphen der Ergebnisse der Härtemessung nach Vickers. Geprüft wird mit 100-pond und 500-pond, an drei bis sechs Messstellen. Dargestellt sind Mittelwerte ± Standardabweichung. Die Vickershärte von Messingformeinsätzen wird als Vergleichsgröße herangezogen.

Anhang D   Untersuchung des Mischerteils im Polarisationsinterferenzkontrastverfahren

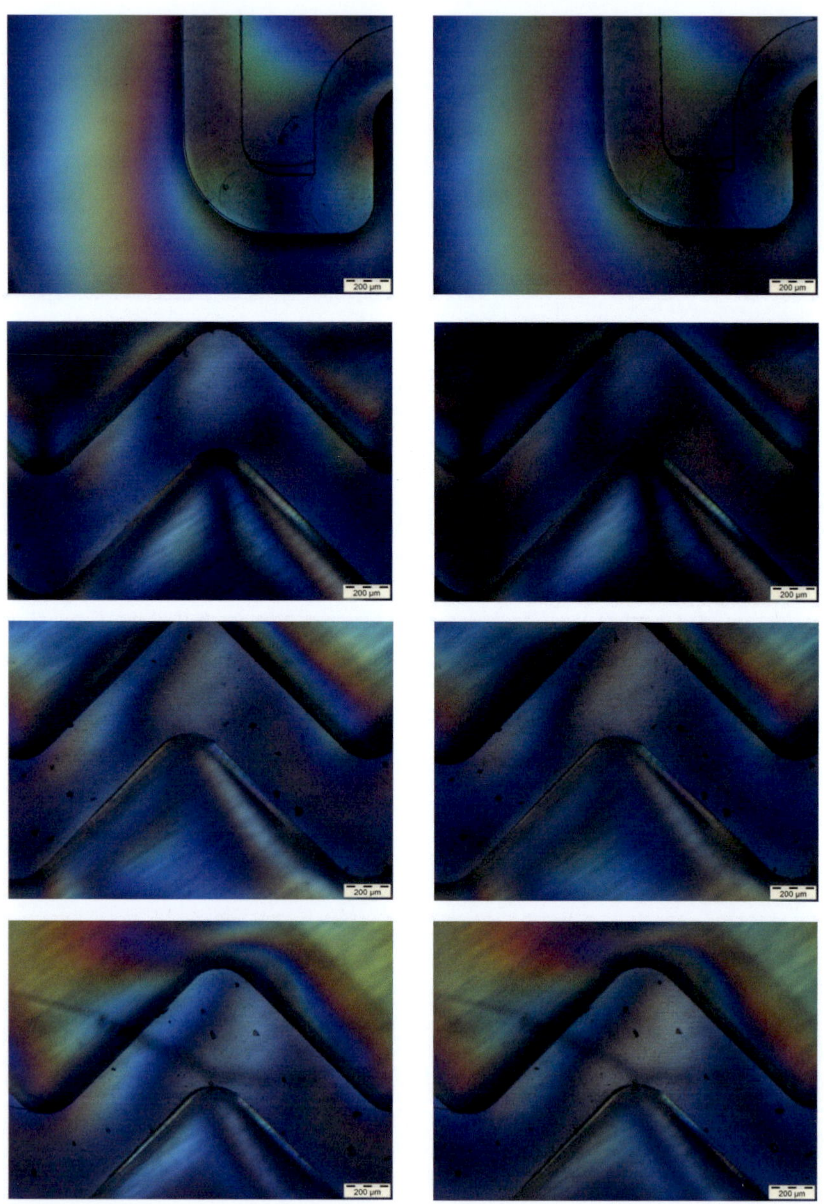

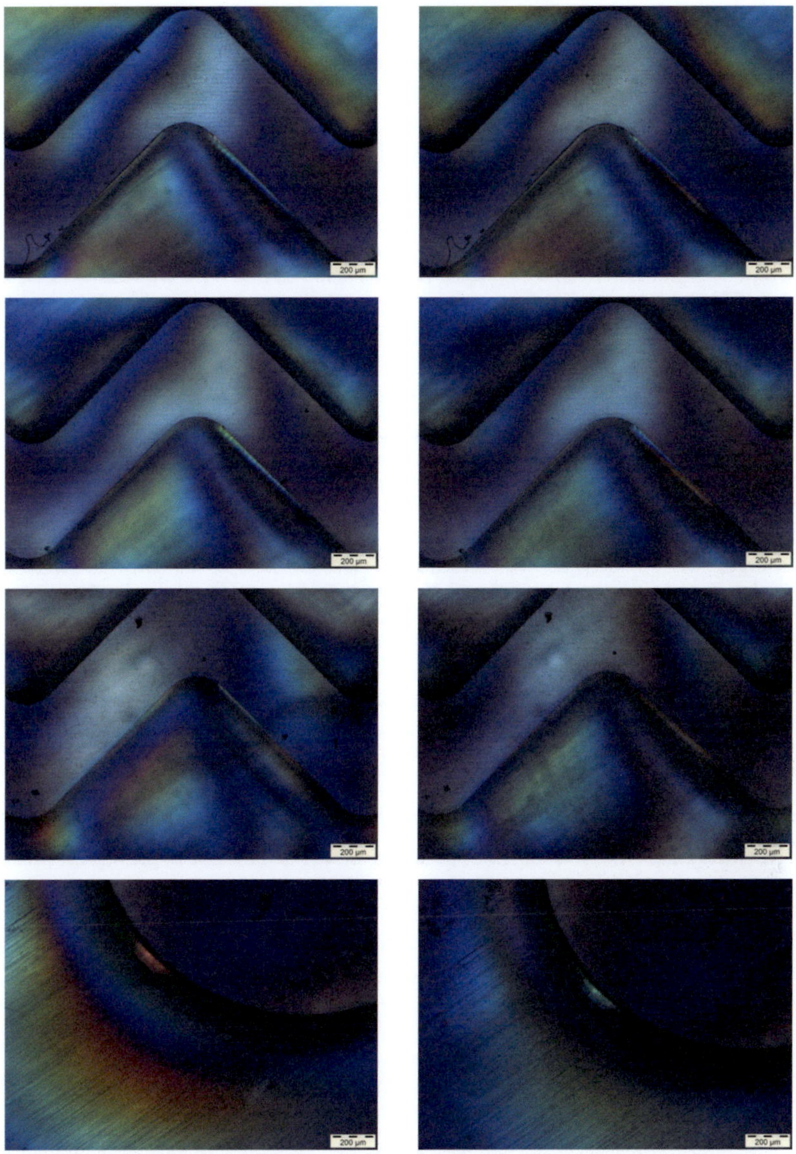

D.1: Aufnahmen des Mischerteils im Polarisationsinterferenzkontrastverfahren. Links vor einem Temperprozess bei 120°C über 48 h rechts danach. Über den verwaschenen Eindruck der Interferenzfarben nach dem Temperprozess kann die Abnahme der Bauteilspannung gezeigt werden.

Anhang E   Druckmessungen Aufbau

a)

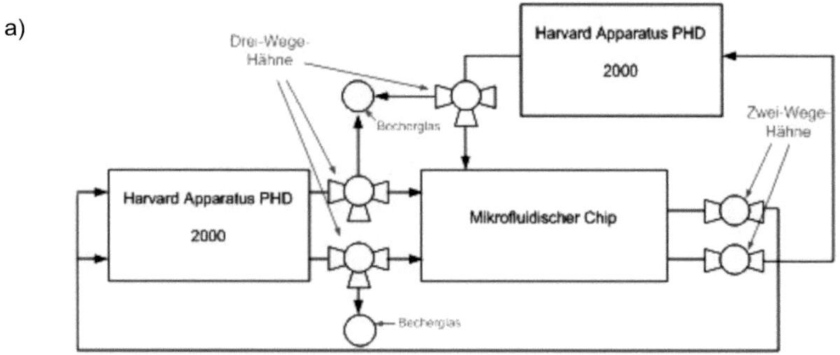

b)

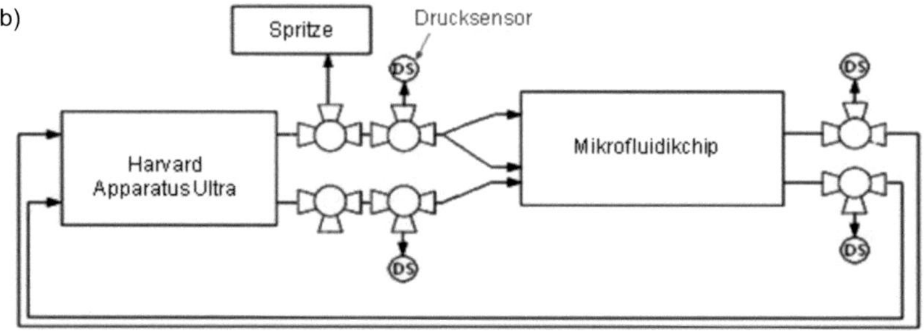

E.1: Schematischer experimenteller Aufbau in der Biologie und bei den Druckmessungen. a) Experimenteller Aufbau bei biologischen Versuchen mit dem Mikrofluidikchip zur Stammzelldifferenzierung [114]. Diesem wird der Druckmessaufbau nachempfunden. b) Experimenteller Aufbau für die Druckmessungen[73]

---

[73] Abbildung b) wurde von Hr. Elias Schipperges zur Verfügung gestellt.

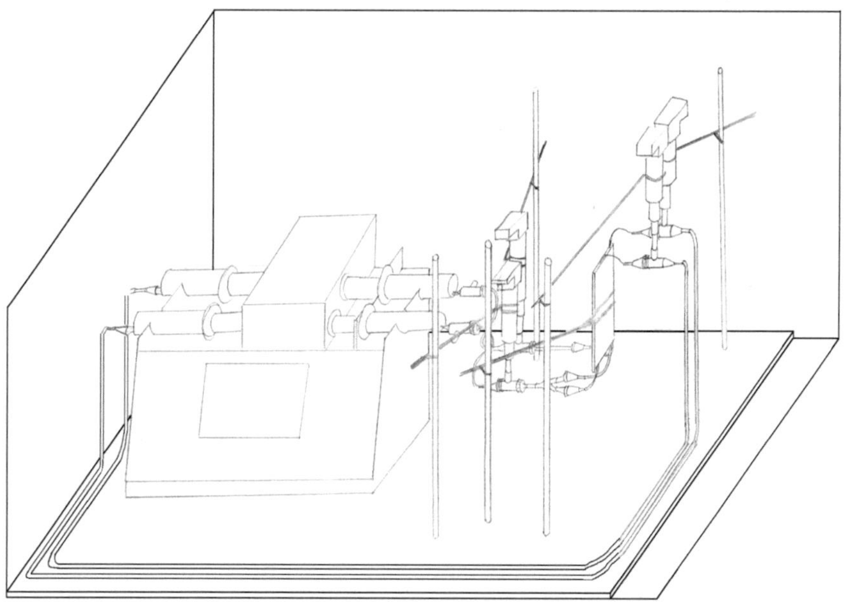

E.2: Zeichnung des Druckmessaufbaus[74].

E.3: Beschreibung des Messaufbaus für die Druckmessungen:

Der Messaufbau wird in einer durchsichtigen PMMA-Box realisiert. Die Box dient als Schutz vor sich lösenden Teile. Der Aufbau wird vollständig auf einer PVC-Platte (Außenabmaße: 650 × 350 ×30 mm³) mit fünf Gewindebohrungen integriert. Die Bohrungen werden mit 280 mm langen Gewindestativstangen, mit Klemme zur Aufhängung von Drucksensoren und des Mikrofluidikchips versehen. Die Harvard Apparatus Spritzenpumpe vom Typ PHD Ultra wird e-benfalls in der PMMA-Box platziert. Die Kolben von jeweils zwei Spritzen können mit Hilfe der Spritzenpumpe mit gleicher Flussrate parallel aus- und

---

[74] Die Zeichnung wurde von Hr. Elias Schipperges zur Verfügung gestellt.

eingerückt werden. Dies ermöglicht einen geschlossenen Fluidikkreislauf. Die beiden Kreisläufe für Kammer- und Mischerteil sind weitestgehend analog aufgebaut und im Folgenden beschrieben. Der erste Drei-Wege-Hahn wird direkt auf die Spritze aufgesetzt. Er dient zur Wiederbefüllung der Spritzen und zum Ausleiten von Luftblasen [137]. Im Anschluss ist ein 90 mm langer PSU-Schlauch der Firma LHG-Laborgeräte Handelsgesellschaft mbH mit einem Innendurchmesser von 1,5 mm integriert. An den folgenden Drei-Wege-Hähnen werden die Drucksensoren über einen senkrecht nach oben führenden Schlauch und eine Anschlussmuffe angeschlossen. Im Mischerkreislauf folgt ein Y-Stück zur Aufspaltung des Flüssigkeitsstroms mit einer Länge von 40 mm und einem Durchmesser von 3 mm. Ein Schlauch mit identischen Abmessungen wird in den Kammerkreislauf integriert. Über Luer-Anschlüsse kann nun der Mikrofluidikchip angeschlossen werden [137]. Dieser wird senkrecht aufgehängt um Luftblasen vorzubeugen [190]. Im Rahmen der Druckmessung werden Mikrofluidikchips zur Stammzelldifferenzierung in Version zwei verwendet. Alle Anschlüsse des Mikrofluidikchips sind über 70 mm lange PA-Schläuche der Firma rct Reichelt Chemietechnik GmbH & Co mit einem Innendurchmesser von 0,5 mm realisiert. Die Schläuche werden mit Dosiernadeln der Firma EFD Nordson bestückt. Im Anschluss an den Mikrofluidikchip folgt ein Drei-Wege-Hahn mit einem weiteren Drucksensor [137]. Die Rückführung zur Spritzenpumpe ist über einen PSU-Schlauch (Innendruchmesser 1,5 mm) mit einer Länge von 1.400 mm ausgeführt. Das vollständige System wird vor der Verwendung mit Wasser befüllt [190]. Um Lufteinschlüsse speziell vor den Sensoren auszuschließen, werden diese erst nach der Befüllung angeschlossen. Die Kontaktierung der Sensoren über senkrechte Schläuche dient ebenfalls zur Vorbeugung von Lufteinschlüssen [190]. Da Luft im Gegensatz zu Wasser kompressibel ist, würde sie das Messergebnis verfälschen.

Neben Druck-, werden häufig Temperaturmesssensoren in einen Messaufbau integriert [190]. Entsprechend wird die Temperaturerhöhung im System in Abhängigkeit vom Druckverlust abgeschätzt. Da sich bei konservativer Schätzung eine Temperaturdifferenz von lediglich 0,02°C im System ergibt, wird auf die Anbringung von zusätzlichen Temperatursensoren im Messaufbau verzichtet.

Anhang F Druckmessung[75]

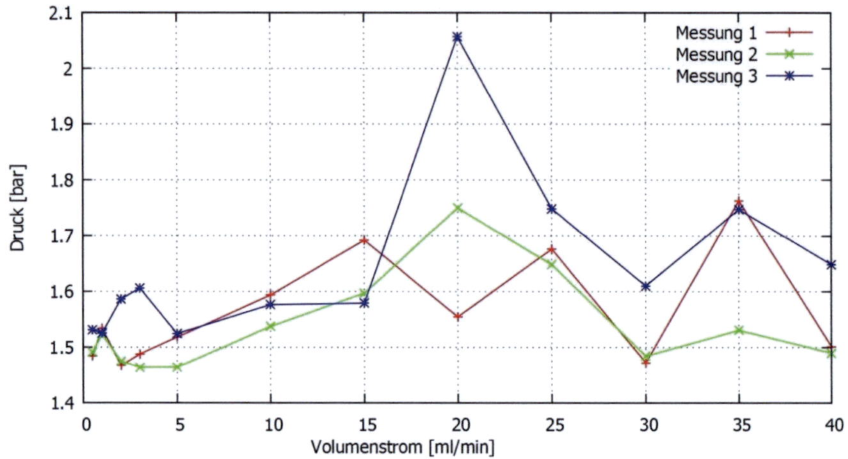

F.1: Absolutdruck des Kammerteils gemessen am Chipausgang. Ein Zusammenhang zwischen dem gemessenen Druck und der Flussrate ist nicht erkennbar.

---

[75] Alle Graphen wurden von Hr. Elias Schipperges zur Verfügung gestellt.

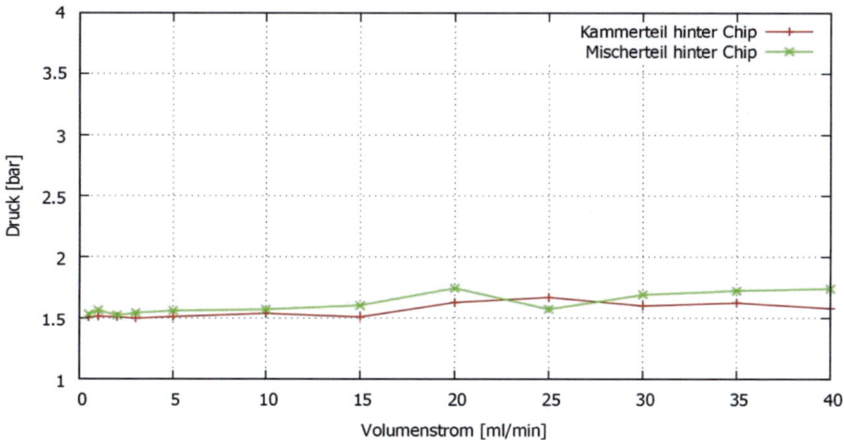

F.2: Mittelwert der Messwerte aus 1.). Es ergibt sich ein Absolutdruck von ~ 1,5 bar, nahe dem Umgebungsdruck.

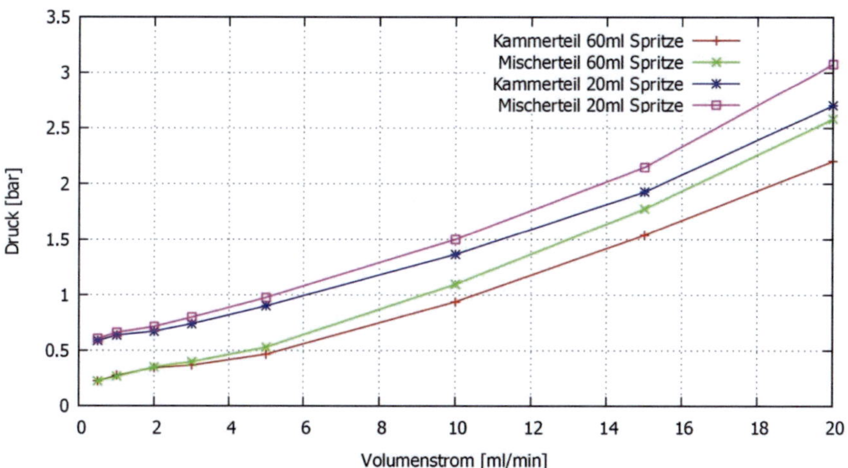

F.3: Relativdruck bei Verwendung von 20 und 60 ml Spritzen. Die Messwerte weichen über alle verwendeten Volumenströme um 0,35-0,5 bar voneinander ab.

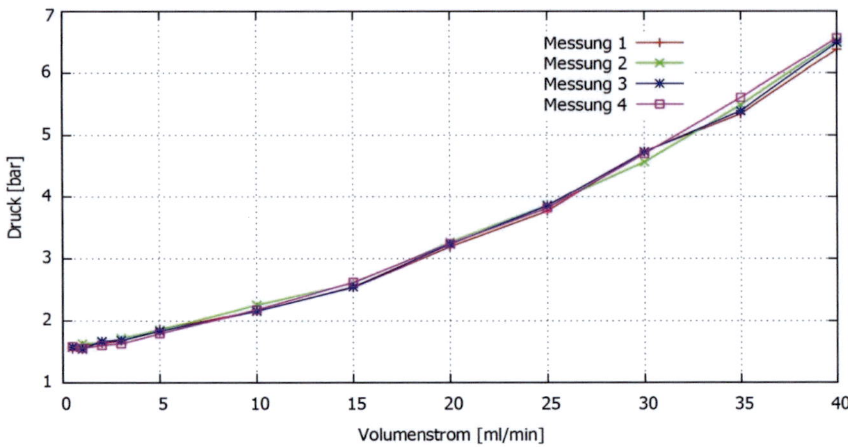

F.4: Absolutdruck für verschiedene Flussraten im Kammerteil.

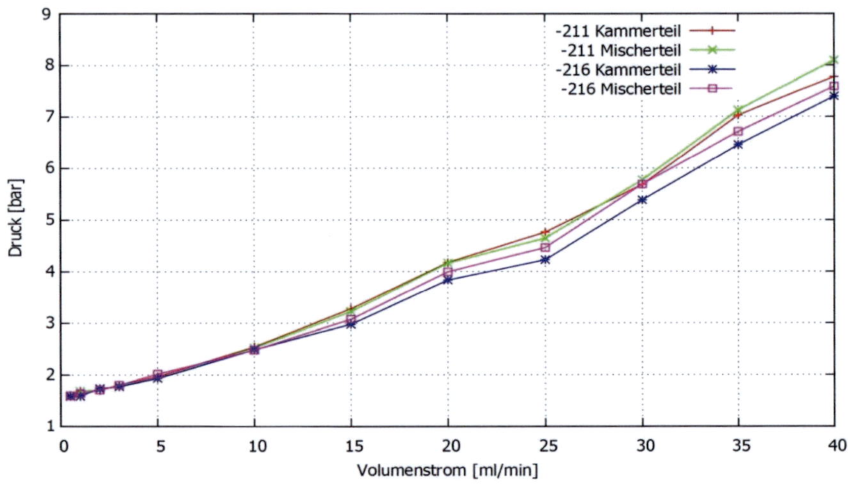

F.5: Mittelwerte der Absolutdrücke in Kammer- und Mischerteil zwei verschiedener Bauteile.

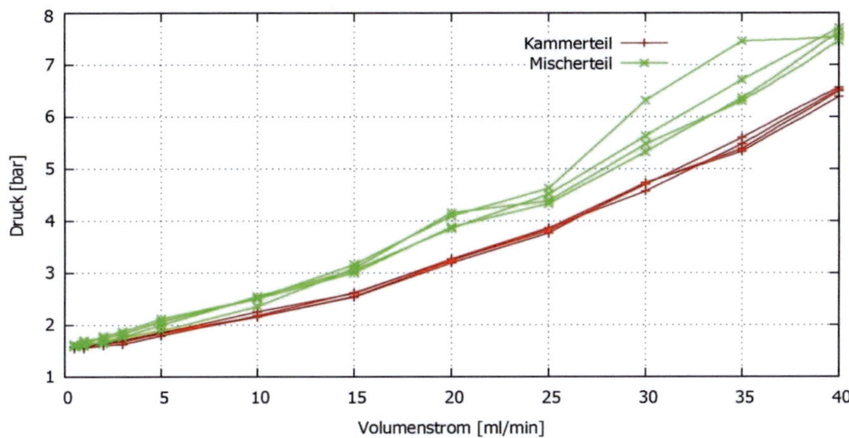

F.6: Vergleich der Absolutdrücke in Kammer- und Mischerteil über vier Messreihen.

Volumenstrom [ml/min]	Kammerteil [bar]	Mischerteil [bar]
0,5	1,59	1,61
1	1,64	1,66
2	1,67	1,72
3	1,74	1,80
5	1,90	1,98
10	2,36	2,50
15	2,93	3,15
20	3,71	4,08
25	4,29	4,55
30	5,15	5,75
35	6,21	7,02
40	7,06	8,04

F.7: Gemittelte Messwerte der Flussraten-Druck-Relation.

Anhang G   Daten Zugprüfung

G.1: Datengrundlage für Abbildung 4.24. Mittelwerte (MW) und Standardabweichung (STA) für verschiedene Membranen und Herstellungsvariationen bei (134°C, 10 kN, 800s)

Bondfestigkeit [MPa]	it4ip					2 µm 5 min Iso	2 µm 7 min Iso
	2 µm	Millipore	weiß	1 µm	2 µm		
MW	0,62	1,02	1,21	0,93	0,69	1,19	1,13
STA	0,22	0,35	0,42	0,38	0,31	0,37	0,41
MW - STA	0,40	0,67	0,80	0,55	0,38	0,83	0,72
MW + STA	0,84	1,37	1,63	1,31	1,00	1,56	1,53

G.2: Datengrundlage für Abbildung 4.25. Mittelwerte (MW) und Standardabweichung (STA) für verschiedene Bondparameter mit Zugprüflingen und Mikrofluidikchips.

Bondfestigkeit [MPa]	(134°C;10kN; 800s)	(138°C;13kN; 800s)	(156°C;0,04kN; 400s)	Mikrofluidikchip (134°C;10kN; 800s)
MW	1,02	2,48	3,94	0,85
STA	0,35	0,98	0,12	0,36
MW - STA	0,67	1,50	3,82	0,49
MW + STA	1,37	3,45	4,06	1,21

Anhang H   Bersttests

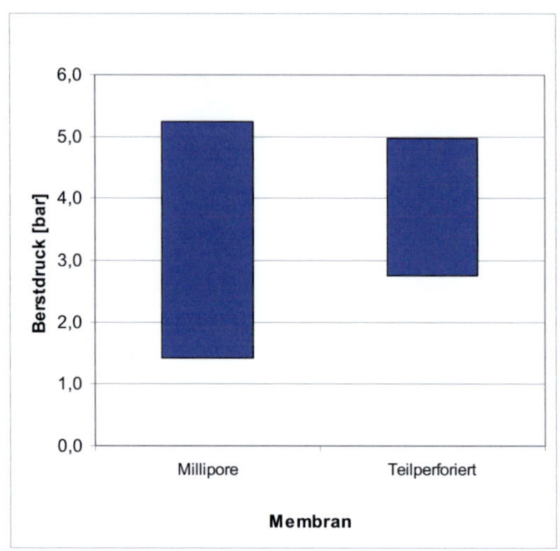

H.1: Berstdrücke als Mittelwert ± Standardabweichung für Millipore und teilperfo-rierte Membranen.

H.2: Datengrundlage zu Abbildung 4.27 Mittelwerte (MW) und Standardabweichung (STA) für verschiedene Bondparameter.

Bondfestigkeit [MPa]	134°C	138°C	Langzeit	140°C	145/146°C	150°C	Über Tg
MW	3,63	3,57	1,59	2,45	2,29	4,01	14,08
STA	1,44	2,13	0,31	0,45	0,15	2,55	2,62
MW - STA	2,19	1,44	1,28	2,00	2,14	1,46	11,46
MW + STA	5,06	5,70	1,90	2,90	2,43	6,55	16,70

Anhang I   Charakterisierung des Mikromischers

I.1: Untersuchung des Mischverhaltens von Ethanol mit steigender Flussrate. Eine Lösung wird mit 0,11mg/ml Methyl Blue angefärbt. Die Flussrichtung ist von links nach rechts, die entsprechenden Flussraten sind in den Bildern angegeben. Ab ~13 ml/min kann ein linearer Gradient etabliert werden.

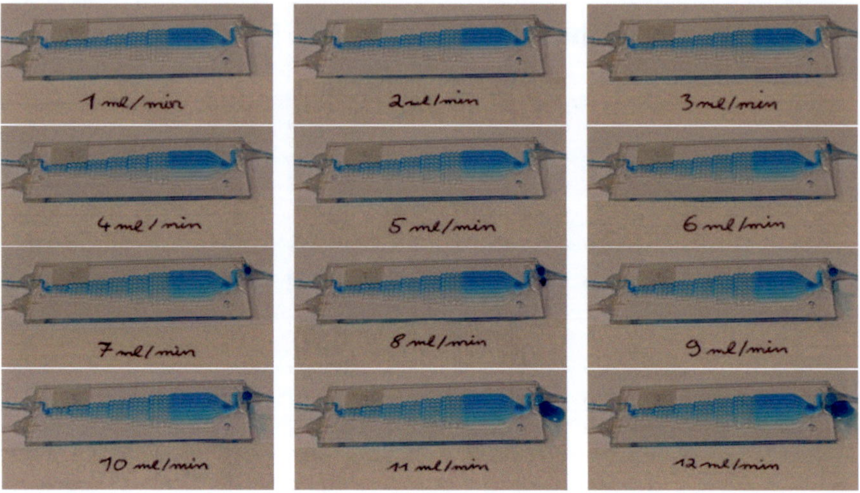

I.2: Untersuchung des Mischverhaltens von Wasser mit steigender Flussrate. Eine Lösung wird mit 0,12mg/ml Methyl Blue angefärbt. Flussrichtung ist von links nach rechts, die entsprechenden Flussraten sind in den Bildern angegeben. Ab 9 ml/min kann ein linearer Gradient etabliert werden.

Anhang J Anwendung Mikrofluidikchip zur Herstellung von Porengradientenfilmen

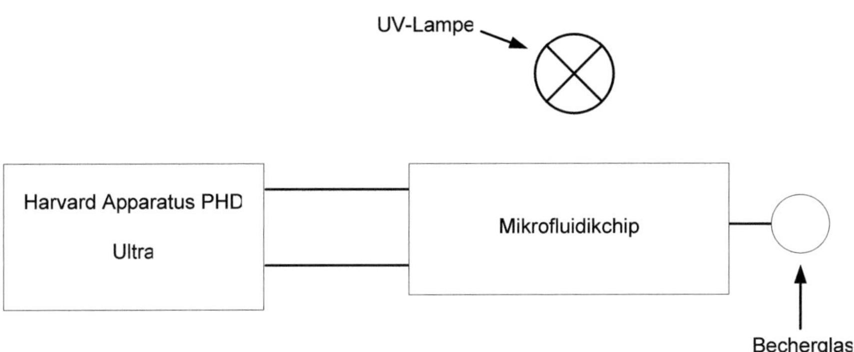

J.1: Experimenteller Aufbau zur Herstellung von Porengradientenfilmen. Der Mikrofluidikchip wird mit Hilfe einer Harvard Apparatus PHD Ultra Spritzenpumpe betrieben, diese ermöglicht die parallele Befüllung beider Mischereinlässe. Der Ausfluss des Mikrofluidikchips wird rückwärtig an die Spritzenpumpe angeschlossen.

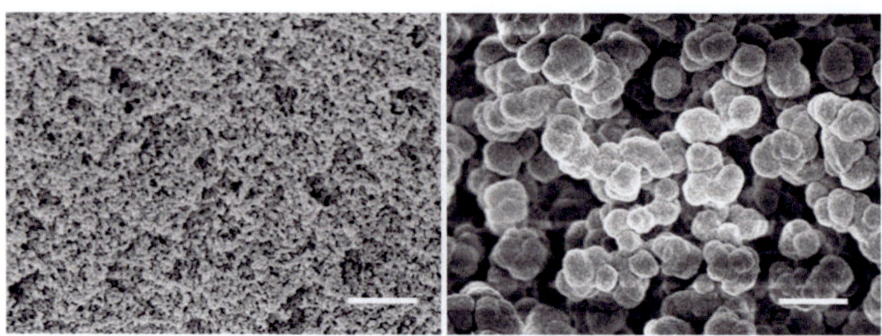

J.2: REM-Aufnahmen der Oberflächenmorphologie von Polymerfilmen hergestellt mit Lösung 1 mit Cyclohexanol (links) und Lösung 2 mit 1-Decanol (rechts) (Maßstab: 1 μm).[76]

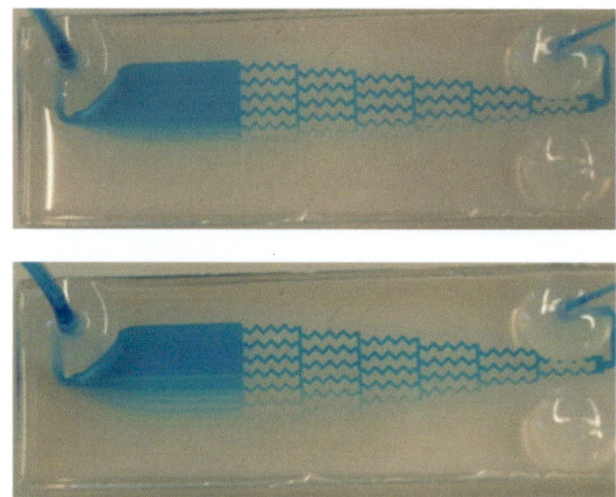

J.3: Flussversuche mit den Polymerlösungen. Lösung 1 (höhere geschätzte Viskosität) ist mit Methyl Blue gefärbt. Oben eine Flussrate von 3 ml/min unten von 7 ml/min. Das erwartete Verhalten von Flüssigkeiten mit verschiedenen Viskositäten kann nicht beobachtet werden.

---

[76] Die Aufnahmen werden von M. Eng. Junsheng Li zur Verfügung gestellt.

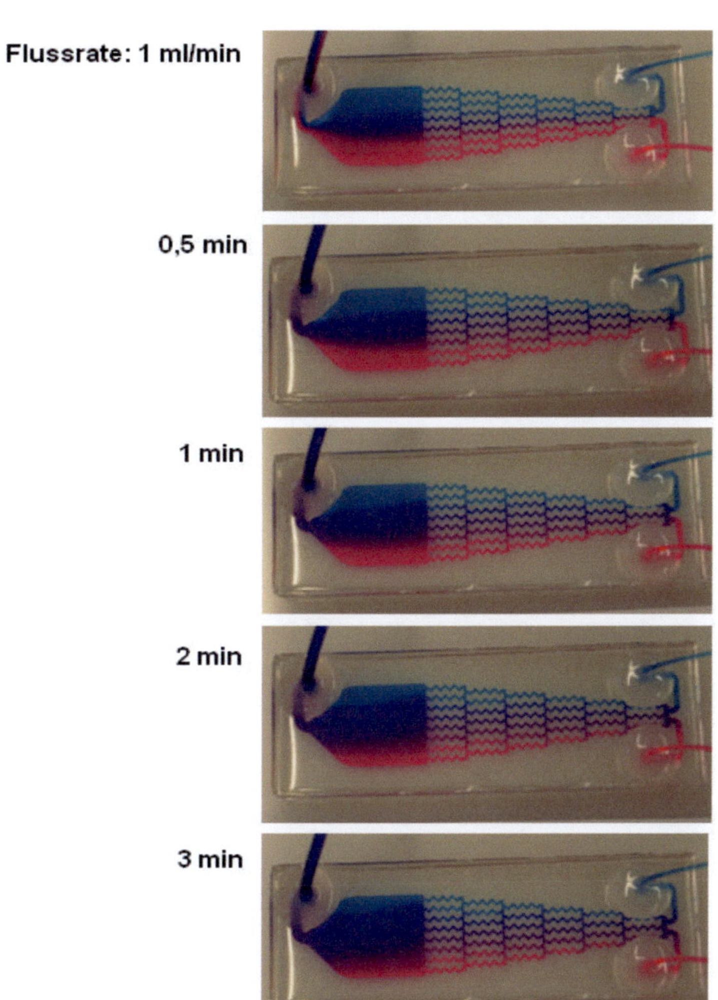

J.4: Untersuchung des Verhaltens der Polymerisationslösungen nach dem Stoppen der Spritzenpumpe. Die Flussrate beträgt 1 ml/min (oben). Die Pumpe wird gestoppt. Der Zeitraum seit dem Stoppen der Pumpe ist bei jedem weiteren Bild angegeben. In der Zellkammer kann die Aufschichtung der Flüssigkeiten beobachtet werden. In der Draufsicht wirkt die Schichtung der farbigen Fluide wir eine Vermischung.

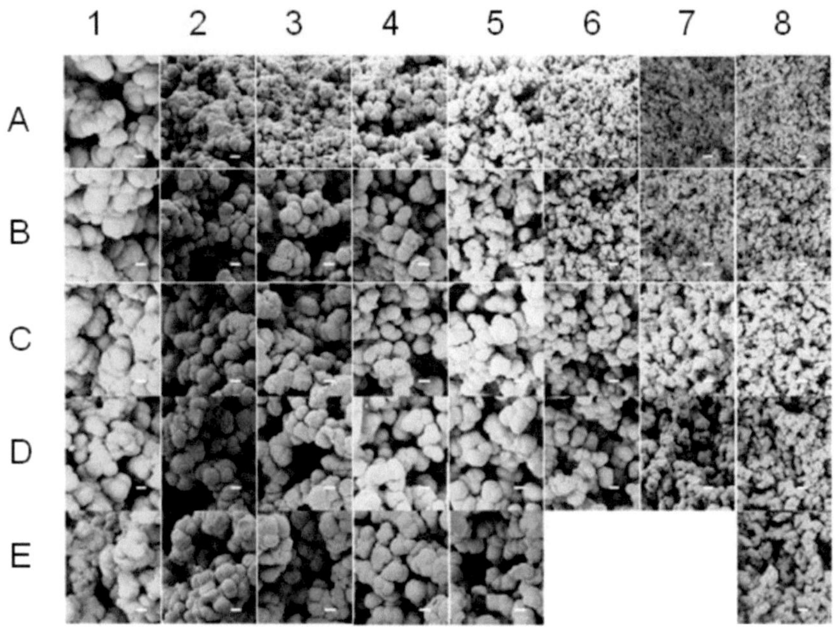

J.5: REM-Analyse eines Querschnitts durch einen Polymerfilm mit Belichtung durch den Glasobjektträger des Mikrofluidikchips erzeugt mit einer Flussrate von 10 ml/min. Die Aufnahmen werden an acht äquidistanten Messstellen (1-8) in fünf Messreihen (A-E) mit einem Abstand von ~100 µm zueinander angefertigt (Maßstab: 1 µm).[77]

---

[77] Die Aufnahmen wurden von M. Eng. Junsheng Li zur Verfügung gestellt.

Anhang K   Anwendung Mikrofluidikchip für das Metabolic Engineering

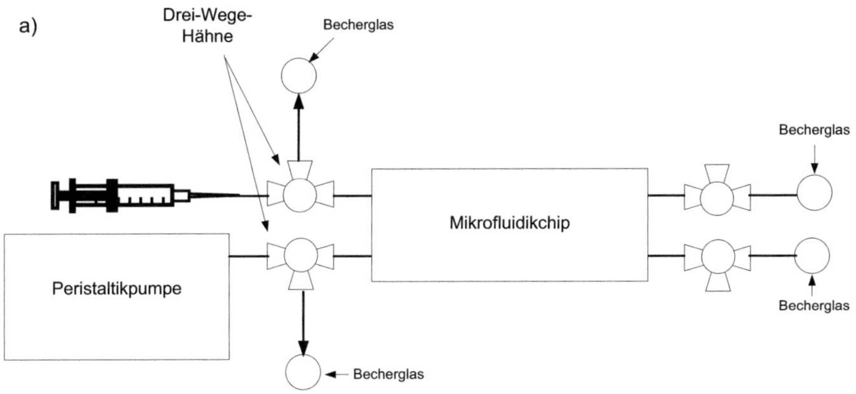

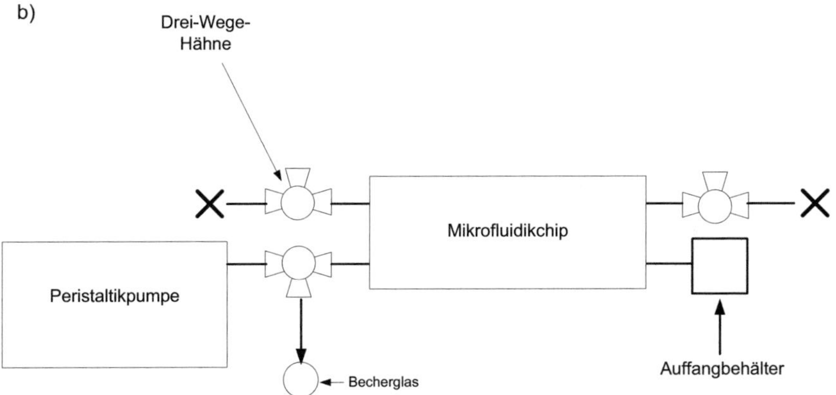

K.1: Experimenteller Aufbau für den Mikrofluidikchip für das Metabolic Engineering. a) Beim Befüllen, die Zellen werden mittels einer Spritze in die Zellkammer injiziert. b) Während des laufenden Betriebs. Die Zellkammer wird nach der Injektion der Zellen verschlossen. Alle Medien werden mit Hilfe einer Peristaltikpumpe über den Kammerkreislauf zu- und abgeführt.

Anhang L Marktanalyse

L.1: Zusammenfassende Länderbetrachtung zur Stammzellforschung. Die Länder sind anhand des Forschungsaufkommens (geschätzt über die Anzahl der Veröffentlichungen) nach ihrer Relevanz für eine Vermarktung des Mikrofluidikchips zur Stammzelldifferenzierung sortiert. Wo vorhanden sind Informationen zur Gesetzeslage des jeweiligen Landes zugefügt. Die Aussagen beziehen sich auf die Erlaubnis von Stammzellforschung an embryonalen, humanen Stammzellen. Die Zusammenfassung beschränkt sich auf die 14 Länder mit dem höchsten Forschungsaufkommen.

Länderbetrachtung Stammzellforschung	Anzahl Veröffentlichungen [175]	Stammzellforschung erlaubt [176, 177]	Stammzellforschung noch nicht verboten [176, 177]
USA	50.423	X	
Japan	12.287		
Deutschland	9.949	X	
China	9.190	X	
GB	7.244	X	
Italien	5.223		X
Frankreich	5.090	X	
Kanada	3.284	X	
Australien	1.992	X	
Holland	1.821	X	
Spanien	1.611	X	
Schweden	1.420	X	
Israel	1.268	X	
Schweiz	1.205		X

L.2: Übersicht über die im Rahmen der Sekundäranalyse befragten Experten

Name Forschungszentrum	Interviewpartner
ISF, Helmholtzzentrum München	Dirk Löffler
Berlin Brandenburg Center for Regenerative Therapies (BCRT)	Prof. Dr. Petra Seemann
Sonderforschungsbereich „Selbsterneuerung und Differenzierung von Stammzellen", Universitätsklinikum Heidelberg	Dr. Patrick Wuchter
Max Planck Gesellschaft, Münster	Dr. Holm Zaehres
Institute of Anatomy, University of Zürich	Max Gay
Hubrecht Institute, Utrecht University	Robert Vries

9   Literaturverzeichnis

[1]   Whitesides, G.M., *The origins and the future of microfluidics.* Nature, 2006. 442: p. 368-373.

[2]   Berthier, E., Young, E. W. K., Beebe, D., *Engineers are from PDMS-land, Biologists are from Polystyrenia.* Lab on a Chip, 2012. 12: p. 1224-1237.

[3]   Mark, D., Haeberle, S., Roth, G., von Stetten, F., Zengerle, R., *Microfluidic lab-on-a-chip platforms: requirements, characteristics and applications.* Chem. Soc. Rev., 2010. 39: p. 1153-1182.

[4]   Aumiller, G.D., Chandross, E. A., Tomlinson, W. J., Weber, H. P., *Submicrometer resolution replication of relief patterns for integrated optics.* J. Appl. Phys., 1974. 45(10): p. 4557-4562.

[5]   Duffy, D.C., McDonald, J. C., Schueller, O. J. A., Whitesides, G. M., *Rapid Prototyping of Microfluidic Systems in Poly(dimethylsiloxane).* Anal. Chem., 1998. 70: p. 4974-4984.

[6]   ISI Web of Science, Suchbegriff "microfluidic", apps.webofknowledge.com (Stand: 11.10.2012).

[7]   ISI Web of Science, Suchbegriffe "microfluidic" und "cell", apps.webofknowledge.com (Stand: 11.10.2012).

[8]   Young, E.W.K., Beebe, D. J., *Fundamentals of microfluidic cell culture in controlled microenvironments.* Chem Soc Rev., 2010. 39(3): p. 1036-1048.

[9]   Keenan, T., Folch, A., *Biomolecular gradients in cell culture systems.* Lab on a Chip, 2008. 8: p. 34–57.

[10]   Jeon, N.L., Dertinger, S. K. W., Chiu, D. T., Choi, I. S., Stroock, A. D., Whitesides, G. M., *Generation of Solution and Surface Gradients Using Microfluidic Systems.* Langmuir, 2000. 16: p. 8311-8316.

[11] Dertinger, S.K.W., Chiu, D. T., Jeon, N.L., Whitesides, G. M., *Generation of Gradients Having Complex Shapes Using Microfluidic Networks.* Anal Chem, 2001. 73: p. 1240-1246.

[12] Jeon, N.L., Baskaran, H., Dertinger, S. K. W., Whitesides, G. M., Van De Water, L., Toner, M., *Neutrophil chemotaxis in linear and complex gradients of interleukin-8 formed in a microfabricated device.* Nature Biotechnology, 2002. 20: p. 826-830.

[13] Lin, F., et al., *Effective neutrophil chemotaxis is strongly influenced by mean IL-8 concentration.* Biochem. Biophys. Res. Commun., 2004. 319(2): p. 576–581.

[14] Wang, S.-J., Saadi, W., Lin, F., Minh-Canh Nguyen, C., Jeon, N. L., *Differential effects of EGF gradient profiles on MDA-MB-231 breast cancer cell chemotaxis.* Experimental Cell Research, 2004. 300: p. 180-189.

[15] Lin, F., et al., *Neutrophil migration in opposing chemoattractant gradients using microfluidic chemotaxis devices.* Ann. Biomed. Eng., 2005. 33(4): p. 475–482.

[16] Saadi, W., et al., *A parallel-gradient microfluidic chamber for quantitative analysis of breast cancer cell chemotaxis.* Biomed. Microdev., 2006. 8(2): p. 109-118.

[17] Kim, T., Pinelis, M., Maharbiz, M., *Generating steep, shear-free gradients of small molecules for cell culture.* Biomedical Devices, 2009. 11: p. 65-73.

[18] VanDersarl, J.J., Xu, A. M., Melosh, N. A., *Rapid spatial and temporal controlled signal delivery over large cell culture areas.* Lab on a Chip, 2011. 11: p. 3057-3063.

[19] Wang, J., Liu, W., Li, L., Tu, Q., Wang, J., Ren, L., Wang, X., Liu, A., *Microfluidics-Based Cell Manipulation and Analysis, On Biomimetics,* A.P.D.L.D. Pramatarova, Editor 2011, InTech,

http://www.intechopen.com/books/on-biomimetics/microfluidics-based-cell-manipulation-and-analysis (Stand: 2.10.2012).

[20]   Ko, J.M., Ju, J., Lee, S., Cha, H. C., *Tobacco protoplast culture in a polydimethylsiloxane-based microfluidic channel.* Protoplasma, 2006. 227: p. 237-240.

[21]   Wu, M.H., Huang, S. B., Lee, G. B., *Microfluidic cell culture systems for drug research.* Lab on a Chip, 2010. 10: p. 939-956.

[22]   Zaari, N., Rajagopalan, P., Kim, S. K., Engler, A. J., Wong, J. Y., *Photopolymerization in microfluidic gradient generators: Microscale control of substrate compliance to manipulate cell response.* Advanced materials, 2004. 16: p. 2133-2137.

[23]   Burdick, J.A., Khademhosseini, A., Langer, R., *Fabrication of gradient hydrogels using a microfluidics/photopolymerization process.* Langmuir, 2004. 20: p. 5153-5156.

[24]   Zaari N., R.P., Kim, S. K., Engler, A. J., Wong, J. Y., *Photopolymerization in microfluidic gradient generators: Microscale control of substrate compliance to manipulate cell response.* Advanced materials, 2004. 16: p. 2133-2137.

[25]   Collins, B.E., Dancil, K. P. S., Abbi, G., Sailor, M. J.,, *Determining Protein Size Using an Electrochemically Machined Pore Gradient in Silicon.* Advanced Functional Materials, 2002. 12(3): p. 187-191.

[26]   Woodfield, T.B.F., Van Blitterswijk, C. A., De Wijn, J., Sims, T. J., Hollander, A. P., Riesle, J., *Polymer scaffolds fabricated with pore-size gradients as a model for studying the zonal organization within tissue-engineered cartilage constructs.* Tissue Eng., 2005. 11 p. 1297-1311.

[27]   Oh, S.H., Park, I. K., Kim, J. M., Lee, J. H., *In vitro and in vivo characteristics of PCL scaffolds with pore size gradient fabricated by a centrifugation method.* Biomatrials, 2007. 28: p. 1664-1671.

[28] Li J. S., U.E., Nallapaneni A., Li L. X., Levkin P. A., *Printable superhydrophilic-superhydrophobic micropatterns based on supported lipid layers.* Langmuir, 2012. 28: p. 8286-8291.

[29] Ju, J., Ko, J., Kim, S., Baek, J., Cha, H., Lee, S., *Soft material-based microculture system having air permeable cover sheet for the protoplast culture of Nicotiana tabacum.* Bioprocess and Biosystems Engineering, 2006. 29(3): p. 163-168.

[30] Regehr, K.J., Domenech, M., Koepsel, J. T., Carver, K. C., Ellison-Zelski, S. J., Murphy, W. L., Schuler, L. A., Elaine T. Alarid, E. T., Beebe, D. J., *Biological implications of polydimethylsiloxane-based microfluidic cell culture.* Lab on a Chip, 2009. 9: p. 2132-2139.

[31] Boxberger, H., *Leitfaden für die Zell- und Gewebekultur: Einführung in Grundlagen und Techniken.* 2007, Weinheim: WILEY-VCH Verlag GmbH & Co KGaA

[32] Stem Cell Facts, Template. published by the International Society for Stem Cell Research. 2011.

[33] http://learn.genetics.utah.edu/content/tech/stemcells/scintro/ Publiziert von der University of Utah (Stand 1.10.2012).

[34] Nick, P., Metabolic Engineering, Institutsvortrag von Prof. Dr. Peter Nick am Botanischen Institut am 6.2.2012, internes Vortragsprotokoll mit der Nummer 206-44. 2012.

[35] Stevens, M.M., George, J. H., *Exploring and Engineering the Cell Surface Interface.* Science 2005. 310 (5751): p. 1135-1138.

[36] Khung, Y.L., Barritt, G., Voelcker, N. H., *Using continuous porous silicon gradients to study the influence of surface topography on the behaviour of neuroblastoma cells.* Exp Cell Res, 2008. 314 (4): p. 789-800.

[37] Menz, W., Mohr J., Paul, O., *Mikrosystemtechnik für Ingenieure.* Vol. 3. 2005, Weinheim: WILEY-VCH Verlag GmbH & Co KGaA.

[38]   Tsao, C.-W., DeVoe, D. L., *Bonding of thermoplastic polymer microfluidics.* Microfluid Nanofluid, 2009. 6: p. 1-16.

[39]   Boczanski, M., Muth, M., Scheer, A., Segelbacher, U., Schmitz, W., *Prozessorientiertes Product Lifecycle Management.* 2006, Berlin, Heidelberg: Springer-Verlag.

[40]   Teach, W.C., Kiessling G. C., *Polystyrene.* 1960, New York: Reinhold Publishing Corp.

[41]   Dominghaus, H., Elsner, P. (Hrsg.), Eyerer, P. (Hrsg.), Hirth, T. (Hrsg.), *Kunststoffe.* Vol. 7. 2008, Berlin, Heidelberg: Springer-Verlag.

[42]   Bargel, H.-J., Schulze, G. (Hrsg.), *Werkstoffkunde.* Vol. 10. 2008, Berlin, Heidelberg: Springer-Verlag.

[43]   Baur, E., Brinkmann, S., Osswald, T. A., Schmachtenberg, E. , *Saechtling Kunststoff Taschenbuch.* Vol. 30. 2007, München: Carl Hanser Verlag.

[44]   Oberbach, K., *Saechtling Kunststoff Taschenbuch.* Vol. 28. 2001, München, Wien: Carl Hanser Verlag.

[45]   Wintermantel, E.H., Ha, S. (Hrsg.), *Medizintechnik mit biokompatiblen Werkstoffen und Verfahren.* 2002, Berlin, Heidelberg: Springer-Verlag.

[46]   Wintermantel, E., Ha, S., *Medizintechnik Life Science Engineering.* Vol. 5. 2009, Berlin, Heidelberg: Springer-Verlag.

[47]   Sicherheitsdatenblatt Makrofol DE. Bayer MaterialSciences AG. 2008.

[48]   Technischer Berater, Makrolon® Massivplatten aus Polycarbonat. Bayer MaterialSciences AG. 2009.

[49]   Luy, B., Auswertungsgespräch am 24.04.2012 zwischen Prof. Dr. Burkhard Luy und mir über die am IBG 2 durchgeführten NMR Messungen. 2012.

[50]   http://www.it4ip.be/en_US/technology/process.html Publiziert von der Firma it4ip s.a. (Stand 29.09.2010)

[51]   Feit, K., Auswertungsgespräch am 29.7.2010 zwischen Dr. Klaus Feit und mir über die am IMT durchgeführten DSC Messungen. 2010.

[52] Firmenhomepage Dow Corning Corporation http://www.dowcorning.de/ (Stand: 13.11.2012).

[53] Dow Corning, Information about Dow Corning® Brand Silicone Encapsulants, Product Information. Dow Corning Corporation. 2008.

[54] Roth, J., *Funktionalisierung von Silikonoberflächen*, 1980, Fakultät Mathematik und Naturwissenschaften, Technische Universität Dresden.

[55] Dow Corning, Sylgard® 184 Silicone Elastomer, Produkt Information. Dow Corning Corporation. 2001.

[56] Wacker, RTV-2 Siliconkautschuk, Elastosil® M, Das elastische Formenmaterial für die präzise Abformung, Handbuch für den Abformer, Informationsbroschüre. Wacker-Chemie GmbH, Geschäftsbereich Silicone. 2000.

[57] Sia, S.K., Whitesides, G. M., *Microfluidic devices fabricated in poly(dimethylsiloxane) for biological studies.* Electrophoresis, 2003. 24: p. 3563-3576.

[58] Swiss-Composite, Sylgard 184 hochtransparentes RTV-Silikon, Technical Data Sheet. Suter-Kunststoffe AG (Stand: 01.05.2012). 2012.

[59] Wacker, RTV Siliconkautschuke, Elastosil®, Kleben, Abdichten, Vergiessen und Beschichten, Informationsbroschüre. Wacker Chemie AG, Geschäftsbereich Silicone. 2006.

[60] Wacker, Fest- und Flüssigsiliconkautschuk, Der Leitfaden für die Praxis, Informationsbroschüre. Wacker Chemie AG, Geschäftsbereich Silicone. 2011.

[61] Kaiser, W., *Kunststoffchemie für Ingenieure*. Vol. 2. 2007, München: Carl Hanser Verlag.

[62] Coelho, M.J., Cabral, A. T., Fernande, M. H., *Human bone cell cultures in biocompatibility testing. Part I: osteoblastic differentiation of serially passaged human bone marrow cells cultured in alpha-MEM and in DMEM.* Biomaterials, 2000. 21(11): p. 1087-1094.

[63] Johnson, H.J., Northup, S. J., Seagraves, P. A., Garvin, P. J. and Wallin, R. F, *Biocompatibility test procedures for materials evaluation in vitro. I. Comparative test system sensitivity.* J. Biomed. Mater. Res., 2004. 17: p. 571-586.

[64] Pariente, J.-L., Kim, B.-S., Atala, A., *In Vitro Biocompatibility Evaluation Of Naturally Derived And Synthetic Biomaterials Using Normal Human Bladder Smooth Muscle Cells.* The Journal of Urology, 2002. 167(4): p. 1867-1871.

[65] Wilsnack, R.E., *Quantitative Cell Culture Biocompatibility Testing of Medical Devices and Correlation to Animal Tests.* Artificial Cells, Blood Substitutes and Biotechnology, 1976. 4(3-4): p. 235-261.

[66] Widmann, G., Riesen, R., *Thermoanalyse.* Vol. 2. 1987, Heidelberg: Dr. Alfred Hüthig Verlag GmbH.

[67] Ehrenstein, G., Riedel, G., Trawiel, P., *Praxis der thermischen Analyse von Kunststoffen.* 1998, München: Carl Hanser Verlag.

[68] Ehrenstein, G., Riedel, G., Trawiel, P., *Praxis der thermischen Analyse von Kunststoffen.* Vol. 2. 2003, München: Carl Hanser Verlag.

[69] Cussler, E.L., *Diffusion Mass Transfer in Fluid Systems.* Vol. 3. 2009, New York: Cambridge University Press.

[70] Johnson, C.S., *Diffusion ordered nuclear magnetic resonance spectroscopy: principles and applications.* Progress in Nuclear Magnetic Resonance Spectroscopy, 1999. 34: p. 203-256.

[71] Price, W.S., *Pulsed-field gradient nuclear magnetic resonance as a tool for studying translational diffusion: part I.* Concepts Magn. Reson., 1997. 9: p. 299–336.

[72] Friebolin, H., *Basic one- and two-dimensional NMR spectroscopy.* Vol. 5. 2011, Weinheim: WILEY-VCH Verlag GmbH & Co KGaA.

[73] Keeler, J., *Understanding NMR spectroscopy.* Vol. 2. 2010, Chichester: Wiley.

[74] Antalek, B., *Using pulsed gradient spin echo NMR for chemical mixture analysis: how to obtain optimum results.* Concepts Magn. Reson., 2002. 14: p. 225–258.

[75] http://www.helmholtz-berlin.de/forschung/enma/si-pv/methoden/struktur/rem/edx_de.html Publiziert vom Helmholtz Zentrum Berlin (Stand: 07.10.2012).

[76] Strüder, L., Meidinger, N., Stotter, D., Kemmer, J., Lechner, P., Leutenegger, P., Soltau, H., Eggert, F., Rohde, M., Schulein, T., *High-Resolution X-ray Spectroscopy Close to Room Temperature.* Microsc. Microanal., 1999. 4: p. 622-631.

[77] Blum, F., Brandt, M. P., *The Evaluation of the Use of a Scanning Electron Microscope Combined with an Energy Dispersive X-Ray Analyser for Quantitative Analysis.* X-Ray Spectrometry, 1973. 2: p. 121-124.

[78] Benutzerhandbuch Quantax. Bruker AXS Microanalysis GmbH. 2008.

[79] Worgull, M., *Hot Embossing.* 2009, Oxford: Elsevier Inc.

[80] Kalveram, S., *Abgeformte polymere Mikrostrukturen für die optische Informationstechnik,* 2000, Fakultät für Elektrotechnik, Universität Dortmund.

[81] Focke, M., Stumpf, F., Faltin, B., Reith, P., Bamarni, D., Wadle, S., Müller, C., Reinecke, H., Schrenzel, J., Francois, P., Mark, D., Roth, G., Zengerle, R., von Stetten, F., *Microstructuring of polymer films for sensitive genotyping by real-time PCR on a centrifugal microfluidic platform.* Lab on a Chip, 2010. 10: p. 2519-2526.

[82] Lutz, S., Weber, P., Focke, M., Faltin, B., Hoffmann, J., Müller, C., Mark, D., Roth, G., Munday, P., Armes, N., Piepenburg, O., Zengerle, R., von Stetten, F., *Microfluidic lab-on-a-foil for nucleic acid analysis based on isothermal recombinase polymerase amplification (RPA).* Lab on a Chip, 2010. 10: p. 887-893.

[83]   Heilig, M., Schneider, M., Dinglreiter, H., Worgull, M., *Technology of microthermoforming of complex three-dimensional parts with multiscale features*. Microsystem Technologies, 2011. 17: p. 593-600.

[84]   Heilig, M., Giselbrecht, S., Guber, A., Worgull, M., *Microthermoforming of nanostructured polymer films: a new bonding method for the integration of nanostructures in 3-dimensional cavities*. Microsystem Technologies, 2010. 16: p. 1221-1231.

[85]   Rosen, S., *Thermoforming: Improving Process Performance*. 2002: Society of Manufacturing Engineers.

[86]   Miller, F.P., Vandome, A. F., McBrewster, J., *Microthermoforming*. 2010: VDM Publishing.

[87]   Bäcker, H., Gärtner, C., *Polymer microfabrication technologies for microfluidic systems*. Anal Bioanal Chem, 2008. 390: p. 89-111.

[88]   Kolew, A., *Heißprägen von Verbundfolien für mikrofluidische Anwendungen*, 2012, Institut für Mikrostrukturtechnik, Karlsruher Institut für Technologie.

[89]   Mair, D.A., Rolandi, M., Snauko, M., Noroski, R., Svec, F., Fréchet, J. M. J., *Room-Temperature Bonding for Plastic High-Pressure Microfluidic Chips*. Anal. Chem., 2007. 79: p. 5097-5102.

[90]   Guttmann, M., Schulz, J., Saile, V., Baltes, H. (Hrsg.), Brand, O. (Hrsg.), Fedder, G. K. (Hrsg.), Hierold, C. (Hrsg.), Korvink, J. (Hrsg.), Tabata, O. (Hrsg.), *Advanced Micro and Nanosystems*. Vol. 3. 2005, Weinheim: WILEY-VCH Verlag GmbH & Co KGaA.

[91]   Katalog Mikrobearbeitung & Optik. Kugler GmbH, verfügbar über http://www.kugler-precision.com/index.php?MICROMASTER-3-5X (Stand: 26.10.12) 2012.

[92]   Heilig, M., *Mikro-Thermoformen von sub-µ-strukturierten Folien*, 2008, Institut für Mikrostrukturtechnik, Karlsruher Institut für Technologie.

[93] Schneider, M., Worgull, M., Persönliche Mitteilung von Marc Schneider und PD Dr. Matthias Worgull. 2011.

[94] Worgull, M., Heckele, M., Schomburg, W., *Analyse des Mikro-Heißprägeverfahrens*, 2003, Institut für Mikrostrukturtechnik, Karlsruher Institut für Technologie.

[95] Pocius, A.V., *Adhesion and adhesives technology: an introduction.* 2002, München: Carl Hanser Verlag.

[96] Schultz, J., Nardin, M., *Theories and mechanisms of adhesio.* Handbook of adhesive technology, ed. A. Pizzi, Mittal, K. L. 1994, New York: Marcel Dekker Inc.

[97] Zhu, X., Liu, G., Guo, Y., Tian, Y., *Study of PMMA thermal bonding.* Microsystem Technology, 2007. 13: p. 403-407.

[98] Eberhardt, P., *Entwicklung eines mikrofluidischen Systems zur Handhabung von Magnetpartikeln*, 2008, Institut für Mikrostrukturtechnik, Karlsruher Institut für Technologie.

[99] Sun, Y., Kwok, Y. C., Nguyen, N.-T., *Low-pressure, high-temperature thermal bonding of polymeric microfluidic devices and their applications for electrophoretic separation.* J. Micromech. Microeng., 2006. 16: p. 1681-1688.

[100] Ahn, C.H., Choi, J. W., Beaucage, G., Nevin, J. H., Lee, J. B., Puntambekar, A., and J.Y. Lee, *Disposable Smart lab on a chip for point-of-care clinical diagnostics.* Proc IEEE, 2004. 92(1): p. 154–173.

[101] Kim, J., Chaudhary, M. K., Owen, M. J., *Hydrophobic Recovery of Polydimethylsiloxane Elastomer Exposed to Partial Electrical Discharge.* Journal of Colloid and Interface Science, 2000. 226: p. 231-236.

[102] Eddings, M.A., Johnson, M. A., Gale, B. K., *Determining the optimal PDMS-PDMS bonding technique for microfluidic devices.* J. Micromech. Microeng., 2008. 18: p. 1-4.

[103] Rapp, B., Persönliche Mitteilung von Dr. Bastian Rapp an Ludmilla Popp, im Rahmen deren Diplomarbeit. 2012.

[104] Samel, B., Chowdhury, M. K., Stemme, G., *The fabrication of microfluidic structures by means of full-wafer adhesive bonding using a poly(dimethylsiloxane) catalyst.* Journal of Micromechanics and Microengineering, 2007. 17: p. 1710-1714.

[105] Wallow, T.I., Morales, A. M., Simmons, B. A., Hunter, A. C., Krafcik, K. L., Domeier, L. A., Sickafoose, S. M., Patel, K. D., Gardea, A., *Low-distortion, high-strength bonding of thermoplastic microfluidic devices employing case-II diffusion-mediated permeant activation.* Lab on a Chip, 2007. 7: p. 1825-1831.

[106] Ng, S.H., Tjeung, R. T., Wang, Z. F., Lu, A. C. W., Rodriguez, I., de Rooij, N. F., *Thermally activated solvent bonding of polymers.* Microsyst Technol, 2008. 14(753-759).

[107] Pagel, L., *Mikrosysteme. Physikalische Effekte bei der Verkleinerung technischer Systeme.* 2001, Weil der Stadt: J. Schlembach Fachverlag.

[108] Delgado, A., Kowalczyl, W., Baars, A., Breuer, M., Ertunc, Ö., *Partikuläre Systeme in der Mikrofluidik.* Chemie Ingenieur Technik, 2007. 79: p. 1382.

[109] Zierep, J., Bühler, K., *Grundzüge der Strömungslehre. Grundlagen, Statik und Dynamik der Fluide.* Vol. 8. 2010, Wiesbaden: Vieweg+Teubner Verlag.

[110] Ricart, B.G., John, B., Lee, D., Hunter, C. A., Hammer, D. A., *Dendritic Cells Distinguish Individual Chemokine Signals through CCR7 and CXCR4.* The Journal of Immunology, 2011. 186: p. 53-61.

[111] Bruus, H., *Acoustofluidics 1: Governing equations in microfluidics.* Lab on a Chip, 2011. 11: p. 3742-3751.

[112] Jubert, C., *Mikrofluidikchip zur gezielten Stammzellendifferenzierung*, 2009, Institut für Mikrostrukturtechnik, Karlsruher Institut für Technologie.

[113] Zaehres, H., Telefoninterview am 21.05.2012 mit Dr. Holm Zaehres geführt von Fr. Patricia Beuter. 2012.

[114] Kreppenhofer, K., *Weiterentwicklung eines mikrofluidischen Handhabungssystems zur Stammzellforschung*, 2010, Institut für Mikrostrukturtechnik, Karlsruher Institut für Technologie.

[115] http://www.bag.admin.ch/transplantation/00698/02591/02799/index.html?lang=de (Stand: 07.05.2012).

[116] Kreppenhofer, K., Kim, C., Schneider, M., Herrmann, D., Ahrens, R., Kashef, J., Gradl, D., Wedlich, D., Guber, A. E. *Polycarbonate Microfluidic Chip for Long-Term Cell Investigations. in World Congress on Medical Physics and Biomedical Engineering, IFMBE Proceedings Volume 39.* 2012. Beijing, China.

[117] Ahrens, R., Gradl, D., Guber, A. E., Herrmann, D., Kashef, J., Kreppenhofer, K., Kim, C., Schneider, M., Wedlich, D., *Vorrichtung und Verfahren zur Untersuchung der Differenzierung von Zellen bei Kontakt mit einem Gradienten einer flüssigen Lösung aus mindestens einer biologisch wirksamen Spezies*, Deutsche und Europäische Patentanmeldung: DE102011102071 beziehungsweise EPA: 12003843.5-1521, Karlsruher Institut für Technologie. 2011.

[118] http://newscenter.lbl.gov/feature-stories/2010/12/02/metabolic-engineering/ (Stand: 30.04.2012).

[119] Nick, P., Riemann, M., Maisch, J., Luy, B., Büchler, S., Merle, C., Guber, A. E., Ahrens, R., Kreppenhofer, K., Erstes Kooperationstreffen Metabolic Engineering, 6.2.2012, internes Protokoll mit der Nummer 206-45. 2012.

[120] Brenk, U., Gespräch mit Uwe Brenk von der i-sys Mikro- und Feinwerktechnik GmbH im Vorfeld der Formeinsatzfertigung. 2011.

[121] Ahrens, R., Feit, K., Guber, A., Heilig, M., Kreppenhofer, K., Schneider, M., Steidle, N., Thelen, R., Worgull, M., Expertengespräch Abformung und Thermobonden großflächiger PC Strukturen, 24.05.2011, internes Protokoll. 2011.

[122] Röhrig, M., Mitteilung von Marc Schneider über die Ergebnisse von Michael Röhrig zur Haftungserhöhung durch die Verwendung von Stahlsubstratplatten. 2012.

[123] Mangler, T., Vorgespräch zur Überarbeitung des Formwerkzeugs zwischen Dr. Tobias Magler von der Firma Kugler GmbH und mir. 2012.

[124] Wienhold, T., Persönliche Mitteilung der Erfahrungswerte von Tobias Wienhold. 2012.

[125] Kreppenhofer, K., Kim, C., Schneider, M., Herrmann, D., Ahrens, R., Kashef, J., Gradl, D., Wedlich, D., Guber, A. E. *Microfluidic polycarbonate chip for long-term cell analyses.* in *Biomedizinische Tagung (BMT) 2012 - 46. DGBMT Jahrestagung.* 2012. Jena, Deutschland.

[126] Kolew, A., Mitteilung von Marc Schneider über die Ergebnisse von Dr. Alexander Kolew über einen auftretenden Temperaturgradienten beim Thermobonden. 2012.

[127] Heilig, M., Besprechung am 25.03.11 zwischen Markus Heilig und mir über die Spezifika der Jenoptik WUM Anlagen. 2011.

[128] Weng, C., Lee, W., To, S., Jiang, B., *Numerical simulation of residual stress and birefringence in the precision injection molding of plastic microlens arrays.* International Communications in Heat and Mass Transfer 2009. 36: p. 213–219.

[129] Postawa, P., Kwiatkowski, D., *Residual stress distribution in injection molded parts.* Journal of Achievements in Materials and Manufacturing Engineering, 2006. 18: p. 171–174.

[130] Li, J.S., Ueda E., Nallapaneni A., Li L. X., Levkin P. A., *Printable superhydrophilic-superhydrophobic micropatterns based on supported lipid layers.* Langmuir, 2012. 28: p. 8286-8291.

[131] Danckwardt, N.Z., Hinweise zur PDMS Bauteil Herstellung durch Dr. Nils Danckwardt. 2011.

[132] Steidle, N.E., Mitteilung eigener Erfahrung bei der Herstellung von PDMS Bauteilen für den IMT Praktikumsversuch. 2011.

[133] Popp, L., *Optimierung eines mikrofluidischen Systems zur Erzeugung biologischer Oberflächen*, 2012, Institut für Mikrostrukturtechnik, Karlsruher Institut für Technologie.

[134] Kreppenhofer, K., Li, J.-S., Popp, L., Segura, R., Rossi, M., Kähler, C. J., Levkin, P. A., Guber, A. *Microfluidic Chip for Generating Gradient Polymer Films for Biological Applications.* in *Eurosensors 2012.* 2012. Krakau, Polen: Procedia Engineering.

[135] Liu, Y., Ganser, D., Schneider, A., Liu, R., Grodzinski, P., Kroutchinina, N., *Microfabricated Polycarbonate CE Devices for DNA Analysis.* Anal. Chem., 2001. 73: p. 4196-4201.

[136] Meixner, H., Schmidt, C. *Sensoren und Meßtechnik. Vorträge der ITG-Fachtagung vom 9. bis 11. März 1998 in Bad Nauheim.* 1998. VDE-Verlag: Berlin, Offenbach.

[137] Schipperges, E., *Charakterisierung eines Mikrofluidikchips zur Stammzellenforschung*, 2012, Institut für Mikrostrukturtechnik, Karlsruher Institut für Technologie.

[138] Feit, K., Auswertungsgespräch zwischen Dr. Klaus Feit und mir über die durchgeführten Zugprüfungen. 2012.

[139] Kim, C., Mitteilung von Chorong Kim über die Auskristallisation von Bestandteilen der Nährlösung an verwendeten Kapillarstahlrohren. 2010.

[140] Kim, C., Mitteilung über die Ausfallquote der Klebung an den Schläuchen aus eigener Erfahrung. 2010.

[141] Kim, C., Eigene Auswertung der von Chorong Kim ausgefüllten Laufkarten, verwendet zu Dokumentationszwecken während der biologischen Versuche. 2011.

[142] Dittmeyer, R.H., Keim, W. (Hrsg.), Kreysa, G. (Hrsg.), Oberholz, A. (Hrsg.), *Winnacker-Küchler: Chemische Technik: Prozesse und Produkte*. Vol. 7. 2004, Weinheim: Wiley-VCH Verlag GmbH & Co. KGaA.

[143] Franke, T., Wixforth, A., *Das Labor auf dem Chip: Mikrofluidik*. Physik in unserer Zeit, 2007. 38: p. 88–94.

[144] Mengeaud, V., Josserand, J., Girault, H. H., *Mixing Processes in a Zigzag Microchannel: Finite Element Simulations and Optical Study*. Anal. Chem., 2002. 74: p. 4279-4286.

[145] Nussbaum, D., Herrmann, D., Knoll, T., Velten, T., *Micromixing structures for lab-on chip applications Fabrication and simulation of 90° zigzag microchannels in dry film resist*, in *4M / ICOMM 2009*, Professional Engineering Publishing: Karlsruhe, Germany.

[146] Pennella, F., Rossi, M., Ripandelli, S., Rasponi, M., Mastrangelo, F., Deriu, M. A., Ridolfi, L., Kähler, C. J., Morbiducci, U., *Numerical and experimental characterization of a novel modular passive micromixer*. Biomed Microdevices, 2012. online first, DOI: 10.1007/s10544-012-9665-4.

[147] Howell, P.B.J., Mott, D. R., Golden, J. P., Ligler, F. S., *Design and evaluation of a Dean vortex-based micromixer*. Lab on a Chip, 2004. 4: p. 663-669.

[148] Kim, C., Kreppenhofer, K., Kashef, J., Gradl, D., Herrmann, D., Schneider, M., Ahrens, R., Guber, A., Wedlich, D., *Diffusion- and*

convection-based activation of Wnt/b-catenin signaling in a gradient generating microfluidic chip. Lab on a Chip, DOI: 10.1039/c2lc40172j, 2012.

[149] Sinton, D., *Microscale flow visualization.* Microfluid. Nanofluid, 2004. 1: p. 2-21.

[150] Gendron, P.-O., Avaltroni, F., Wilkinson, K. J., *Diffusion Coefficients of Several Rhodamine Derivates as Determined by Pulsed Field Gradient-Nuclear Magnetic Resonance and Fluorescence Correlation Spectroscopy.* J Fluoresc, 2008. 18: p. 1093-1101.

[151] Mochizuki, S. *Convective Mass Transport During Ventilation in a Model of Branched Airways of Human Lungs.* in *Proceedings of PSFVIP-4.* 2003. Chamonix, Frankreich.

[152] Sastry, N.V., Dave, P. N., *Thermodynamics of acrylic ester-organic solvent mixtures II. Viscosities of mixtures of methyl methacrylate, ethyl methacrylate or butyl methacrylate with n-hexane, n-heptane, carbon tetrachloride, chlorobenzene or o-dichlorobenzene at 303.15 K.* Thermochimica Acta, 1996. 286(1): p. 119-130.

[153] Al-Jimaz, A.S., Al-Kandary, J. A., Abdul-Latif, A.-H. M., *Densities and viscosities for binary mixtures of phenetole with 1-pentanol, 1-hexanol, 1-heptanol, 1-octanol, 1-nonanol, and 1-decanol at different temperatures.* Fluid Phase Equilibria, 2004. 218(2): p. 247-260.

[154] http://www.accudynetest.com/visc_table.html?sortby=sort_centistokes %20DESC (Stand: 7.11.2012). 2012.

[155] Produktspezifikation Ethylene Glycol Dimethacrylat, http://www.parchem.com/chemical-supplier-distributor/Ethylene-Glycol-Di-Methacrylate-007428.aspx (Stand: 07.11.2012). 2012.

[156] United States Department of Commerce, National Bureau of Standards: Viscosities of Sucrose Solutions at Various Temperatures: Tables of Recalculated Values. 1958.

[157] PubChem Datenbank des NCBI:
http://pubchem.ncbi.nlm.nih.gov/summary/summary.cgi?cid=5287844#x3
95 (Stand: 20.01.2011). 2011.

[158] Kashef, J., Mitteilung von Dr. Jubin Kashef über die Dichte und das
molare Volumen von BIO, berechnet mit Advanced Chemistry
Development (ACD/Labs) Software V8.19 (1994-2011 ACD/Labs),
SciFinder db. 2011.

[159] Kim, C., Kashef, J., Mitteilung von M.Sc. Chorong Kim und Dr. Jubin
Kashef über die benötigten Mindestvergrößerung für die
durchzuführenden Zellanalysen. 2011.

[160] Objektivdatenbank der Firma Carl Zeiss Microscopy GmbH
https://www.micro-
shop.zeiss.com/index.php?s=69053560386f2&l=de&p=de&f=o&a=v&m
=t&id=420852-9870-000 (Stand: 08.11.2012).

[161] Hischer, Diskussion mit Hr. Hischer von der Carl Zeiss Microscopy
GmbH über die Eigenschaften des Objektivs LD LCI Plan-Apochromat
25x/0,8 Imm Korr DIC M27, von der Firma Carl Zeiss Microscopy
GmbH. 2011.

[162] Sonntag, G., Diskussionen mit Hr. Sonntag von der Carl Zeiss
Microscopy GmbH über die Eigenschaften des Objektivs LD LCI Plan-
Apochromat 25x/0,8 Imm Korr DIC M27, von der Firma Carl Zeiss
Microscopy GmbH. 2011.

[163] Mappes, T., Diskussion mit Hr. PD Dr.-Ing Timo Mappes über die
Eigenschaften des Objektivs LD LCI Plan-Apochromat 25x/0,8 Imm Korr
DIC M27, von der Firma Carl Zeiss Microscopy GmbH. 2011.

[164] Produktdatenblatt Makrolon® GP Massivplatten aus Polycarbonat,
BayerMaterialSciences AG. 2010.

[165] Carl Zeiss Microscopy GmbH
http://www.zeiss.de/de/micro/glossary.nsf/frameset.htmlReadForm&Redi

rect=/de/micro/glossary.nsf/0/6F0BC4559068E900C1256E5400396EC4? OpenDocument (Stand: 07.11.2012).

[166] Mappes, T., Gespräch mit PD. Dr.-Ing. Timo Mappes über auszuwählende Objektive mit vergrößertem Arbeitsabstand. 2011.

[167] Levkin, P.A., Svec, F., Frechet, J. M. J., *Porous Polymer Coatings: a Versatile Approach to Superhydrophobic Surfaces.* Adv. Funct. Mater., 2009(19): p. 1993-1998.

[168] Bade, K., Mitteilung von Dr. Klaus Bade über die Einschätzung der vorgenommenen Viskositätsschätzung. 2012.

[169] J., L., Mitteilung von M. Eng. Junsheng Li (HYIG Levkin) über die übliche Herstellungsweise von Polymerfilmen. 2012.

[170] Maisch, J., *Mitteilung von Dr. Jan Maisch am 08.11.2012 über den Versuchsablauf bei Verwendung des Mikrofluidikchips für das Metabolic Engineering.* 2012.

[171] Büchler, S., *Mitteilung von Dr. Jan Maisch am 24.10.2012 über die Ergebnisse der NMR-Analyse durchgeführt von Dipl.-Biol. Silke Büchler.* 2012.

[172] Wirtschaftslexikon, http://www.wirtschaftslexikon24.net/d/marktpotenzial/marktpotenzial.htm (Stand: 19.06.2012).

[173] Koch, J., *Marktforschung.* Vol. 4. 2004: Oldenbourg Wissenschaftsverlag.

[174] Homepage der ibidi GmbH www.ibidi.com (Stand: 08.11.2012).

[175] ISI Web of Knowledge, Suchbegriff „stem cells" mit Einschränkung auf die Jahre 2000-2011 und die Bereiche "science technology" und "cell biology", apps.webofknowledge.com (Stand: 15.03.2011).

[176] http://www.agenda21-treffpunkt.de/archiv/02/daten/dpa6140szrecht.htm Stand 2002, (Zugriff: 17.03.2011).

[177] http://archiv.ethlife.ethz.ch/articles/tages/kraehenbuehl.html (Stand: 18.03.2011).

[178] 2004, Studie von MBBNet (Minnesota Biomedical & Bioscience Network), Veröffentlicht von der Financial Times am 28.10.2004.

[179] Löscher, Telefoninterview am 11.04.2012 mit Hr. Löscher von der Zulassungsstelle für Anträge nach dem Stammzellgesetz des Robert Koch Instituts, geführt von Fr. Patricia Beuter. 2012.

[180] Aschemann-Pilshofen, B., *Wie erstelle ich einen Fragebogen? Ein Leitfaden für die Praxis*, 2001, Wissenschaftsladen Graz, verfügbar über: http://www.aschemann.at/Downloads/Fragebogen.pdf (Stand: 10.11.2012)

[181] Seemann, P., Telefoninterview am 09.05.2012 mit Prof. Dr. Petra Seemann geführt von Fr. Patricia Beuter. 2012.

[182] Löffler, D., Telefoninterview am 19.04.2012 mit Dirk Löffler geführt von Fr. Patricia Beuter. 2012.

[183] Wuchter, P., Telefoninterview am 07.05.2012 mit Dr. Patrick Wuchter geführt von Fr. Patricia Beuter. 2012.

[184] Gay, M., Telefoninterview am 05.06.2012 mit Dipl.-Biol. Max Gay geführt von Fr. Patricia Beuter. 2012.

[185] Institut für Mittelstandsforschung, Bonn http://www.ifm-bonn.org/index.php?id=89 (Stand: 11.11.2012).

[186] Mangler, T., Rieken, T., Schneider, M., Heilig, M., Kreppenhofer, K., Besprechung bei der Kugler GmbH am 3.2.2012 mit Dr. Tobias Mangler und Tobias Rieken von der Kugler GmbH, internes Protokoll Nr. 206-46. 2012.

[187] Rybach, J., *Physik für Bachelors*. 2008, München: Carl Hanser Verlag.

[188] Kleber, W., Bautsch, H.-J., Bohm, J., *Einführung in die Kristallographie*. Vol. 19. 1998, Berlin: Verlag Technik GmbH.

[189] Feit, K., Auswertungsgespräch am 3.1.2011 zwischen Dr. Klaus Feit und mir über die erste am IMT durchgeführten Vickers-Härtemessungen. 2011.

[190] Brandner, J., Grehl, C., Gespräch über den Aufbau von Druckmessplätzen. 2012.

Schriften des Instituts für Mikrostrukturtechnik
am Karlsruher Institut für Technologie (KIT)

ISSN 1869-5183

Herausgeber: Institut für Mikrostrukturtechnik

Die Bände sind unter www.ksp.kit.edu als PDF frei verfügbar
oder als Druckausgabe zu bestellen.

Schriften des Instituts für Mikrostrukturtechnik
am Karlsruher Institut für Technologie (KIT)

ISSN 1869-5183

Band 7   Friederike J. Gruhl
          Oberflächenmodifikation von Surface Acoustic Wave (SAW)
          Biosensoren für biomedizinische Anwendungen. 2010
          ISBN 978-3-86644-543-7

Band 8   Laura Zimmermann
          Dreidimensional nanostrukturierte und superhydrophobe
          mikrofluidische Systeme zur Tröpfchengenerierung und
          -handhabung. 2011
          ISBN 978-3-86644-634-2

Band 9   Martina Reinhardt
          Funktionalisierte, polymere Mikrostrukturen für die
          dreidimensionale Zellkultur. 2011
          ISBN 978-3-86644-616-8

Band 10   Mauno Schelb
          Integrierte Sensoren mit photonischen Kristallen auf
          Polymerbasis. 2012
          ISBN 978-3-86644-813-1

Band 11   Daniel Auernhammer
          Integrierte Lagesensorik für ein adaptives mikrooptisches
          Ablenksystem. 2012
          ISBN 978-3-86644-829-2

Band 12   Nils Z. Danckwardt
          Pumpfreier Magnetpartikeltransport in einem Mikroreaktions-
          system: Konzeption, Simulation und Machbarkeitsnachweis. 2012
          ISBN 978-3-86644-846-9

Band 13   Alexander Kolew
          Heißprägen von Verbundfolien für mikrofluidische
          Anwendungen. 2012
          ISBN 978-3-86644-888-9

Schriften des Instituts für Mikrostrukturtechnik
am Karlsruher Institut für Technologie (KIT)

ISSN 1869-5183